U0372059

数学教育的中国智慧丛书

华人如何获得和提高面向教学的数学知识

（美）李业平　（美）黄荣金　主编
李俊　等　译

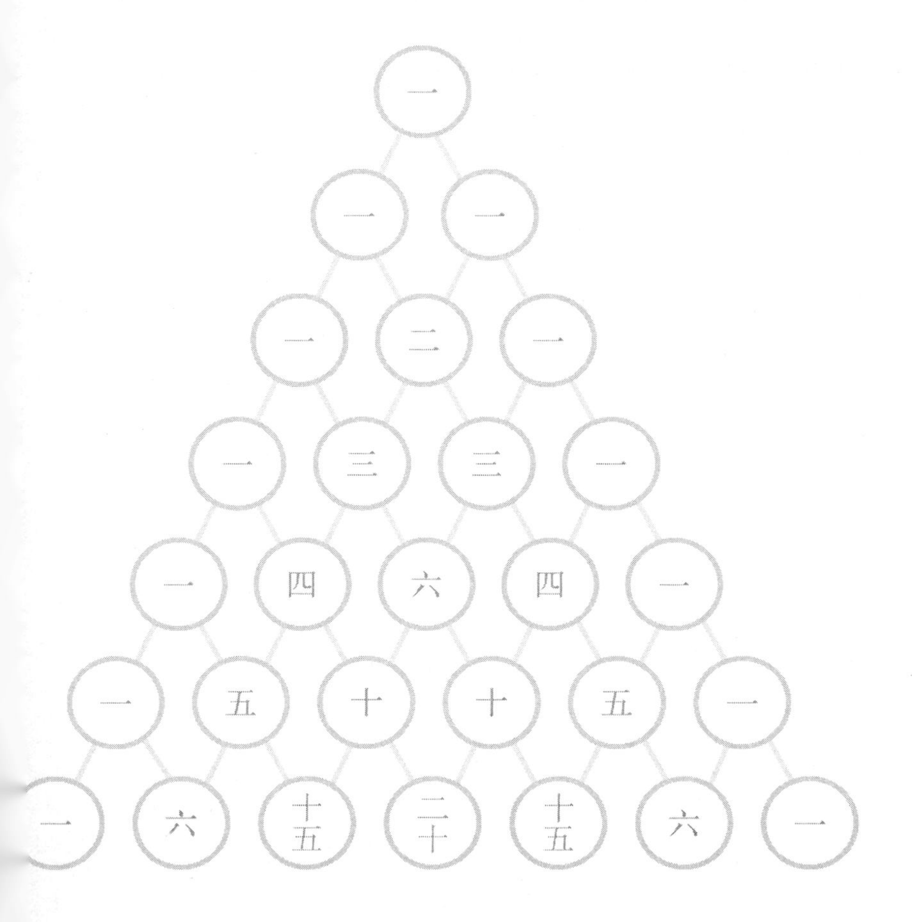

华东师范大学出版社

华人如何获得和提高面向教学的数学知识

李俊 等　译

How Chinese Acquire and Improve Mathematics Knowledge for Teaching /by Yeping Li and Rongjin Huang

英文原版：博睿学术出版社（BRILL）　地址：荷兰莱顿　网址：http://www.brillchina.cn

上海市版权局著作权合同登记　图字：09－2019－263号。

译者的话

在过去的十几年里，世界对理解和研究中国的数学教育越来越感兴趣，这可能是由于中国学生在以经济合作与发展组织（OECD）牵头实施的“国际学生评估项目”（PISA）2009 和 2012 年测试中的突出成绩引发了兴趣，可能是世界各地数学教育工作者对中国各年龄层的留学生们的数学学习情况作出的相应回应，也可能是人们对神奇的中国文化及其对数学教育产生的影响抱有强烈的好奇心而产生的研究动力。我们看到，本土和海外的研究人员已经对我国数学课程与教材、课堂教学特色、教师专业知识、学生的学习过程以及与数学教育文化相关的问题等从不同的角度进行了广泛的探索与研究。

因为语言和文化的隔阂，西方研究者对中国数学教育的浓厚兴趣并不容易转化为研究成果，在这一研究领域，很多有趣的工作是由本土和海外的华人研究者独立完成或与西方学者合作共同完成的。本书的两位主编李业平和黄荣金教授便是在中国文化滋养下长大、目前在国际舞台积极研究和介绍中国数学教育的海外华人学者，除了本书，他们还一起编辑出版了另外两本专著：《华人如何教数学和改进教学》和《通过变式教数学：儒家传统与西方理论的对话》。这三本著作聚焦于中国的数学教学以及数学教师教育，经已故张奠宙先生的积极推荐，华东师范大学出版社李文革先生的精心组织，三本书都已经翻译完毕准备编校出版了。

虽然本书有些内容是我们熟悉的，但还是有不少看点，比如，除了中国大陆，它还对照介绍了我国香港和台湾地区的相应情况；除了介绍今日教师的培养目标与计划，它还联系《论语》和《礼记·学记》，探寻中国古代的数学教师素养观是如何影响当今我们对数学教师素养的认识及其培养的；除了展示中小学教师培养计划的新变化，还给出海外华人数学家对我们现行计划的点评，以及他多年对教师面向教学的数学知识孜孜不倦的思考与探索；除了呈现华人的实证研究，还收录了西方学者对这些研究工作的评论与建议。这些特色为我们思考教师教育问题提供了不同的角度，所以，相信本书也会受到中国读者的喜爱。

本书的翻译分工如下：第 5、6、7、9、10、11 章由原作者翻译，第 1、2、3、12、13 章由李俊翻译、原作者审核，李俊还翻译了其余 5 章和原书的索引并校核了全部译稿。非常感谢众多原作者抽出时间，高质量地完成了翻译或审核工作，使本书的中文版能够早日出版。

李俊

2019 年 5 月

目　录

致　谢

我们愿借此机会感谢来自 9 个国家或地区的所有 29 位作者的学术承诺与贡献。大多数章节都是由那些在中国的数学教学和教师教育方面有相关知识和经验的局内人所写的，他们的贡献使本书达到了目的。在许多其他国家或地区的学者的帮助下，这本书也能够就此主题为国际社会带来不一样的视角和观点。如果没有这些重要的贡献，本书是不可能诞生的。此外，这些贡献者中的许多人还自愿牺牲了他们的宝贵时间来审读其他章节，他们的努力合作保证了本书的高质量。

也要感谢一批敬业的外部评审者，他们是江春莲（中国澳门）、Ji-Eun Lee（美国）、彭爱辉（中国）、安德兹・索科罗斯基（美国）、Ji-Won Son（美国）和杨新荣（中国），感谢他们花时间帮助审阅本书的章节。他们的审读意见提高了许多章节的质量，让我们代表所有作者，向他们表示感谢。

最后，我们要感谢米歇尔・洛克霍斯特（Brill | Sense 出版商）的耐心与支持，与米歇尔合作是富有成效和愉快的经历。本书是《数学教与学》丛书的第四卷。

李业平　黄荣金

/第一部分/

介绍与视角

1. 中国教师如何获得和提高面向教学的数学知识

李业平[①] 黄荣金[②]

引言

为了提高教学质量,人们对有助于教师有效教学的知识和技能以及如何经过长年累月的努力获得和提高这些知识和技能已经进行了越来越多的研究。现有的研究(例如:Ball, Thames, & Phelps, 2008; Blömeke, Hsieh, Kaiser, & Schmidt, 2014; Depaepe, Verschaffel, & Kelchtermans, 2013; Hill, Ball, & Schilling, 2008; Schmidt, Blömeke, & Tatto, 2011)使我们对数学教师知识和技能的结构与组成成分从不同的角度和途径有了更深入的认识。特别值得一提的是,鲍尔和她的同事们在他们的教学研究基础上,确定和建构了关于教师面向教学的数学知识(以下简称 MKT,参见 Ball, Thames, & Phelps, 2008)的具体结构,他们的工作拓展了我们对教师 MKT 的性质和特点的理解。与此同时,另一条研究思路走的是国际路线,研究不同教育系统间在教师培养课程计划以及职前教师在完成他们课程学习时获得的知识之间的异同(例如:Li, Ma, & Pang, 2008; Schmidt, Blömeke, & Tatto, 2011),跨系统的比较不仅揭示了教师所知数学的差异(例如:Li, Ma, & Pang, 2008; Schmidt, Blömeke, & Tatto, 2011),而且也有人质疑数学教师是否真的应该学习不同系统和文化背景所看重的各种各样的知识和技能(Depaepe 等,2013; Döhrmann, Kaiser, & Blömeke, 2012; Hsieh, Lin, & Wang, 2012)。这些质疑表明我们在特定的系统和文化背景下审核和理解数学教师的知识和技能以及如何获得和发展它们的重要性。

本书设计重点是华人教师如何获得和提高面向教学的数学教学知识,它是对

---

① 李业平,美国得克萨斯农工大学教育与人类发展学院、上海师范大学。
② 黄荣金,美国中田纳西州立大学数学系。

我们最近关于华人如何教授数学和提高教学质量的工作(Li & Huang，2013)以及中国通过变式开展数学教与学的本质及其形式的研究(Huang & Li，2017)的延伸。这些先前的书聚焦于华人在准备、进行和改进教学方面所做的工作，但没有深究华人面向教学的数学知识和技能以及它们的获得与提高。虽然已有研究揭示了华人数学教师知识与技能的一些有趣的特征(例如：An，Kulm，& Wu，2004；Li & Huang，2008；Ma，1999)，但是，关于华人数学教师所需的特别的知识和技能以及他们如何通过数年的努力获得和提高这些知识和技能，我们其实还不太清楚。系统地考察华人教师面向教学的数学知识以及它们的获得与提高很重要，尤其在当下人们想要多了解得高分的华人教育系统如何致力于提高数学教学和学生数学学习质量这样的大形势下。

本书试图展示和扩展学术界目前在这个主题上已作的努力，具体来说，全书旨在达成三个主要目标：

(1) 本书建立在现有研究的基础上，在考察中国面向教学的数学知识方面展示新的研究成果。特别值得一提的是，本书包含了一系列章节，这些章节有的从国内以及国际视角对面向教学的数学知识进行了全面回顾，有的则对面向教学的数学知识的一些重要特质进行了深入的研究。

(2) 本书提供了中国大陆、香港和台湾不同地区学校教育和数学教师教育的制度和背景信息，其目的是帮助读者了解这些地区之间的一些实质性差异，否则局外人通常以为这些差异并不存在。通过这种方式，读者可以更好地理解本书所关注的中国大陆的情况。本书还包含了可以帮助读者将中国大陆教师面向教学的数学知识与该系统背景下数学教师教育政策、培养计划结构(例如，Li，2014)联系起来的章节。

(3) 本书将获得和提高知识视为教师终身专业学习过程的一部分，具体来说，本书不仅考察了教师培养课程计划，以了解数学教师是如何为他们的专业教学生涯做准备的，还包括了另外一组章节，即探讨数学教师如何通过常规的校本活动和特殊的机制来改进提高他们的数学知识。

综上所述，这些预期目标使本书的出版具有重要意义，它能帮助大家更好地了解中国大陆教师面向教学的数学知识及其获得和提高途径。作为国际背景下的一个重要案例，它为促进我们理解和发展教师面向教学的数学知识提供了宝贵的文献资料，有利于全球范围内的进一步研究和学术交流。

本书内容结构

本书聚焦于教师获得与提高面向教学的数学知识，为此，本书包括了这样一些章节以强调教师面向教学的数学知识的一些具体概念、制度政策与背景、教师知识在终身专业学习过程中的不同发展阶段。本书包括四个部分：(1)介绍与视角；(2)通过教师培养获得和提高面向教学的数学知识；(3)通过教学实践和专业发展获得和提高面向教学的数学知识；(4)反思与结论。其中关于教师知识发展的两部分，即从职前准备到在职教学实践和专业发展是并行的。

第一部分包括4章。首章为读者提供了本书的概览。第2章介绍了中国大陆、香港和台湾的教育制度和教师教育制度。与大家对其相似之处的普遍看法不同，罗浩源、谭克平、黄显涵、陆昱任几位突出了这三个地区社会历史和社会政治发展的差异，强调了它们对学校教育、课程结构和数学教师教育差异产生的影响。第3章的作者是谢丰瑞、陆新生、谢佳叡、唐书志和王婷莹，他们从历史的角度探讨了数学教师素养这一概念和它的习得，以及这一概念在中国的演变历史。在第4章，玛蒂娜·多尔曼、加布里埃尔·凯泽、西格丽德·布洛米克对文献中关于面向教学的数学知识的不同描述和概念化作了综述，并进一步把他们的讨论放在一个大规模的国际研究——数学教师教育和发展研究(TEDS-M, 2008)的背景之下。

第二部分主要关注教师通过大学课程来学习数学和数学教育的职前准备阶段。直到最近，人们才开始重视对这一阶段的教师知识获得做学术探索和相关研究。实证研究发现，不同教育制度下的教师培养计划以及职前教师通过课程计划学习获得知识的状况有着重要差异(如 Li, Ma, & Pang, 2008; Schmidt, Blömeke, & Tatto, 2011)。第二部分的前3章对中国大陆中小学教师培养课程的数学和教学准备进行了具体阐述。在第5章中，解书、马云鹏和陈威具体地讨论了职前小学教师面向教学的数学知识的现状以及对教师知识获得和发展可能产生影响的因素。他们通过问卷调查和访谈，以及对教师培养课程计划文档的分析，从职前教师、教师教育工作者、学校指导老师以及学校管理层那里收集了数据，基于调查结果，他们强调进一步改进职前小学教师的数学和教学法培训的重要性。后面一章，吴颖康和黄荣金专注于中国的中学数学教师培养课程。他们收集并分析了这类培养计划文件，考察了对职前中学教师的期望，还报告了一项关于职前中学教师代数教学知识的大型调查研究的结果。袁智强和黄荣金（第 7 章）强调了通过职前教师培育课程提供教学法培训的重要性，他们特别地描述了三种基于实践的教学法训练类型（教育见习、微格教学和教育实习），并讨论了一种新的名为同课异构（SCDD）的教研组活动。在这一部分的评论章节（第 8 章）中，德斯皮娜·波塔瑞对这一部分的前 3 章进行了重要的评述，讨论了相应的问题与挑战，并进一步为国际同行阅读这些章节提供了可参考的见解。

第三部分探讨的是通过在职教师的教学实践和专业发展来改进提高他们的知识。多年来，教师知识的获得和专业发展一直是数学教育界关注的一个焦点（如 Li & Even，2011；Pronte & Chapman，2016；Wilson & Berne，1999；Zaslavsky，Chapman，& Leikin，2003）。同样，在中国，如何通过教师的教学和专业发展来帮助教师学习和提高已经成为一种传统，且具有一些重要而独到的特点（参见 Huang，Ye，& Prince，2016；Li & Huang，2013；Li，Huang，Bao，& Fan，2011）。这部分的前 5 章由中国数学教育工作者以局内人士的身份撰写，分享了从日常的校本活动到特殊培训项目五种不同的在职教师的学习和专业发展机会。在第 9 章中，蒲淑萍、孙旭花和李业平研究了教师参加教研组的钻研教材活动对其知识水平的提高有何影响。教材在中国学校教育中有着重要作用，教师使用教材不仅是为了备课，也是为了提高自己对数学、课程和教学方法的认识。黄兴丰和黄荣金（第 10 章）展示了他们对一位骨干教师参与特级教师工作室活动进行学习的案例研究，通过记录该教师对一种新教学方法的设计与实施，他们分析和描述了该教师的学习与认识提高过程。教研组是中国自 1952 年起在每个中小学建立起的一种正式的学校组织机构，在第 11 章中，杨玉东和张波考察了教师在教研组活动中的学习和知识发展。通过案例研究，他们认为中国教师主要通过在教研组活动中对课堂教学相关问题的讨论和反思来发展他们的学科教学知识。在第 12 章中，梁甦聚焦于教师对公开课的开发与观察，她特别地描述了公开课的不同形式以及教师参与这些活动是如何有效地帮助他们获得和积累必要的面向教学的数学知识的。李业平和黄荣金（第 13 章）通过个案研究考察了师徒制做法以及它是如何为发展教师的专业知识和教学实践提供机会的。在这部分的评论章节(第14章)中，格洛丽亚·安·斯蒂尔曼不仅对这5章进行了总结，还详细解读和反思了每一章。她进一步指出，由鲍尔和她的同事们定义的MKT概念中几乎所有不同的方面，都可以用这5章中介绍的一种或几种不同的专业学习和发展方式加以培养。

第四部分对本书进行了全面反思和总结。它包含2章，帮助读者在不同的系统和文化背景下，从不同的视角看待教师的知识获得与专业发展。蒂姆·罗兰在第15章中回顾了英国政府最近的一些举措，这些举措强调向东亚几个学生高成就教育系统学习，尤其是中国大陆。他联系英国的情况以及西方的一些相关研究，结合通读本书，对包括阅读教材、职前数学教师知识、数学教师集体学习、精通业务与道德等重要方面进行了讨论。最后，他强调了互相学习的重要性。在第16章中，伍鸿熙将从本书中了解到的知识与美国的情况紧密联系起来，根据不同章节所阐述的不同项目和实践的特点，他呼吁：(1)要重视教师对他们所要教授的学科知识的获得；(2)要让获得和改进提高知识成为美国教师终身学习和专业发展的过程。

参考文献

An, S., Kulm, G., & Wu, Z. (2004). The pedagogical content knowledge of middle school mathematics teachers in China and the US. *Journal of Mathematics Teacher Education*, *7*, 145 - 172.

Ball, D. L., Thames, M. H., & Phelps, G. (2008). Content knowledge for teaching: What makes it special? *Journal of Teacher Education*, *59*, 389 - 407.

Blömeke, S., Hsieh, F. -J., Kaiser, G., & Schmidt, W. H. (Eds.). (2014). *International perspectives on teacher knowledge, beliefs and opportunities to learn.* Dordrecht: Springer.

Depaepe, F., Verschaffel, L., & Kelchtermans, G. (2013). Pedagogical content knowledge: A systematic review of the ways in which the concept has pervaded mathematics education research. *Teaching and Teacher Education*, *34*, 12 - 25.

Döhrmann, M., Kaiser, G., & Blömeke, S. (2012). The conceptualization of mathematics competencies in the international teacher education study TEDS-M. *ZDM: The International Journal on Mathematics Education*, *44*(3), 325 – 340.

Hill, H., Ball, D. L., & Schilling, S. (2008). Unpacking "pedagogical content knowledge": Conceptualizing and measuring teachers' topic-specific knowledge of students. *Journal for Research in Mathematics Education*, *39*(4), 372 – 400.

Hsieh, F. -J., Lin, P. -J., & Wang, T. -Y. (2012). Mathematics-related teaching competence of Taiwanese primary future teachers: Evidence from TEDS-M. *ZDM: The International Journal on Mathematics Education*, *44*(3), 277 – 292.

Huang, R., & Li, Y. (Eds.). (2017). *Teaching and learning mathematics through variation*. Rotterdam, The Netherlands: Sense Publishers.

Huang, R., Ye, L., & Prince, K. (2016). Professional development system and practices of mathematics teachers in Mainland China. In B. Kaur, K. O. Nam, & Y. H. Leong (Eds.), *Professional development of mathematics teachers: An Asian perspective* (pp. 17 – 32). New York, NY: Springer.

Li, Y. (2014). Learning about and improving teacher preparation for teaching mathematics from an international perspective. In S. Blömeke, F. -J. Hsieh, G. Kaiser, & W. H. Schmidt (Eds.), *International perspectives on teacher knowledge, beliefs and opportunities to learn* (pp. 49 – 57). Dordrecht: Springer.

Li, Y., & Huang, R. (2008). Chinese elementary mathematics teachers' knowledge in mathematics and pedagogy for teaching: The case of fraction division. *ZDM: The International Journal on Mathematics Education*, *40*, 845 – 859.

Li, Y., & Huang, R. (Eds.). (2013). *How Chinese teach mathematics and improve teaching*. New York, NY: Routledge.

Li, Y., Huang, R., Bao, J., & Fan, Y. (2011). Facilitating mathematics teachers' professional development through ranking and promotion in Mainland China. In N. Bednarz, D. Fiorentini, & R. Huang (Eds.), *International approaches to professional development of mathematics teachers* (pp. 72 – 85). Ottawa: University of Ottawa Press.

Li, Y., Ma, Y., & Pang, J. (2008). Mathematical preparation of prospective elementary teachers. In P. Sullivan & T. Wood (Eds.), *International handbook of mathematics teacher education: Knowledge and beliefs in mathematics teaching and teaching development* (pp. 37 – 62). Rotterdam, The Netherlands: Sense Publishers.

Ma, L. (1999). *Knowing and teaching elementary mathematics*. Mahwah, NJ: Lawrence Erlbaum Associates.

Ponte, J. P., & Chapman, O. (2016). Prospective mathematics teachers' learning and knowledge for teaching. In L. English & D. Kirshner (Eds.), *Handbook of international research in mathematics education* (3rd ed.). New York, NY: Taylor & Francis.

Schmidt, W. H., Blömeke, S., & Tatto, M. T. (Eds.). (2011). *Teacher education matters: A study of middle school mathematics teacher preparation in six countries*. New York, NY: Teachers College Press.

2. 中国大陆、香港和台湾的教育制度和数学教师教育制度

罗浩源[1]　谭克平[2]　黄显涵[3]　陆昱任[4]

引言

在教育改革的旗帜下，到世纪之交，中国大陆、香港和台湾的数学课程都经历了重大变化，这不仅是为了应对这些地区各种政治、社会和教育的需要，也是为了使其教育制度与世界各地保持一致，因此，这些地区的数学教师教育制度如何经历其自身转变的问题值得我们特别注意。这种变化需要各相关方面，包括决策者、大学教师教育工作者、师范生和在职教师、学校行政人员，甚至家长，进行复杂的协商。本章，我们将从以下三个不同角度考察在这三个教育体系背景下的数学教师培训项目：在改革自己的数学教育制度时是如何试图解决好教育理论和课堂实践之间的矛盾关系的？这些地区是如何制定合格数学教师的评价标准的？这些地区是如何开发自己的数学教师教育计划（包括这些地区教师教育计划结构的细节），以促进师范生和在职数学教师的专业成长的？

首先我们将简要介绍这三个地区的教育制度。基于其不同的背景，我们将介绍这三地的（职前和职后的）数学教师培育计划，并讨论那些与他们自己的数学教育课程正在不断创新相关的问题。

在简要介绍了三地的教师培养和/或教师专业发展制度之后，本章将重点介绍不同的教育体系是如何为在职教师培训准备方案的，教师资格证书又是如何获取的。此外，本章还将探讨各制度对教师专业知识持续发展的作用机制。在从这三地在教育领域，特别是在数学教师教育领域的发展中得出可以吸取的教训之

① 罗浩源，香港中文大学。
② 谭克平，台湾师范大学。
③ 黄显涵，香港大学。
④ 陆昱任，台湾师范大学。

前，我们还将讨论广为关注的理论与实践背离的问题，看看在这三个教育背景下如果存在此问题，那么它们又将如何加以解决。

中国大陆、香港和台湾的教育制度

世界各地的教师教育制度在社会、经济和政治环境中发展并相互作用，其特点主要有三部分：(1)进入职业；(2)学习教学的过程(包括教师教育课程结构和课程顺序)；(3)这种学习经历的结果(Tatto, Lerman, & Novotná，2009，第 15 页)。在下一节中，我们将探讨三地的数学教师教育是如何在提供教师教育课程的机构中实施的，以及它们对教师知识和实践的影响。

中国大陆

21 世纪初，中国大陆开始了第八次课程改革。与以往的改革相比，这一轮改革带来了根本性的变化，在设计和实施层面也面临着巨大的挑战(中国教育部，2004)。课程改革包括两个阶段(九年义务教育和高中教育)，教育部在 2005 年 9 月表示，中国大陆的所有小学和初中都已经实施了新课程改革(见图 1)。

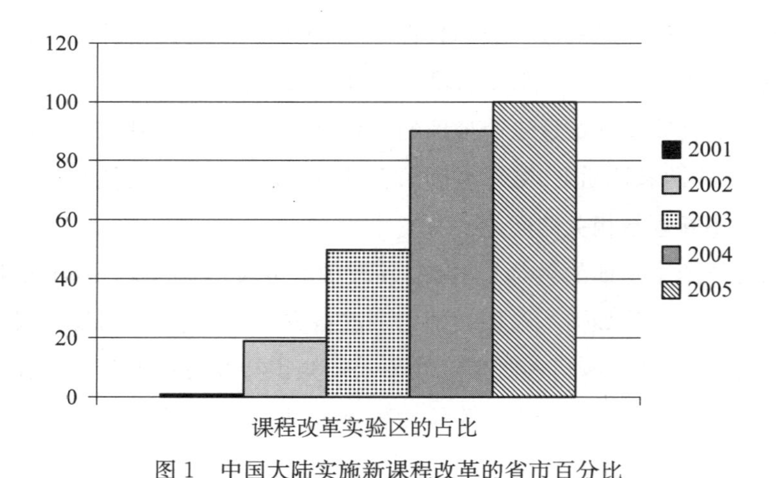

图 1　中国大陆实施新课程改革的省市百分比

这次课程改革的核心是贯彻以学生为中心的教学理念。2010 年，《国家中长期教育改革和发展规划纲要(2010—2020)》(以下简称《教育规划纲要》)颁布了，它指导着未来10年的教育发展，也强调了课程改革实施的必要性和紧迫性（中国教育部，2010b）。在回顾了过去10年新课程的实施情况，明了了《教育规划纲要》的要求之后，义务教育阶段共计19个课程颁布了课程标准的修订稿以回应素质教育的要求，扩大和深化课程改革，提高中国大陆的教育质量（中国教育部，2011c）。1999年开始的数学课程改革，其内容标准包括数与代数、图形与几何、统计与概率、综合与实践四个领域。

如何培养符合课程改革要求的教师是课程改革的一个关键问题。时任教育部长袁贵仁（2005）认为，没有广大教师对新课程的全面理解和全力支持，新课程的实验推广是难以进行下去的。为此，形成了多份官方文件并开设了许多为不同学段水平教师提高的培训班，强化教学质量。2011年，为规范职前教师的教育课程，教育部颁布了《教师教育课程标准（试行）》，该标准提出了“育人为本”、“实践取向”、“终身学习”这三个理念，在内容领域，该标准强调了儿童发展与学习、教育基础、学科教育与活动指导、心理健康与道德教育、职业道德与专业发展、教育实践这六个方面（中国教育部，2011a）。一年后，幼儿园、小学、中学在职教师的三个专业标准（试行）相继出台（中国教育部，2012），其四项基本理念是：学生为本、师德为先、能力为重、终身学习。显然，这些标准旨在提高教师的专业水平，并进一步推动课程改革的实施。

中国香港

自1997年英国向中国移交主权以来，香港的教育制度发生了一系列的变化。这些改变包括教学语言政策的改变（提倡在课堂上使用中文作为主要语言）以及高中课程保持与中国大陆甚至美国所采用的课程一致。由于实施了新的高中课程，香港在2009年引入了一个完全不同的学制，在重新建构的教育制度下（所谓的“3－3－4”学制），学生在完成6年的中学教育（3年初中、3年高中）后将取得一种新的香港中学文凭（HKDSE），而取得香港中学文凭后，他们可继续修读4年大学本科课程或修读多所院校开办的中学后课程、职业课程以及大学课程。

在改革后的高中数学课程（包括必修部分和延伸部分）中，学生可以有三种选择：选择1，只修必修部分；选择2，修必修课以及单元1（微积分与统计）；选择3，修必修课以及单元2（代数与微积分）。选择1的授课时间约为总授课时间的10%

至 12.5%(215 课时至 313 课时),而选择 2 或 3 的授课时间最多为总授课时间的 15%(375 课时)。所有学生都至少要学习必修部分的基础专题,同时,鼓励数学能力较强的学生最多只学习两个“附加”单元中的一个。新课程框架的设计突出了灵活性和多样性的特点,以满足学生未来发展对其数学学习的多样化需求(Education Bureau, 2014)。这些特点体现在三个选择所涵盖的数学内容(学习广度)以及所学专题里数学概念的抽象性(学习深度)上。课程设计背后的理念暗示其目标在于倡导数学学习与教学的“有效性”与“有意义”。这就要求教师非常努力地使用各种教学方法来进行课堂教学,以满足这种设计的需求,例如,教师可以使用更复杂的信息技术工具或教具来帮助学生发展和应用抽象的数学概念。此外,教师需要通过建立与日常生活经验的联系,努力培养学生的通用技能和兴趣,使数学学习对学习者来说更加相关也更有意义。然而,教师们发现,实现数学教育的新课程目标在两个方面有着巨大的挑战。第一个挑战是满足学生多样化的学习需求,他们有着不同的职业道路以及不一样的数学学习能力。另一个挑战是为培养学生的认知发展营造时间和空间,从而积累抽象思维能力来解决更复杂的数学问题,这一挑战对于数学课程延伸部分(单元 1 或单元 2)的教学来说似乎尤其严峻,因为分配给延伸部分的课时远远少于分配给其他独立学科的课时。面对这样的时间压力,教师们发现如果不安排额外课时的话,很难在正常的上课时间完成单元内容中的那些抽象概念的深入探讨。

中国台湾

台湾在大学前的教育制度分为 6 年的小学教育、3 年的初中教育和 3 年的高中教育。台湾在 1968 年首次对小学和初中学生实行九年义务教育,不过当时学校入学还不是强制性的。1979 年,通过了《教育法》,规定到了上学年龄但错过接受基础教育机会的学生应通过补习教育来弥补。直到 1982 年,《强迫入学条例》颁布,要求所有 6 岁到 15 岁的儿童必须上学(Government Information Office, 2006)。初中毕业生可以选择继续接受高中教育,也可以在职业学校接受培训。台湾过去曾有一段时间实施能力分班,特别是在一些中学课堂,不过,为了确保所有学生的学习机会均等,现行的官方文件规定任何年级都不允许进行能力分班(Tam, 2010),直到高中阶段才可以分流。

台湾课程的传统做法是小学、初中和高中教育各阶段都有一个属于自己的课程标准。2001 年，小学和初中课程按照官方的《中小学九年一贯课程纲要》统一起来了，该课程实施至 2019 年，将逐步由 12 年基本教育课程纲要取代。学校数学学习分为四个阶段：第一阶段为一、二年级；第二阶段为三、四年级；第三阶段为五、六年级；第四阶段从七年级到九年级（台湾"教育部"，2013b）。这个系统计划从 2014 学年开始实施，并努力将《中小学九年一贯课程纲要》与高中课程统一起来，编制完成《12 年基础教育课程》，并将于 2019 年实施。尽管在新政策下高中教育并不是义务教育，但政府将资助学生上高中。

1994 年是台湾职前数学教师教育发生重大变革的一年，该年颁布了《师资培育法》，1995 年又颁布了《师资培育法施行细则》加以补充（Li，2001）。在过去，台湾的教师培育是由师范大学及师范学院单独负责的，前者培养中学教师，后者培养小学教师。但从 1994 年开始，新法律允许所有大学设立教师培训项目。为了保持学生人数，原有的教师培训机构逐渐向综合性大学转变，同时，师范学院更名为教育大学或大学，部分师范学院与邻近大学合并后更名为教育大学，以表明它们现在是普通大学而不是仅培养教师的特殊大学。虽然这为那些有兴趣成为教师的人提供了更多实现梦想的机会，但并不是所有试图设立教师培训项目的大学都有足够的人力和物力来担当此重任的（Lin，Wang，& Teng，2007），而且，这种变化使得教师的供给在以后变得供大于求了。

台湾数学教师教育制度有两大问题。一个非常令人关切的问题是为职前教师设立的培训计划，这里的问题集中在如何甄别哪些人适合成为数学教师，以及之后如何为他们提供合适的培训。另一个同样受到高度关注的问题是如何向在职教师提供持续的培训。由于社会文化环境的不断变化，课程必须不断改革并加以贯彻实施，政策制定者需要解决的问题是，如何让在职教师了解课程改革的变化细节，并用新的技能武装他们的教学。曾有一段时间，在职数学教师通过三层级课程与教学辅导网络机制获得相关的培训与信息，该机制充当了改革代言人的角色，并通过各级政府和学校学科领导的推动来实现，他们齐心协力要实现课程改革精神指导下的在职教师教学实践的变化（Chung，2007）。

三个教育制度中的数学教师培育

中国大陆

自1995年起，要在中国大陆成为一名教师就必须具备教师资格证(TQC)(中国教育部，1995)。教师资格证要求申请者具备三个方面的知识：教育、教育心理学以及熟练运用普通话(中国大陆的官方语言)。任何一所师范大学的毕业生只要参加普通话水平测试就可以了，因为他们在大学期间已经通过了前两项考核，其他申请者则必须通过这三个方面的考试才能申请教师资格证。从总体来看，中国大多数的(初中和高中)数学教师在大学都主修数学。

然而，随着课程改革对教师的要求和社会期望的不断提高，旧的机制已经难以保证师资质量，为此，近年来引入了两种新的教师资格鉴定机制。第一个机制是新的教师资格考试(中国教育部，2011b)。它规定，所有想成为教师的毕业生，包括任何一所师范大学的毕业生，都必须参加新的考试，考试的方法和科目因所任教的学段不同而不同(表1)。

表1　新教师资格考试的方法和科目

	方法	笔试科目
幼儿园	笔试及面试	综合素质、保教知识与能力
小学	笔试及面试	综合素质、教育教学知识与能力
中学	笔试及面试	综合素质、教育知识与能力、学科知识与教学能力
中等职业学校	笔试及面试	综合素质、教育知识与能力、学科知识与教学能力

新考试的测试内容扩展到五个方面：

- 教师基本能力，如教育理念、职业规范、科学素养、阅读理解、语言表达、逻辑推理以及信息处理；
- 课程、学生指导以及课堂管理的基本知识；
- 学科的基础知识；
- 教学设计、实施和评价的知识与方法；

- 用所学知识分析和解决实际问题的能力。

第二个机制是教师资格认证的定期注册和认定制，也就是说，所有持有教师资格证的教师每5年都要接受重新评估和认定，未能通过定期考核的教师可能会被吊销资格。该评估涵盖五个领域：职业规范、年度绩效考核、职业培训、身心健康以及省级教育部门制定的一些标准。到2016年为止，已有13个省成为实施这两项机制的试点地区。中央政府希望通过这些机制，加强教师资格管理，提高师资质量。

试点地区的新数学教师虽然与以前的教师有相似的教育背景，不过，这些新教师需要通过严格和高要求的考试才能成为一名中小学教师。此外，这些地区的所有教师必须每5年定期接受教师资格认定。

中国香港

所有中小学教师必须根据《教育条例》的规定，以"准用教员"或"注册教师"的身份注册。准用教员（PT）是指具备学历，但尚未按照要求接受教师培训而获得教师资格的教师，而注册教师（RT）则持有教师资格证书，如研究生文凭/教育证书（Education Bureau，2014）。准用教员在完成在职教师教育后即有资格获得合格注册教师（RT）资格。

香港有5家教师教育机构，它们为职前和在职教师提供一系列副学位、学位和研究生课程。其中，香港教育大学（EdUHK）[1] 是最大的教师教育机构。在2013/2014学年，约有4500名全日制及4200名非全日制学生报名参加了大学教育资助委员会（UGC）资助的课程。香港浸会大学（HKBU）、香港中文大学（CUHK）以及香港大学（HKU）也为职前教师提供教育资助委员会资助的学位课程，为职前及在职教师开设研究生课程。香港公开大学（OUHK）自筹资金，为职前及在职教师提供学位课程及研究生课程（Hong Kong Government，2014）。这些院校的教师教育课程毕业生有资格成为注册教师。到目前为止，香港大部分数学教师都持有政府提倡的教师资格的学位。

一般来说，成为中小学数学教师有两条途径。第一，取得香港中学文凭（HKDSE）的学生可申请为期5年的全日制教育学士学位课程。香港中文大学于2012年开办了一个新的数学及数学教育学士学位课程，毕业生可成为一名合格的小学或中学数学教师。第二，拥有普通学士学位的学生可以申请小学或中学学科课程与教学(SCT)数学专业的教育研究生文凭/证书，为此，在职教师通常需要一年的全日制学习或两年的非全日制学习。

除了香港中文大学新开设的教育学士课程外，表2还给出了香港其他院校所开设的数学教师教育课程。如表2所示，香港中文大学项目与其他项目的区别在于它的**双专业**(数学和数学教育)学习模式，使其毕业生可以去教从小学1年级到中学6年级的数学[2](课程的细节和特性将在后面一节的香港部分再介绍)。

表2 香港数学教师教育项目

教师教育提供者	数学专业的教育学士学位	数学专业的教育研究生文凭#
香港教育大学	小学	小学/中学
香港浸会大学	无	小学/中学
香港中文大学	小学和中学*	小学/中学
香港大学	无	中学
香港公开大学	无	无

\# 数学专业的小学教育或中学教育是互相独立的项目。
* 小学教育和中学教育是整合在一起的数学教育项目。

中国台湾

所有开设师资培育课程的大学每年都会为来自不同科系、合乎甄选条件要求且感兴趣的本科生和研究生举办年度资格考试。考试内容不取决于专业，相反，它通常涉及教育理论、心理学和与教育相关的法律、评估等领域，而结果评判标准可能包括在语言能力、心理测试以及熟悉教育政策和新闻方面有好的表现。通过考试的学生将成为师培生，他们还必须接受完整的课程培训才能参加为期半年的教学实习。成功完成所有培训课程要求的候选人将从他们的课程中获得文凭，然后他们可以申请正式的教师资格考试(师资培育法，2014)。表3显示了目前台湾教师资格考试的科目要求。

表 3　中小学职前教师教师资格考试科目要求

考试科目	种类 1	种类 2	种类 3	种类 4	种类 5
小学阶段	国语文能力测验	教育原理与制度	儿童发展及辅导	小学课程与教学	数学能力测验（普通数学及数学教材教法）
中学阶段	国语文能力测验	教育原理与制度	青少年发展及辅导	中等学校课程与教学	

来源：台湾“教育部”(2014)

职前教师教育：获得面向教学的数学知识

中国大陆

教师培养计划应重视发展教师的知识、强调教师实践的道理(Robertson, 2000; Tatto, 2007)，为此，本章的这一部分通过介绍中国大陆的职前教师教育来回应这个问题。[3] 中国大陆高等教育在扩大规模之前，学士学位是大多数数学教师所获得的最高学位。[4] 随着对师范生的期望越来越高，一些师范大学制定了一项名为“4+2 模式”的新计划，为学校培养高质量的职前教师。于是，出现了两种培养未来教师的模式。在本节中，我们将同时介绍师范大学的学士学位课程和“4+2 模式”，以说明中国大陆数学教师职前培训课程所包含的知识。

师范大学通过提供课程和教学实践两个途径来武装学生。第一个途径包括两个方面，即学科知识和与教育相关的知识(表 4)。[5]

表 4　为两个不同级别的师范大学设计的数学职前教师课程计划

	A 大学（国家级，教育部直属单位）	B 大学（省级）
学科知识目标	1. 掌握广博的数学知识和技能。 2. 了解数学科学的最新进展和成就以及与数学相关的常识	1. 必须掌握扎实宽厚的数学知识，了解数学科学发展的趋势，具备良好的思维能力，如空间想象力、逻辑思维、抽象思维、敏锐的发散思维等，为后续发展增强所需的学习能力。

续表

	A大学 （国家级，教育部直属单位）	B大学 （省级）
		2. 必须具备广泛的文化素养、优秀的心理素质、科学的思维方法和准确的数学语言表达能力，以确保胜任中学数学教学工作，能够开设3门以上数学选修课。 3. 必须掌握现代教育技术和基本的数学技能，以解决现实世界的问题。 4. 必须掌握教育和心理学的基本原理和独立开展教育研究的基本技能，磨练辅导学生和课堂管理的基本技能。 5. 必须掌握获取、组织和分析网上信息的技能，具备阅读和翻译一般数学文献的技能，磨炼撰写数学和数学教育论文的基本技能
学科知识（必修课程）	数学分析1&2&3/高等代数1&2/解析几何/近世代数/常微分方程/复变函数/实变函数/微分几何/概率论基础/泛函分析/数值逼近/拓扑学/统计学 60学分 普通物理学1&2/普通物理实验，6学分	数学分析1&2&3/高等代数1&2/解析几何/计算机文化/C++程序设计/常微分方程/实变函数/概率与数理统计/复变函数/数学概论 54学分 普通物理学，4学分
教育相关知识（必修课程）	教师与教学论/学校教育心理学/青少年心理学/中学数学课程与教学论/中学数学课程标准与教材研究/教育研究方法/现代教育技术/教师职业技能训练/中学数学微格教学/信息技术在数学教学中的应用 14学分	数学教育心理学 教育学 数学教学法 现代教育技术 教育研究方法 教师教学技能培训 15学分
教学实践	教育见习、教育实习、教育调查（不超过1个月） 7学分	教育见习和教育实习 （12周） 11学分

这两个案例显示，两所大学都希望通过开设相当多的数学课程和物理课程给师范生打好学科知识基础，相反，他们教育课程的数量明显偏少。与 B 大学相比，A 大学提供了更多的教育类课程来满足学生成长为教师的需求。

如前所述，现有教师教育课程已经不能满足课程改革不断提出的新要求了。为了培养高素质的研究型教师和教学管理者，一些师范大学开发了“4＋2 模式”，为取得学士学位的本科生再提供两年的教育硕士学位课程。这种模式旨在巩固师范生的教育知识和能力。C 大学是(国家级的)另一所教育部直属重点师范大学，其 2010 年数学专业的师范生需要学习许多“课程与教学论”方面的课程(表 5)。“4＋2 课程”计划也为学生延长了教育实习的时间(从 2 个月增加到 3 个月)，这为师范生创造了在实际学校生活中体验真实的教学问题的机会。

表 5　“4＋2 模式”提供的必修与核心课程
(C 大学的硕士阶段)

教育类 (6 门课程)	教育理论/教育研究方法/课程与教学论/教师职业规范/现代教育技术/中外教育史
数学教育类 (从 4 门课程中选择 2 门)	数学教育心理学/数学教学论/基础数学研究/现代数学与中学数学
数学类 (3 门课程)	泛函分析 抽象代数(代数拓扑或微分几何) 计算机基础理论

中国香港

香港新的学校课程框架要求儿童学习数学至十二年级，为此，香港中文大学设立的数学与数学教育双专业课程计划的课程结构设计本身就是创新，体现了学习的主干，即帮助学生获得强大的学科知识以及数学教师教育和教学领域内所需要的知识(见表 6)。为了确保这些师范生都受到严格的数学训练，除了各种选修课程外，他们还需要修读一些高等数学课程，包括线性代数、高等微积分、数学实验、数学分析和应用数学中的复杂变量。它强调打好数学训练的基础，帮助职前教师了解如何从数学的高观点出发，通过课堂交流(Sfard，2007)进行学校数学教学这一未来工作需求。

表 6　双专业学士学位的职前数学教师课程结构

课程	学分	课程	学分
数学类课程	47	大学通识课程	45
数学教育以及教育类课程	55	总计	147

中国台湾

在过去，职前小学教师根据他们的学业背景有两种学习数学的途径。那些修习与数学相关专业的学生，需要修大约 12 个学分的数学课程，修习非数学相关专业的学生则需要修 2 个学分的普通数学和 2 个学分的数学教材教法课程。只有在师范相关的大学主修或辅修数学的毕业生才能在中学担任数学老师。然而，根据 1994 年的《师资培育法》，各级职前教师必须首先具备参加教师培训课程的资格。小学职前教师是否需要修普通数学以及数学教材教法课程，则由具体的教育计划自行决定。在中学阶段，所有专业的职前教师都可以通过修习 30 学分的数学课程成为初中数学教师，修习 35 学分的数学课程成为高中数学教师（师资培育法施行细则，1995）。

表 7 显示的是台湾职前教师教育官方的课程要求。职前教师教育计划通常由三个主要部分组成，即具体学科课程、专业课程和通识课程。由于所有教师通常被要求在小学教授其专业以外的各种科目，因此，要求职前小学教师修习 10 学分有关学科基础内容的课程。不过，对职前中学教师没有这一要求，因为在台湾，按照法律的要求，只有数学专业的毕业生才可以在中学教授数学（Bill TaiChung-0920141412，2003）。专业课程包括教育课程、教学方法和实践课程。最后，通识课程是指所有本科生都必须修习的课程，如概论课程等。

表 7　职前教师教育的官方课程要求

课程类别		小学	中学
必修科目	小学教师教学基本学科课程	10	/
	中等学校、小学教师教育基础课程	4	4
	中等学校、小学教师教育方法学课程	6	6

续表

课程类别		小学	中学
	小学教师教学实习及教材教法课程	10	/
	中等学校教师教学实习及教材教法课程	/	4
选修课		10	12
学分总计		40	26

来源：*Bill TaiChung-0920141412*：中小学职前教师教育计划之课程要求(2003年)。

台湾现在有一个所有数学教师培育都必须考虑的问题，即从20世纪90年代开始，出生率明显下降，其影响正在课堂上显现。目前，中小学的平均班级规模正在缩小，因此，就业市场已不再像以前那样需要那么多教师。在一些学校，一些资深教师退休后，空缺的职位不会通过招募正式教师来填补，而是会聘请代理或代课教师来履行教学职责。低出生率正直接影响着许多教师培训项目，其中许多项目都面临着招生困难的问题(Lin, Wang, & Teng, 2007)，最近就有一个例子，一所大学的数理教育系所被并入科普传播系。由于这类合并，数学教师培训的各种资源有可能会减少或摊薄，这一趋势也许不可避免，人们自然会质疑这些部门能否为未来教师提供足够的面向教学的数学基础的能力。为了应对这一挑战，需要制定新的政策来界定对未来教师的数学和教学要求。

持续的专业发展：提高面向教学的数学知识水平

中国大陆

促进教师专业发展和终身学习是课程改革的关键问题。在中国大陆，已经发展出了多种途径来帮助教师继续学习，第一种途径就是自愿攻读教育硕士(专业学位)，第二种是接受教师继续教育培训。

大多数师范大学为那些希望拓宽自己教育知识和能力的在职教师提供教育硕士(专业学位)学习。例如，C大学提供了一个旨在介绍与日常教学有关的众多相关知识的培训计划(表8)。

表 8　C大学为教育硕士(专业学位)设计的课程计划

核心课程(18 学分)	英语/政治(包括教师职业道德教育)/教育原理/教育技术/教育心理学/教育研究方法
必修课程(12 学分)	数学教育/数学教育测量与评估/数学教育的历史与哲学/现代数学与中学数学
选修课程(选择 2 门课程)(至少 4 学分)	数学教育心理学/数学教学中使用 PPT/数学教育研究案例/数学解题原理与数学竞赛/数学思维能力研究

自课程改革以来,持续的专业培训已经成为一线教师的迫切需要。在课程改革的初期,要求教师参加不同层次的工作坊,学习课程改革的核心价值观和提倡的教学模式。后来,要求在职教师通过参加不同的教育培训项目,吸收新知识,了解各种教育理论。教师专业发展计划有三种类型(或层次)。第一类是 2009 年引入的国家级教师培训项目(中国教育部,2009),该项目旨在培养优秀教师,开发丰富的教育资源。在这个方案下进行的大多数项目都涉及了教师如何教各种科目,因此,它们可能不专门迎合数学教师的需要。第二类专业发展计划是在省市一级进行的,比如 C 市,其在职教师的专业课程涵盖六个方面:

- 德育与师德;
- 教师专业知识的更新拓展;
- 现代教育理论与实践;
- 教育科学研究;
- 教学技能培训与现代教育技术;
- 现代技术与社会科学知识。

从理论上讲,C 城市的教师可以选择自己感兴趣的课程,通过在线或进入当地的大学来学习,然而,实际提供的课程有限,教师没有太多的自由去选择合适的课程,数学建模是 2014 年开设的唯一一门与数学教学相关的课程。

第三类是教育部于 2010 年发起的校本教研制度(中国教育部,2010a)。该制度建议从教学过程中选择问题作为研究对象,并在专家的支持下鼓励教师在研究过程中积极带头。这种途径既有利于一线教学的改进,又有利于教师的专业发展。

中国香港

任何旨在提高教师持续专业发展(CPD)成效的建议或教师教育计划都应注重促进教师学科知识、学科教学知识、教学自我效能感的发展以及课堂教学与学习活动的积累(Whitehouse, 2011)。自 2006 年起,与其他学科的教师一样,在职数学教师必须在每 3 年内参加不少于 150 小时的持续专业发展活动(Pattie, 2009;也见 ACTEQ, 2003)。如果想通过读研究生来进一步提升专业发展的话,在职教师可以修习一些特别的数学教育硕士学位课程,例如香港教育大学(数学与教育学硕士)以及香港中文大学(数学教育硕士)开设的课程。前者包括数学研究方面的 4 门核心课程(12 学分),以及数学教育学方面的 4 门核心课程(12 学分)。后者的计划则包含了 9 学分的数学类课程(由数学系开设)、9 学分的数学教育类课程和 6 学分的教育类课程(由教育学院开设)。这些课程设计都突出了教师学科知识和学科教学知识方面所发生的变化。

中国台湾

自 2006 年起,台湾"教育部"设立了课程与教学辅导机制。在这个制度中,受邀的数学教育教授将指导并与"教育部"课程和教学咨询团队的专家教师以及当地的学科辅导员互动,继而,这些当地的专家教师和学科辅导员又将指导一线数学教师并与他们互动。这么做的想法是培养咨询小组成员,激发当地的学科辅导员领导数学教学的热情,担当改革代表的角色,从而促进在职数学教师的专业发展和课程改革在实际课堂的落实。

该课程与教学咨询团队的成员都是从当地优秀的学科辅导员中挑选出来的,所有学科的辅导员都需要经历一系列的准备课程和主题研讨会(Lu & Chung; 2010),完成上述训练之后,希望这些咨询团队的成员能够组织来自各县市的数学教师进行培训或研讨,通过这些活动介绍他们已经学到的东西,并在一个更大的范围传播重要的技能和观念。

另一种继续教育的方法是为在职教师组织各种工作坊。与教学知识、学科教学知识以及教学技术相关的工作坊有许多,例如,"教育部"有一个参加 18 小时工作坊的出勤要求规定,以帮助教师迎接新的 12 年基础教育课程。然而,直接将数学作为一门学科来开展的工作坊相当少,比如像介绍数学的新发展及其在学校数学中的潜在应用这种工作坊，这类提高学科知识的责任被推给了在职教师，希望他们通过阅读有关中小学教学的杂志文章来进行自主学习。有些期刊是由数学协会组织的，但其他期刊则由不同的数学教科书出版商运作。最后，在职教师可以继续攻读数学教育的研究生学位，大多数数学教育的硕士和博士课程要求学生从数学系修得一定数量的学分来强化他们的数学背景。

理论—实践的脱节：三地提出缩小差距的策略

中国大陆

从 A、B、C 三所大学为数学教育工作者制定的不同计划来看，中国大陆师范大学开设了大量的学科课程和有限的教育课程，而且缺乏能够将理论与实践相结合的课程。Tchoshanov(2011)认为，对概念和应用了解较多的教师能够显著提升学生的成绩，那些具有较强能力把数学和教学联系起来的教师对帮助学生成功也同样重要。因此，我们建议课程设计者首先要从在抽象概念与生动的课堂教学之间建立联系开始。

其次，10 年课程改革的实施也带来了一些问题，这也为我们教师专业体系的完善提供了一些有价值的启示。许多数学教师仍然认为改革目标是理想化的和不切实际的，他们发现很难在自己的课堂上实施创新理念(刘朝晖，2001；Ma，2012；殷娴，2008)。与中国大陆师范院校所提供的有限的教育课程相比，建议将如何理解课程改革的基本价值以及如何有效贯彻改革原则和课程变革的课程或工作坊纳入专业课程。第三，根据调查，韩继伟和她的同事(2011)发现，数学教师的数学教学知识是区别专家教师和普通教师的一个显著特征。因此，在师范生的培训体系中，也应该包括培养教师实践技能和教学方法的相关课程目标(徐章韬、顾泠沅，2014)。第四，数学教师的知识，如学科的历史文化背景知识及其测量与评价知识(黄秦安，2011)仍然不足。第五，中国学生在国际数学竞赛和评估中表现优异(如 IMO、IAEP、PISA)，说明中国传统数学教育具有一定优势(韩继伟等，2011)。中国大陆的数学教师发现，将传统的教学方法与当前的西方理论相结合是一个具有挑战性的问题(郑毓信，2005；Ma，2012)，这又是一个在中国设计和实施教师教育计划需要重视的一个重要课题。

为了补充前面提到的中国大陆现有教师培训体系的知识，应该考虑“两条腿走路”策略，即自下而上以及自上而下。对于自上而下的策略，大学的课程设计人员必须加强大学与一线学校之间的合作，帮助一线教师获取和组织实用的、重要的学科知识，开展有效教学，并将这些知识与现行的教师培训制度联结起来。自下而上策略，也就是校本研修制度，它已经在中国大陆推开了，但必须通过提供更多的资源支持来进一步强化。通过研究日常教学问题，课堂教学质量以及教师的专业能力都可以获得极大提高。

中国香港

所有教师教育者都必须面对理论与实践脱节这一难题，必须努力制定策略，以帮助职前教师发展扎根于实践的、他们自己的理论（Holland, Evans, & Hawksley, 2011）。埃弗林顿(Everington, 2013)基于一个解释框架，提倡使用行动研究，培养职前教师从理论和实践两方面发展自身意识的能力，以此作为弥合理论与实践差距的有效途径。这种能力对于所有的教学实践者来说都是至关重要的，因为他们需要在自己的实践中做出实际的判断。他们通过自己参与观察、反思和理论化，创造了新的方法来理解生长出教学策略的理论，改进他们正在进行的实践。以香港为例，香港中文大学新开设的数学及数学教育双学位课程包括了两门课程，即“数学课堂行动研究”以及“数学教学项目报告”，其目的是要帮助职前教师在教学实践中，通过研究经验，开发出提高自身意识的重要思维工具。在“数学课堂行动研究”课程中，与课例研究、学习研究(参见 Lo & Marton, 2012)相关的主要思想和概念，还有实验设计等都会包括在内。

在讲究技术合理性的观念指导下，传统的专业实践，如在教育和护理领域，会依赖于应用那些可推广的、基于大学研究的知识。然而，正如罗尔夫(Rolfe, 1998)所极力主张的那样，这样的实践无法解决理论与实践之间脱节的问题。为了克服理论与实践相脱离的弊端，那些想要获得进一步专业发展的教师们就必须从哲学上反思他们的教学实践所表达的价值观(Laverty, 2006)，彻底改造他们的教学(Law, 2013)。作为倡导在职数学教师在实践中有所作为的一种方式，香港中文大学在行动研究（Cain, 2011）以及课例研究（Kieran, Krainer, & Shaughnessy, 2013)的背景下，在数学教育硕士生课程中开设了一门名为“数学教学行动研究”的课程，以建立理论与实践之间的联系。在大学课程的指导下，教师将有机会对自己的实践进行研究，然后结合自己的情况，通过基于实践者的研究，共同努力作出高质量的专业判断。

中国台湾

众所周知，数学知识与数学教学知识（MPCK）是所有数学教师所拥有的知识结构的两个重要组成部分（Delaney，Ball，Hill，Schilling，& Zopf，2008；Hill，Ball，& Schilling，2008）。特定内容知识对于教师将数学知识“分解”到学生可接受的程度，发挥有效的知识传播者的作用是非常重要的。根据图 2 和图 3 所示数据，与其他国家或地区参加数学教师教育与发展研究（TEDS-M）（Hsieh 等，2010；Tatto 等，2012）的同行相比，台湾的职前初中教师在数学知识和数学教学知识（MPCK）方面都表现较好，参与同一研究的职前小学教师也有类似的表现。因此，仅以这项国际比较研究为基础，我们可能会认为台湾的职前教师在特定内容知识上有较扎实的基础来教数学。

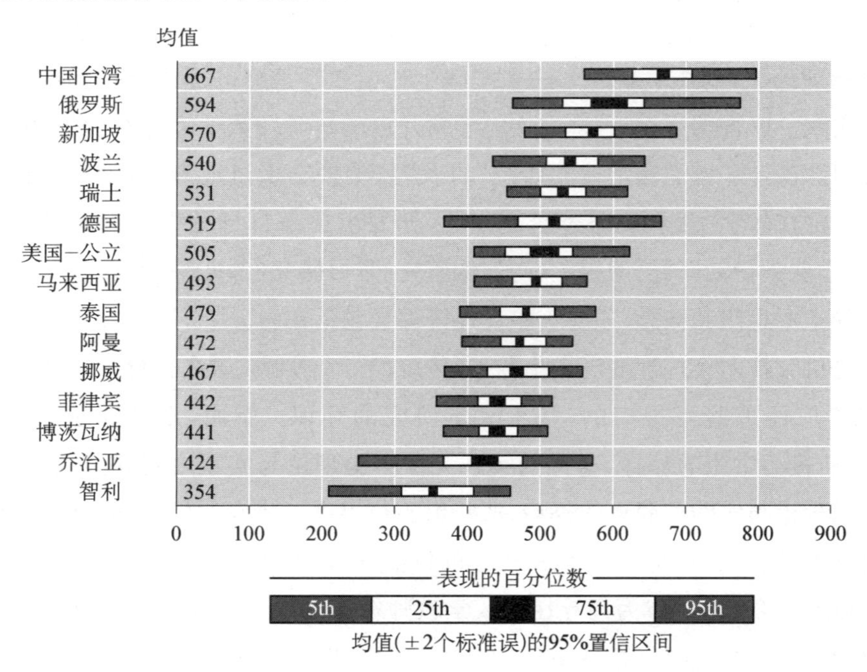

图 2　各国或地区初中教师在 TEDS-M 数学知识上的表现

资料来源：Hsieh，Wang，Hsieh，Tang，Chao，Law，Lin，Yiu，& Shy (2010)

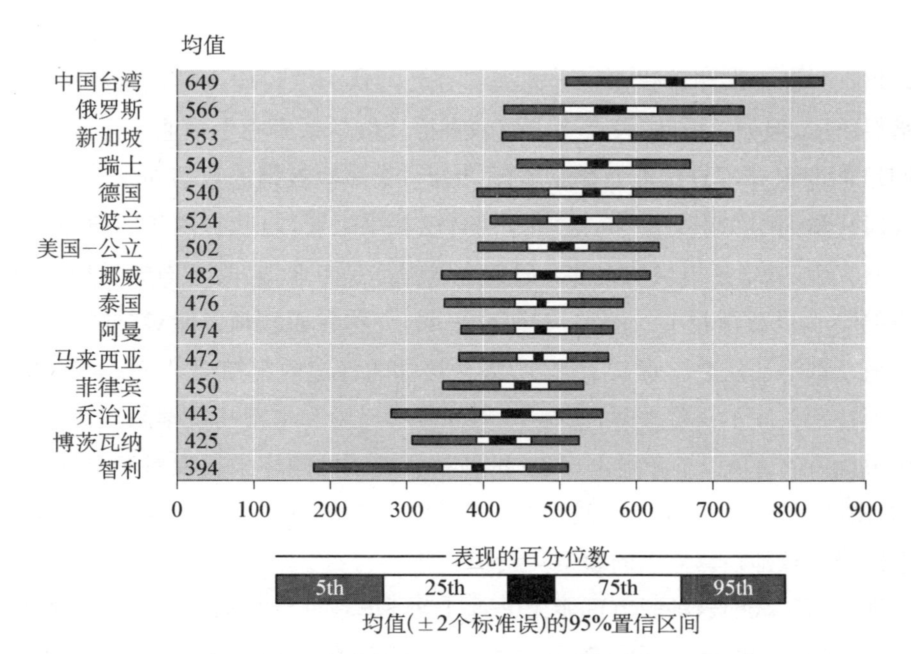

图 3　各国或地区初中教师在 TEDS-M 数学教学知识上的表现

资料来源：Hsieh, Wang, Hsieh, Tang, Chao, Law, Lin, Yiu, & Shy (2010)

此外，一份基于 TEDS-M 研究的台湾研究报告(谢丰瑞，2012)显示，在 365 名经分层抽样获得的职前中学数学教师中，25.8%的教师表示他们具有数学硕士或博士学位。与此同时，在 923 名经分层抽样获得的职前小学教师中，5.7%的人表示具有数学专业的研究生学位。台湾官方的数据(台湾"教育部"，2013a)显示，在职教师中，小学、初中和高中教师中分别有 42%、41%和 61%具有各种学科的硕士学位，这当然反映出台湾在职教师攻读研究生学位呈增长趋势。人们可能会认为，拥有更高学位的教师教授数学的能力更强，这一假设的一个推论是，在具有较高学位老师手下学习的学生比在没有高学位老师手下学习的学生会学得更好。

然而不幸的是，没有多少台湾的研究可以证实这些假设。相反，我们有理由担心台湾职前教师在数学方面的知识储备。例如，我们应该注意到图 2 和图 3 反映的是台湾职前教师在 TEDS-M 研究中的整体表现。实际上，有报告指出，在不同师资培育方案下学习的职前数学教师在数学知识和数学教学知识方面有显著差异(如林碧珍、谢丰瑞，2011)，这意味着在某些方案下受训的职前教师可能不像人们所希望的那样达到合格水平。尽管现在时兴教师获取高学位,但在数学教师在职培训方面也潜藏着忧患。台湾大部分教师认为取得硕士学位是其学术成长的最后阶段,但如上所述,没有多少教师直接从数学系研究生毕业。此外,大多数在职培训课程并不直接涉及数学专题,因此,大多数教师的数学知识可能与他们大学时代学到的知识差不多,除非他们自己找书来看,自我提高。即使他们已经成为研究生,数学系提供的大部分研究生课程都是专业课,既不面向学校教师,也不直接与学校数学相关。例如,有研究表明,一些在职教师可能对“抽样”这样的普通概念都不会从数学意义上解释,缺乏足够的特定内容知识(Wang, 2013),该研究还特别关注了一位教师,他有10年的教学经验和丰富的数学知识,但在教学知识方面存在不足,作者指出,仅仅按照教材展示的顺序来授课对于上好课是不够的,由此影响了学生对均值这一数学概念的更深入的学习。这种理论与实践的脱节影响了教师在课堂上的教学实践。

理论与实践的这种脱节可能无法通过教师单独进行行动研究来有效地解决。相反,更好的补救办法是从更高的视角,组织更多关于学校数学的课程或研讨会。这些课程将帮助在职教师看到更多的数学结构以及高等数学和学校数学之间的联系。但是,谁能为在职教师提供这样的课程呢?也许一些数学教育专业的教授可以开设这类课程,但更好更有效的办法是,让一些数学家与数学教育专业的教授合作,组织高质量的研讨会,让在职教师以先进的观点来看学校数学,这样,他们才可以更好地教授数学化和数学推理,而不仅仅是根据不同的问题类型教授解决问题的技巧。另一方面,也可以给在职教师安排一些关于教学技术的技术研讨会,包括GSP(几何画板)和GeoGebra画板的使用。这些工具让学生有更多的机会去探索数学研究对象的属性,而不是被动地观察课堂上老师的演示。数学家参与到在职教师的专业发展课程中是绝对能发挥他们的作用的。

讨论与结论

在本章有限的篇幅内,我们试图描述(虽然还不够详尽)这三个地区在数学教师教育方面的最新发展情况。在我们自己的教育实践正在发生变化和发展的形势下,由于不断努力去改进整个地区的教育制度,特别是数学教师教育制度,未来的挑战是不可避免的。就中国大陆而言，教育体系仍在经历着自身的转型，这将在一定程度上带来重塑教师教育制度的复杂性。教师教育者面临的挑战包括教师教育课程体系的统一和教师资格的规范化等问题。在中国香港，教师教育在课程架构的设计和教师资格的获取途径方面有其独特的灵活性和多样性，但教师教育工作者面临的挑战也将是巨大的，因为他们需要密切注视新提出的数学教师教育方案，以响应最近建立的教育制度（3-3-4制）以及可预见的对新高中数学课程的审查。在中国台湾，尤其在师资就业市场因出生率低而转弱的情况下，通过设定职前教师教育课程要求，努力提高教师数学知识的严谨性。由于现在需要的教师越来越少，对新教师的选择也会提出更高的要求，从而使得入职阶段的数学教师群体更加精英化。中国台湾要努力保持在TEDS-M研究中显示的优势。

在审视教师教育研究的未来发展方向时，Grossman和McDonald(2008)提出了一个主要包含四个方面的框架：课堂互动的教学（教学中的解释）、实施的教学（持续的练习）、教师教育的背景（国家和地方政策、制度方面的环境和本地情况以及劳动力市场）以及获得教师资格的途径。本章围绕这些方面的一些问题开展了讨论，如不同的教师教育制度，它是在这三个地区不同的社会文化和社会历史背景中发展并相互作用的。也讨论了在这些制度中，取得教师资格证的方式是如何相互区别的。联系中国香港的实际情况，我们倡导采取行动研究以及课例研究，通过持续的专业实践和提高课堂数学讲解教学的水平，希望为完善数学教师教育制度献计献策。然而，正如Ulvik(2014)所指出的那样，采用行动研究来弥合理论和实践之间的鸿沟，因其复杂和耗时的本质，仍然是所有教师教育者面临的大难题。为了解决理论与实践脱节的问题，也许我们值得去进一步努力调查这三地是如何形成和实施他们各自的策略的，行动研究以及课例研究或学习研究又是如何在本科数学教师教育课程内部及外部获得发展的。对未来研究（参见Tatto, Lerman, & Novotná, 2009）的另一个建议可能来自于比较框架的发展，借助比较框架，我们可以更好地理解三个不同地区教育制度的状况，理解它们是如何有助于将提高数学教师教育的效率和有效性的可行的政策概念化的。

注释

1 香港教育学院（HKIEd）于 2016 年 5 月 27 日被正式地重新命名为香港教育大学（EdUHK）。

2 自 2016 年起，修读数学和数学教育的教育学士课程只有在毕业后才有资格成为一名合格的中学数学教师。

3 在大部分职前教师教育课程中，这些课程是为小学教师和中学教师设计的。

4 考虑到资格上浮的可能性，一些一线学校，尤其是重点学校，要求教师具有更高的学位，如教育学硕士（学术学位）和博士。这一现象受到了公众的质疑。一方面，硕士或博士研究生只关注理论数学的研究，另一方面，他们比具有本科学历的同事拥有更多的学科知识，这样的知识对学生来说可能太远了，教育知识和能力对他们的教学才至关重要。

5 本表只列出必修课程。

参考文献

Advisory Committee on Teacher Education and Qualifications (ACTEQ). (2003). *Towards a learning profession: The teacher competencies framework and the continuing professional development of teachers*. Hong Kong: Government Printer.

Bill TaiChung-0920141412. (2003). *Course requirement in secondary and primary school pre-service teacher education programs* [in Chinese].

Cain, T. (2011). Teachers' classroom-based action research. *International Journal of Research & Method in Education*, *34*(1), 3 - 16.

Delaney, S., Ball, D. L., Hill, H. C., Schilling, S. G., & Zopf, D. (2008). Mathematical knowledge for teaching: Adapting U. S. measures for use in Ireland. *Journal of Mathematics Teacher Education*, *11*, 171 - 197.

Education Bureau. (2014, July 27). *Teacher registration*. Retrieved from http://www.edb.gov.hk/en/teacher/list-page.html

Everington, J. (2013). The interpretive approach and bridging the "theory-practice gap": Action research with student teachers of religious education in England. *Religion & Education*, *40*, 90 - 106.

Government Information Office. (2006). *Taiwan yearbook 2006*. Taipei: Author. Retrieved from http://www.gio.gov.tw/taiwan-website/5-gp/yearbook/18Education.htm

Grossman, P., & McDonald, M. (2008). Back to the future: Directions for research in teaching and teacher education. *American Educational Research Journal*, *45*(1), 184 - 205.

韩继伟、黄毅英、马云鹏、卢乃桂(2011). 初中教师的教师知识研究：基于东北省会城市数学教师的调查[J]. 教育研究，2011(04)：91 - 95.

Hill, H. C., Ball, D. L., & Schilling, S. G. (2008). Unpacking pedagogical content knowledge: Conceptualizing and measuring teachers' topic-specific knowledge of students. *Journal for Research in Mathematics Education*, *39*, 372 - 400.

Holland, M., Evans, A., & Hawksley, F. (2011, August). *International perspectives on the theorypractice divide in secondary initial teacher education*. Paper presented at the Annual Meeting of the Association of Teacher Education in Europe, University of Latvia, Latvia.

Hong Kong Government. (2014, April). *Hong Kong: The fact education*. Retrieved from http://www.gov.hk/en/about/abouthk/factsheets/docs/education.pdf

谢丰瑞(2012). 台湾数学师资培育跨国研究(TEDS-M)[M]. Taipei: Department of Mathematics, NTNU.

Hsieh, F. -J., Wang, T. -Y., Hsieh, C. -J., Tang, S. -J., Chao, G., Law, C. -K., Lin, P. -J., Yiu, T. -T., & Shy, H. Y. (2010). *A milestone of an international study in Taiwan teacher education: An international comparison of Taiwan mathematics teacher preparation*. Taipei: Taiwan TEDS-M 2008. Retrieved August 4, 2014, from http://www.dorise.info/DER/05_TEDS-M/TEDS-M_2008.pdf

黄秦安(2011). 数学课程改革向何处去——关于基础教育数学课程与教学改革的调查报告[J]数学教育学报，2011(03)：12 - 16.

Kieran, C., Krainer, K., & Shaughnessy, J. M. (2013). Linking research to practice: Teachers as key stakeholders in mathematics education research. In K. Clements, A. Bishop, C. Keitel, J. Kilpatrick, & F. Leung (Eds.), *Third international handbook of research in mathematics education* (pp. 361 - 392). New York, NY: Springer.

Laverty, M. (2006). Philosophy of education: Overcoming the theory-practice divide. *Paideusis*, *15*(1), 31 - 44.

Law, H. Y. (2013). Reinventing teaching in mathematics classrooms: Lesson study after a pragmatic perspective. *International Journal for Lesson and Learning Studies*, *2*(2), 101 - 114.

Li, Y. H. (2001). *History of teacher education in Taiwan* [in Chinese]. Taipei: SMC Publishing, Inc.

Lin, H. F., Wang, H. L., & Teng, P. H. (2007). The current situation, policy and prospect of elementary and secondary teacher education in Taiwan. *Journal of Educational Research and Development*, *3*(1), 57 - 80.

林碧珍,谢丰瑞(2011). 台湾小学数学职前教师培养研究[M]. 下载自 http://www.dorise.info/DER/download_TEDS-M/1000601bookpublication.pdf

刘朝晖(2001). 当前数学教学改革中必须注意的几个问题[J]. 课程・教材・教法, 2001(09): 48 - 49.

Lo, M. L., & Marton, F. (2012). Towards a science of the art of teaching: Using variation theory as a guiding principle of pedagogical design. *International Journal of Lesson and Learning Studies*, *1*(1), 7 - 22.

Lu, Y. J., & Chung, J. (2010). Essentials of developing a mathematics teacher leader project. In M. M. F. Pinto & T. F. Kawasaki (Eds.), *Proceedings 34th conference of the international group for the psychology of mathematics education* (Vol. 3, pp. 233 - 240). Belo Horizonte: PME.

Ma, Y. P. (2012). The ten-year curriculum reform of mathematics in China. *Educational Journal*, *40*(1 - 2), 79 - 94.

中国教育部. (1995 年 11 月 12 日). 教师资格条例. 下载自 http://www.moe.edu.cn/publicfiles/business/htmlfiles/moe/moe_620/200409/3178.html

中国教育部. (2004 年 11 月 10 日). 教学与课程改革. 下载自 http://www.moe.gov.cn/publicfiles/business/htmlfiles/moe/moe_368/200411/4404.html

中国教育部. (2009 年 10 月 26 日). 引入"国家级教师培训项目". 下载自 http://www.gpjh.cn/cms/sfxmtingwen/635.htm

中国教育部. (2010a). 教育部关于深化基础教育课程改革进一步推进素质教育的意见. 下载自 http://www.moe.edu.cn/publicfiles/business/htmlfiles/moe/moe_711/201007/92800.html

中国教育部. (2010b). 国家中长期教育改革和发展规划纲要(2010—2020). 下载自 http://www.moe.gov.cn/publicfiles/business/htmlfiles/moe/s4693/201008/xxgk_93785.html

中国教育部. (2011a). 教育部关于大力推进教师教育课程改革的意见. 下载自 http://www.moe.gov.cn/publicfiles/business/htmlfiles/moe/s6049/201110/xxgk_125722.html

中国教育部. (2011b). 首次国家教师资格考试将举行. 下载自 http://www.moe.gov.cn/publicfiles/business/htmlfiles/moe/s5147/201111/127126.html

中国教育部. (2011c). 教育部关于印发义务教育语文等学科课程标准(2011 年版)的通知. 下载自 http://www.moe.gov.cn/publicfiles/business/htmlfiles/moe/s8001/201404/xxgk_167340.html

中国教育部. (2012 年 9 月 13 日). 教育部关于印发幼儿园、小学和中学教师专业标准的通知. 下载自 http://www.moe.edu.cn/publicfiles/business/htmlfiles/moe/s6991/201212/xxgk_145603.html

中国教育部. (2013 年 8 月 21 日). 中小学教师资格考试暂行办法. 下载自 http://www.

moe. gov. cn/publicfiles/business/htmlfiles/moe/s7085/201309/xxgk_156643. html

台湾"教育部". (2013a). *Yearbook of teacher education statistics, the Republic of China 2012* [in Chinese]. Taipei: Author.

台湾"教育部". (2013b). *Grade 1 – 9 curriculum guidelines: Mathematics*. Taipei: Author.

台湾"教育部"(2014). *Order is hereby given, for the revision on Paragraph 3, 4, and 7 of "directions regarding the categories and questions for the teacher assessment examination: Pre-school through grade 12"* (revised directions take into force from 3rd September, 2014). Retrieved from http://gazette. nat. gov. tw/EG _ FileManager/eguploadpub/eg019116/ch05/type2/gov40/num11/Eg. htm

Pattie, L. -F. Y. Y. (2009). Teachers' stress and a teachers' development course in Hong Kong: Turning 'deficits' into 'opportunities'. *Professional Development in Education*, *35*, 613 – 634.

Robertson, S. L. (2000). *A class act: Changing teachers' work, globalisation and the state*. London: Taylor & Francis.

Rolfe, G. (1998). The theory-practice gap in nursing: From research-based practice to practitioner-based research. *Journal of Advanced Nursing*, *28*, 672 – 679.

Sfard, A. (2007). When the rules of discourse change, but nobody tells you: Making sense of mathematics learning from a cognitive standpoint. *Journal of the Learning Sciences*, *16*, 565 – 613.

Tam, H. P. (2010). A brief introduction to the mathematics curricula of Taiwan. In F. K. S. Leung & Y. Li (Eds.), *Reforms and issues in school mathematics in East Asia* (pp. 109 – 128). Rotterdam, The Netherlands: Sense Publishers.

Tatto, M. T. (2007). *Reforming teaching globally*. Oxford: Symposium Books.

Tatto, M. T., Lerman, S., & Novotná, J. (2009). Overview of teacher education system across the world. In R. Even & D. L. Ball (Eds.), *The professional education and development of teachers of mathematics: The 15th ICMI study* (pp. 15 – 23). New York, NY: Springer.

Tatto, M. T., Schwille, J., Senk, S. L., Ingvarson, L., Rowley, G., Peck, R., Bankov, K., Rodriguez, M., & Reckase, M. (2012). *Policy, practice, and readiness to teach primary and secondary mathematics in 17 countries: Findings from the IEA Teacher Education and Development Study in Mathematics (TEDS-M)*. Amsterdam: IEA.

Tchoshanov, M. A. (2011). Relationship between teacher knowledge of concepts and connections, teaching practice, and student achievement in middle grades mathematics. *Educational Studies in Mathematics*, *76*(2), 141 – 164.

师资培育法(2014). 法规. 下载自 http://edu. law. moe. gov. tw/LawContent. aspx? id =FL008769

师资培育法施行细则(1995). 法规. 下载自 http://edu. law. moe. gov. tw/LawContent.

aspx?id=FL008776

Ulvik, M. (2014). Student-teachers doing action research in their practicum: Why and how? *Educational Action Research*, *22*, 518-533.

Wang, C. H. (2013). *A case study on the relationship between the knowledge of average and instructional practices by two junior high school mathematics teachers* (Unpublished master's thesis). National Taiwan Normal University, Taipei.

Whitehouse, C. (2011). *Effective continuing professional development for teachers*. Manchester: AQA Centre for Education Research and Policy.

徐章韬、顾泠沅(2014). 师范生课程与内容的知识之调查研究[J]. 数学教育学报,2014(02): 1-5.

殷婀(2008). 拓展与延伸: 新课改背景下高师"小学数学教学论"课程改革的发展性策略[J]. 课程·教材·教法,2008(07): 79-82.

袁贵仁(2005年7月25日). 为新课程改革提供有力师资保障. 下载自 http://www.moe.gov.cn/publicfiles/business/htmlfiles/moe/moe_233/200507/10716.html

郑毓信(2005). 数学课程改革2005: 审视与展望[J]. 课程·教材·教法,2005(09): 45-50.

3. 从历史的角度看数学教师教学素养概念

谢丰瑞[①] 陆新生[②] 谢佳叡[③] 唐书志[④] 王婷莹[⑤]

引言

一个国家的文化传统会影响它的教育观与实践(Leung, 2006)。中华文化以其儒家传统而闻名,儒家的创始者孔夫子(公元前551年—公元前479年)在中国被称为“至圣先师”和“万世师表”,儒家的教育思想无疑对中华文化的社会之教育观和教育实践具有重大影响并高居主导地位。然而,当提到数学教育时,就不只受到孔夫子的影响,中国古代著名哲学家墨子(约公元前470年—约公元前391年)亦被认为对中华文化的社会之科学教育发展具有影响。

中国数学教育的起源可以追溯到大约公元前4000年,当时数学思想及其传播与日常生活和生产紧密联系在一起。考古发掘的证据显示,早在公元前1066年到公元前221年之间,数学教育就已正式纳入早期形式的学校,数学教师更担负了其各自不同的职责。在中国,视“教数学”为一种职业最早出现在公元1300年左右(颜秉海、文晓宇,1988a, 1988b, 1988c)。由此可知,数学教师的概念在中国社会已经存在了好几个世纪了。

本章主要考察和加深我们对传统的数学教师素养观及其实践的理解,这里,教师素养是指开展教学与准备教学的意图与知能(知识与能力),考察这些传统观点如何影响当今数学教师的素养及其形成。数学教师知能的着眼点在数学学科以及数学教学这两个维度。在数学教学这一维度中,许多来自古代的观念不仅仅

① 谢丰瑞,台湾师范大学数学系。
② 陆新生,上海师范大学数理学院。
③ 谢佳叡,台北教育大学数学及资讯教育学系。
④ 唐书志,台北市立百龄高级中学。
⑤ 王婷莹,台湾师范大学数学系。

影响着数学教师，同样也影响着其他所有学科的教师。因此，本章大部分的内容涉及包括数学教师在内的所有教师，而对于特指数学教师的内容，我们也会进一步说明。

我们将本文分成四个小节。在第一节中，我们讨论当今教师教育机构的兴起及其对当前教师教育体系产生重大影响的特点。在第二节中，我们将描述与教师教学素养有关且一直流传至今的传统观念之内涵与起源，这些内容并非专属数学教师，而是针对所有教师。着重点在于教师素养中与意图、学与教、教师知识的要求等相关的概念。在第三节中，我们将特别地讨论数学教师的素养，包括数学与数学教育发展的相互作用、传统的数学教师资格之形态，以及它们如何影响和有别于当今的实践。这一节还对西方数学教师的知识模型与中国的概念架构进行了简要的比较。在结尾这一节，我们总结了前几节的一些观点，并为一些将来值得深入考察的领域提出了建议。

除了其他文献之外，这一章从头至尾多次引用《论语》和《学记》(《礼记》中的一篇)这两篇古代儒家著作。其中，《学记》被认为是世界上最早描述和讨论教育问题的学术著作(产生于公元前200年之前)(张传燧、蒋菲，2009)。

成为一名教师：它的兴起和起源

中国古代成为教师的途径

中国古代从公元前2100年左右开始由帝王朝代统治。如前所述，早在公元前1066年到公元前221年，中国古代就有了早期形式的学校(颜秉海、文晓宇，1988a，1988b，1988c)。那时有两种类型的教师：(1)在朝廷任教的；(2)在旧式私学任教的。当时成为教师的途径不像现在这样是通过集体培训的。在中国古代，读书最重要的目的之一是在朝廷获取官职，这些职位需要像政治、军事、水利工程和天文学等等不同领域的知识，这当中，水利工程和天文学领域都与数学知识有关。朝廷官员的后代可以在官学学习，而平民只有上私学的机会。

私学的教师在成为教师之前都是读书人，为了成为一名教师，男子[1]通常必须自己努力学习，有些还会跟随其他知识渊博的人学习。当他获得了大量知识后，其他读书人开始向他学习时，他就可以开始他的教学生涯了。如果他的弟子认为他是个好老师，便会告诉别人，名声传开后会有越来越多的人开始向他学习，一些著名的老师甚至有数以千计的学生。在这种情况下，年长的弟子会教导年轻的弟子，并以此方式一代一代传递下去。朝廷的教师则是由皇帝任用，他们要么是通过了科举考试的朝廷官员，要么原本是有名而博学的平民教师。

教师的任用路径随着王朝制度的结束而终止，对目前教师资格取得的方式并无影响，不过，以前成为私学教师的方式对目前华人社会之教师资格实务，仍有持续的影响，这一路径体现了重实用观点的教师资格之关键性概念。首先，教师资格评估是由学习者和地方（或全国的部分地区）团体进行的，而不是由任何其他正式的评估机构操作的。第二，教师资格评估是在实践场所（实际学习场所）进行的，而不是在一个选定的外部场所。第三，这种评估是在真实的教学和学习情境下进行的，而不是在模拟条件下或任何纸笔考试中进行的。第四，评估考察的是综合的、整体的教学素养，而不是由如学科知识或教学能力等不同组成部分组成的素养。第五，教师资格是直接根据教学结果授予的，而不是由任何官方权力机构提供的一纸证书。

这些教师资格概念在中华社会流传了几千年。虽然近百年来，现代教师资格制度采纳了以教师资格架构为本的思想，并已建立正式的教师资格制度，但是，古代私学教师资格的取得方式并未消失，补习班教师就是一个例子。补习班是中华文化下的一种课外学校，其教师资格的概念与中国古代教师资格的概念是相同的。在某些中华文化的社会中，大多数学生都参加过补习班，甚至补习多年，[2] 此现象反映出教师资格的这些实用性观念对目前中华文化的社会仍有显著的影响。

师范学校及其附属学校的发展

中国最早的教师教育机构（师范学校）——南洋公学师范院（当时是一所中学，现为上海交通大学），成立于 1897 年（清朝光绪年间），随后从 1897 年到 1904 年间又建立了 10 多所教师教育机构。成立师范学校的原因是中国在第一次中日战争（中日甲午战争）中战败，梁启超和康有为呼吁中国必须放弃旧的“英才教育”传统，即主要培养那些想要成为朝廷士大夫的人，相反的，他们主张中国必须像其他国家（包括在战争中打败了中国的日本）一样开展大众教育。他们明确指出，中国“欲革旧习，兴智学，必以立师范学堂为第一义”。

作为对这种要求的回应，中国于1904年制定了第一个正式的教师教育政策，其主要目标是培养足够数量的华人教师，限制西洋教习[3]的数量（李红，2006）。约莫同期，另一个当时正受日本殖民的华人社会——台湾，也开办了教师教育机构，1899年，日本政府在台湾建立了三所师范学校，培育台湾教师（吴文星，1983，第18页），标志着台湾人民第一次有机会接受师范教育，在正规教师教育体系中培养教授数学的能力（Hsieh等，2010）。

华人教师教育在早期并没有制订明确的标准，而教师资格审核（评价）只看是否在指定年限内修完了教师课程要求的科目（李园会，2001，第8—11页）。教师课程中包括了教育课程，许多教师教育机构也会将教学方法和一般教育课程列为常规要求，甚至包括不同地区（像欧洲等）的教育史（李红，2006）。这种培育教师的最初想法在今天的实践中依然存在，华人社会仍然保留着通过修习规定的课程来获得学位的教师培训特征，而不是对照标准化的规准。

在建立师范学校的最初阶段，教师培育非常注重师范生应该获得的实际经验。一些教师培训机构甚至建立了附属小学让师范生进行实习（李园会，2001，第9页；李红，2006）。这种将实习纳入教师培育的想法不是从其他国家照搬过来的，而是深深扎根于中国古代。中国古代最著名的老师，如孔夫子，他们都不是从教师预备机构毕业的，而是以其知识渊博者的身份开始实地教学的。他们之所以出名，是因为他们依靠自己的教学经验，提高自己的教学能力，并在这些实际的场所培养出了许多著名的弟子。

建立附属学校的理念对当前华人社会的教师培育实践有着相当大的影响，例如，北京师范大学和台湾师范大学都有附属高中，许多小学教师培育机构也有附属（实验）学校。虽然有些附属学校在许多年前就已经成立了，仍有新的附属学校相继成立。2005年，在台湾的政治大学（包括许多师资教育单位）新增了一所附属高中来落实他们的教育理念。就在2014年，台湾的中兴大学也新增了一所附属高中和一所附属职业中学作为合作伙伴，以实现他们众多的教育目的。

教师素养概念的演变

自古以来，教师在华人社会就享有很高的声誉，他们的素养标准是通过在社会中自然出现的实际做法而确立的。孔夫子在许多场合论述了成为教师并且胜任教师工作的特征，他最著名的格言之一是“温故而知新，可以为师矣”(《论语》，2，11)，意思是如果一个男子[4] 努力学习，并且对他所学的科目有了自己的新认识，那么他就可以成为别人效法的对象了。这一思想体现了教师资格以学科能力(知识和能力)和态度(对学习的态度)为重的特色，并延续至今。

虽然《论语》中关于教师资格的这段话没有包含任何教学的成分，但在其他中国古籍中，都明确论及中国社会看重教师资格中的教学部分，例如，《学记》中是这样说的：“君子既知教之所由兴，又知教之所由废，然后可以为人师也。”这些节录表明，学科、教学和态度都是包含在古代的教师素养中的，而且还显示出古代的观念是相当抽象和笼统的。然而，这些笼统的观念中的大部分，从过去到现在，通过直接的传承或渐变，依然对华人社会产生着深刻的影响。

最近，中国学者林崇德、申继亮与辛涛(1996)提出了教师素养的一个结构框架，并进行了一个相应的实证研究。他们认为教师素养必须包括以下几个组成部分：教师职业理想、教育观念、知识水平、教学监控能力、教学行为与策略。[5] 这五个组成部分可以重新构造成四个类别，即把前两个组成部分合在一起，或许可以称其为“**人师观**”(将在下一节描述)。剩下的部分可以称为教师能力并重新划分为三个类别：学生学习、教学方法和知识需求。每一个范畴都有一个独特的概念，所有的概念都有着扎实的历史根源，中国古代的教育家和哲学家们对此做了大量的论述。虽然目前的能力概念从“外表”看可能与古代的有所不同，但若考虑内容与实质，很多都与古代的看法是一致的。下面几节会说明一些起源于古代中国但今天仍然活跃的观念。

人师观从过去到现在的演变

如果不清楚教师在中华文化的社会中扮演什么角色，那么对教师教学素养的讨论就不能真实地反映教师教学真正需承担的压力以及独特的师生间之互动。教师与学生的关系通常会影响学生学习的努力程度，会影响教师对教学的投入以及给学生额外帮助的程度。

中华文化的社会认为教师在学生的一生中扮演着重要的角色，俗话说，“一日为师，终身为父”，这是对教师角色的一个写照。孔夫子就经常和他的弟子们讨论教师的角色。韩愈(768—824)是唐朝一个著名的儒家继承者,他在《师说》[6] 中描述教师:“师者,所以传道(教你如何在各自不同的位置上正确行事的基本道理)、受业、解惑也。”它描绘了成为一个**人师**的画面、一个育人的老师,而不仅仅是一个只顾教学术知识的**经师**。孔夫子总是和他的弟子们讨论他的思想,谈论他自己如何行事以成为他们学习的榜样。他的弟子曾子向其他弟子解释孔夫子的话:“夫子之道,忠恕而已矣。”(《论语》,4,15)。孔夫子亦曾表示:“自行束修以上,吾未尝无诲焉(从不拒绝教育任何人)”(《论语》,7,7);“有教无类”(《论语》,15,39);“诲人不倦”(《论语》,7,2)。总的来说,孔夫子从根本上为教师教育设置了很高的道德标准和积极的态度。

从过去到现在的 2500 年里,教师素养中的**人师观**获得了广泛的支持,尽管由于洋务运动的影响,这一观念有所削弱,但它在中华文化的教育体系中仍然不过时,它体现了中华文化从古至今对教师人格、责任、心智和行为的要求,即教师必须:(1)作为学生的楷模;(2)教导学生学术知识;(3)在学生学习的各个方面澄清疑惑;(4)教如何行事的基本原则;(5)有教无类;(6)对学生充满热情,诲人不倦。

因此,一个老师,或者一个数学老师,应该是学生的教导者、监督者、监护人和楷模。相应地,教师通常也认为他们有义务与权利要求学生努力学习,在学生作生涯抉择时对其发展方向提出建议(或作出安排),或在课后如同监护人般帮助学生。教师们也会设法应对学生考试成绩带来的巨大压力,尤其是大型的入学考试,有些教师认为学生在考试中的成功也是教师自己的成功,而学生的失败也是教师自己的失败。于是,数学老师经常灌输给学生学习数学、努力学习和学习成功的重要性,因为他们自己相信这些,他们认为告诉学生这些并帮助学生实现目标是自己的责任。数学教师进入课堂后所展现的**人师观**可以在 Schmidt 等人(2011,第 12—15 页)的著作中窥见一斑,其中以故事的手法详细描述了台湾数学教师一天的职业生活。

人师观对当前教师教育的影响

古老的教师观要求教师具有高度的热情、高尚的道德、积极的教育观,以及要负责任地行事,它影响着人们对合格教师的看法。许多教师培训机构都对教师资格中的道德部分有最低要求,而且,要顺利通过学校实习,师范生通常也必须表现出这些特质。以两所师范大学校训为例，都体现了在教师培训中对热情与道德的高要求，一个是台湾师范大学的校训："诚正勤朴"；另一个是北京师范大学的校训："学为人师，行为世范。"

学习观从过去到现在的演变

学习心理观。中国古代教师重视学习心理，即对学生在学习过程中的心理和行为所作的探究。《学记》指出："学者有四失，教者必知之。人之学也，或失则多，或失则寡，或失则易，或失则止。"（教师必须了解学习者在学习时的四个缺陷，有的人试图多学，超出了他们的承受能力；有的人却只研究了几个主题；又有人把学习看得过于容易了；还有人不恰当地停止了学习）《学记》进一步指出："此四者，心之莫同也。知其心，然后能救其失也。"（这四种缺陷的产生源于学习者思维的差异。教师必须了解学习者的心理，才能把他们从这些缺陷中解救出来）此处明确展现中国的教师教育对心理学的重视已经有1000多年了，而这种观念源于历史更为悠久的《论语》，这由《论语》描述孔夫子如何观察他的弟子们的优缺点，以及他们心中关于学习的想法可见一斑。目前华人社会仍然十分看重心理学对教师的重要性，这也表现在教师培育课程要求职前教师修习有关心理学的课程之中（Hsieh, Lin, Chao, & Wang, 2013）。

中国古代关于教师应如何引导学习者养成对学习的正确态度或动机的看法可以在《论语》（《论语》，7，8）中找到，即"不愤不启，不悱不发"（教师只有在学生表现出真正的学习欲望后才去启发他们）。这一思想体现了对学习者的学习准备和动机的关注，并一直流传至今。与西方社会实行的对同一课程（主题）让学生进不同水平班级的做法相比，华人社会让所有学生学同级课程的体系似乎不太顾及学生的准备度，但这样的做法对学生的自我适应能力要求更高，实际上，中国的做法是把学生准备度的责任放在任课教师的身上，而不是学校的政策上。

学习观。儒家认为学习过程包含了一系列概念，即博学（听或读）、审问、慎思、明辨、笃行，换句话说，教师应该培养学生具备理解教师所描述的内容，并在练习他们所学内容之前澄清疑问的习惯。具体来说，儒家思想强调的是在学习过程中模仿孔夫子等先贤。然而，墨子的学习理论则强调创新、逻辑推理和练习。他认为，学生学习模仿的那些圣贤们必定尝试过新奇的想法或做法才能成为圣贤，因此，学习者仅通过模仿他们将一无所获。可以看出，墨子关注的是学习者通过类比和归纳来理解起源、理由和类别，而不是专注于书本或老师所描述的孤立概念(杨启亮，2002)。这两种学习哲学在中国历史上虽有兴衰起伏，但从未被淘汰。近年来，随着西方教学理念被引入华人社会，以及现代科技中融入的创新意识，墨子的学习理念似乎重新浮出台面，因其比儒家思想更加契合西方的观点和当代的科技方法。

从这些中国古代关于教学、学习和哲学最著名的书籍中的描述来看，在古代，教学能力的发展是通过学习和反思实际教学过程而获得的，《学记》中指出的“学然后知不足，教然后知困”，这一思想视教与学是相互促进发展的，是通向掌握的工具，它激发了学习者未来从事教学工作的意愿。

教学方法观从过去到现在的演变

中国人自古一直都很重视教学方法。中国古代强调讲、问、同伴讨论在教学中的重要性，但是在中国，所谓的讲授法与它的表面含义并不一样，下面将对此加以分析。

启发式说服法。《论语》中明确地展示了讲授与提问的方法。讲授法很重要，因为在中国古代只有精英才有机会学习，因此，教的内容是极其困难的，如果没有解释是不可能理解的。这些特征在今天的中国依然存在，可以看到，在华人社会的课程中通常包含了难理解的内容，这些内容需要教师加以解释，学生才能够开始着手完成任务。中国的讲授法不同于死记硬背或工具性学习，它更类似于启发式的教学方法。孔夫子的一个弟子用“循循善诱”来描述孔夫子教导他的方式。《学记》指出，作为一名教师，“其言也，约而达，微而臧，罕譬而喻”，《学记》指出教师应该能够“博喻”，这些论述体现了儒家文化中的启发式教学法(张有德、宋晓平，2005，2006)。而对于华人教师崇拜死记硬背的印象其实是不正确的，我们作为华人社会的局内人，意识到我们的数学老师运用了各种各样的启发式手法，包括为进一步的理解而做铺陈、建立概念之间的联系、给予提示而不直接给答案、说明解释、提供反馈，以及使用隐喻来激发学生的想法等(曹一鸣、李俊扬、大卫·克拉克，2011)。

在中国古代，提问一直被认为是推进教与学的利器，它主要有两种进行方式：

一是由教师提问；二是由学生提问。儒家的知识传播观强调的是“学生的提问”。《论语》总是以孔夫子对弟子或他人所提问题的回答来展现他的思想。这种“问焉则言，不问焉则止”（该句出自一位儒家弟子之口，引自《墨子·公孟》一书）的哲学在儒家思想中不断展现。

讲授和提问之间的协调与平衡在中国古代社会是一个难题。墨子不同意儒家对“不问焉则止”的提问观点，相反地，他对讲授有着更为积极的态度，他认为，“不强说人，人莫之知也”（《墨子·公孟》）。墨子说服别人不是硬灌式的，他指出，如果一个老师只是简单地讲大量的信息而不考虑学生的情况，那么教学就违背了正确方法（张传燧、王双兰，2009）。由于墨子对科学知识的态度更加积极，而且这种类型的知识对大多数学习者来说并不是不言自明的，所以在中国古代，使用恰当的方式进行有强度的讲授与说服被认为是一种传播科学知识的可行方法。这一思想与目前华人社会数学课堂中教师与学生互动的实施情况相当一致，这包括：铺陈、解释、引导和评价（曹一鸣、李俊扬、大卫·克拉克，2011）。它不是一种只透过讲授让学生死记硬背的学习方法，相反地，它是一种融入很多说服的启发式方法，这种概念可以被称作“启发式说服法”。

同伴讨论观。《论语》通过详细描述孔夫子的弟子之间的相互议论明确指出了同伴讨论的重要性，而且其中也显示出年长的弟子通常会辅导年轻的弟子。《学记》指出：“独学而无友，则孤陋而寡闻。”Zhang（2008）对中国社会的合作学习与自主学习的融合提出了以下深刻见解：

> 西方教育者强调个体学习，而中国教育者更关注群体学习。在中国，老师们总是让成绩优秀的学生帮助成绩落后的学生，如果成绩落后的学生在考试中有长足进步，老师会奖励那些给予帮助的成绩优秀学生。（第 556 页）

中庸之道。也许我们可以以**中庸之道**这一核心哲学概念来分析华人社会期望教师使用的教学方法之特点。《学记》中关于教师应该如何教学有如下的描述：“道而弗牵，强而弗抑，开而弗达。”这段话明确地诠释了中庸之道的思想。历史上，中庸之道这一哲学理念在中国社会的许多领域，包括教育领域，都得到了贯彻。当教师在各种教学情境下做决定时，他们会倾向于采用这一原则，这使得他们的行为更有机会符合同样在**中庸之道**盛行的社会长大的学生之愿望。

知识需求观从过去到现在的演变

崇尚理论基础知识观。知识的纯粹(理论基础)形式结构本身即为价值所在,这样的信念在中国教育中历来占有一席之地。中国古代为从读书人中选拔官吏而进行科举考试,这种激烈的考试竞争做法,依然影响着当今教师培育过程中的考试以及教师资格考试。虽然在中小学的教学实习也被认为是教师培育过程的重要组成部分,但在台湾,职前教师在结束学校教学实习后,还需完成书面形式的教师资格考试,显示出华人社会对理论知识的重视。下表所示为台湾教师资格检定中"青少年发展与辅导"科目考中的一道题,这是所有职前教师(包括要求注册成为数学教师的教师)都须应考的科目(TQC, 2014):

下列哪一种咨商疗法,强调每个人为自己做了选择,就应该为自己的行为、想法及感受负责?
(A) 贝克(A. Beck)认知治疗(cognitive therapy)
(B) 葛拉瑟(W. Glasser)现实治疗(reality therapy)
(C) 史金纳(B. Skinner)行为治疗(behavioral therapy)
(D) 弗洛依德(S. Freud)精神分析治疗(psychoanalysis therapy)

本题重在考查对理论基础知识的记忆以及思维能力、判断能力和运用能力,这与儒家的学习观是一致的。

目前,数学教师培育者面临的一个难题就是判断他们的教师培育课程是否包含了太多的教育理论基础课。尽管从西方引进理论的浪潮仍在继续,但应包含更多实用教学技能培训的呼声则相对更强(胡启宙、张永雪,2012)。

多而深的知识需求观。上述古代中国教师之路体现了博大精深的知识要求观。孔夫子的弟子颜回(公元前521年—公元前481年)是这样赞赏他的老师孔夫子的学识的:"仰之弥高,钻之弥坚。"

孔夫子也以自己为典型来说明作为一名教师,勤奋和认真是教师终身学习中重要的项目,他指出:"默而识之,学而不厌"(《论语》,7,2);"吾尝终日不食,终夜不寝,以思,无益,不如学也"(《论语》,15,31)。

数学教师素养概念

数学教师素养概念的发展或演变奠基于上述广义的教师素养概念，然而，中国古代数学及其教学的发展仍塑造出一些关于数学教师特有的素养概念。

数学的**人师观**可以从华人数学教师认真向学生介绍大量既深且广的数学概念，并要求学生做大量的练习这些事实中反映出来。他们这样做的目的是为学生提供更多的成功机会。因为教师相信学生的成功是他们自己的责任，所以他们会不断努力地使学生掌握教师自己最感兴趣的数学知识。本节将重点放在数学教师的数学素养方面。

数学及其教育的发展

数学与数学教育的发展在中国历史上是相互作用、相互影响的（蔡铁权，2013）。早在商朝（公元前1046年至公元前221年），数学就是早期形式的学校中的一门必修科目，这时人们已经使用“师”和“教学”这些字（颜秉海、文晓宇，1988a），这个现象标志着数学已脱离日常生活知识，成为一门必修学科。在这一时期，分数、比、角和负数等概念都已被使用（严敦杰，1965a）。公元前220年到公元581年，中国数学家写了一系列著名的数学书籍。第一本至今仍留存下来的著作是《周髀算经》，而最著名且对中国数学发展产生深远影响的著作是《九章算术》，它被认为是中国第一部数学教科书。那个时代最著名的数学家有赵爽、刘徽、祖冲之，同时他们也是早期的数学教师（颜秉海、文晓宇，1988a）。

在清朝，西方传教士来到中国并开始与中国数学家进行交流与合作，他们懂得数学和天文学，也将许多西方现代的数学方法、原理、概念领域介绍到中国，并把书籍翻译成中文。这一浪潮甚至波及朝廷政府，康熙皇帝（1661年—1722年）对西方数学在天文学中的精准应用感到惊讶和钦佩，他广泛研究并向这些传教士学习代数和几何，也促进了现代西方数学与中国数学的融合与传播（白晋，2008），此时数学变得比以往任何时候都更为重要。第二次鸦片战争（1856年—1860年）后，清政府注意到中国在战争中的弱势，也意识到想要在战争中取得胜利必须仰仗工业工程，而数学是工业工程的基础，因此，清政府倡导既要学习中算也要学习西算，如欧几里得《几何原本》、三角和微积分中的概念（蔡铁权，2013；严敦杰，1965a，1965b），志在解决中国军队的明显缺陷。中算的强项是算法（兼具程序性和工具性）和使用算盘、算筹的计算（蔡铁权，2013），而西算的优势是数学教学中包含的数学结构和理论（傅海伦，2006）。

1906年，清政府颁布了一项教育法令，明确指出数学和科学的重要性。同年，清政府还颁布了第一个正式的国家课程标准，明确宣告教育以全民教育为目标，而非精英教育，这正是义务教育的初衷。考虑到这一教育目的，政府不得不承认中国没有足够的数学教科书可以使用，应该借用西方的数学教科书（中国教育部，1934，第3页和第13页）。这一数学和数学教育的发展表明，直到大约100年前，数学还是为精英官员或精英百姓服务的，数学教师是精英中的精英。当前数学教师所贯彻之数学教育中的许多观念，以及对数学教师素养的要求都可以追溯到此发展潮流。

多而深的知识需求观

在华人社会成长为教师的学习过程中，中学数学教师几乎必须修完正规数学专业的所有课程。如果想成为一名数学老师，还需额外修读教育课程（台湾的例子参见：Hsieh，Lin，Chao，& Wang，2013，第79页；Schmidt等，2011，第37—38页）。师资培育过程要求数学职前教师修习大量的学分，在一项关于中学数学职前教师培育系统的国际比较研究MT-21（Mathematics Teaching in the 21th century）中，收集了包括中国台湾、韩国和美国在内的6个不同教育制度的资料，研究发现，中国台湾的中学数学职前教师被要求比韩国和美国教师多学习30%的课时（Schmidt等，2011，第79页）。由IEA赞助的另一项国际比较研究TEDS-M（Teacher Education and Development Study in Mathematics）显示，中国台湾数学职前教师所学大学数学专业课程的数量在参与国家与地区中位居第二，仅低于俄罗斯，中国台湾给数学职前教师安排了15个核心课程，而美国只有2个（谢丰瑞、杨志坚、施皓耀，2012，第149页）。由于对学术的高要求，中国台湾数学职前教师在所有参与国家与地区中，数学知识（谢丰瑞、王婷莹，2012）以及数学教学知识（谢丰瑞，2012）都表现最好。这些数据体现了华人要求多而深的数学知识的观念。

数学教师需要有广博而精深知识的想法始于中国古代，当时，凡是著名的数学教师在学问上都极具广度和深度。中国学者朱世杰（1249—1314）是第一个以“数学教学”为职业的学者，他写了著名的数学著作《算学启蒙》和《四元玉鉴》，这些著作都包含了他自己的数学发明。最著名的数学教师之一杨辉（1238—1298）也写了大量的数学教科书，介绍了各种数学方法，其中有一部分甚至被认为是世界上公认的重要方法，如杨辉三角形（西方的帕斯卡三角形）。这些例子都说明了中国古代要求数学教师具有多而深的数学知识这一点。

数学教师的教学观

首次在书中明确提出数学教学方法的中国人是杨辉，其年代是在1274年。在他的一本数学教科书《乘除通变本末》的卷首中，他给出了**习算纲目**，这是他根据长期的数学教学经验提出的关于如何教数学的建议。他指出：“(1)在教学方法上，强调要由浅入深、循序渐进；(2)要重视学生对习题的演算，积极培养学生的计算技能，并要求学生能举一反三，[7]‘好学君子，自能触类而考，何必轻传’；(3)注意教学过程中的任何细小环节，甚至连书中的注解部分也要详细讲解，要求学生‘玩味’细读等等。”（颜秉海、文晓宇，1988a）所有这些概念都流传至今。

对于数学的学习和教学，相对于西方以学生为中心的思想，中国数学教师更加认同一些源自古代中国的观念。本章选取了以下10项来说明这些观念。

(1) 要求学生在学习中付出努力。这一思想起源于中国农耕文化辛勤劳动的传统（张奠宙、于波，2013，第20页）和儒家好学的观念（《论语》，1，14；7，2；7，19）。这种勤奋的传统对大多数的学习和教学思想都有深远而广泛的影响，包括下面将要提到的那些思想。

(2) 要求学生做大量的习题。这一思想起源于中国古代教科书之问题集与解法库的编写形式，学习数学就是解决问题。

(3) 鼓励学生用难题挑战自我。这一思想起源于中国古代只有精英才学习数学的情况，这些学习者有强烈的挑战自我的动机。

(4) 希望学生构造多种解法。这一思想也起源于精英教育。

(5) 帮助学生在考试中取得好成绩。这一思想源于学而优则仕（张奠宙、于波，2013，第24页）和**人师**精神。

(6) 要求学生清晰准确地说明解法。这一思想起源于儒家的谨慎表达与不重复错误的观念(《论语》,1,14;6,2)以及科举考试的书面形式(张奠宙、于波,2013,第24页)。

(7) 发展学生的计算能力。这一思想起源于中国传统的筹算和算盘计算。

(8) 培养学生逻辑推理能力和证明能力。这一思想源于孔子学说的说理本质(张有德、宋晓平,2006)以及与西方数学的结合。

(9) 培养学生理解数学过程或定理背后的推理之习惯,而不是只知道如何解决问题。这一思想起源于精英教育传统,所有的学习者都将成为学者的意图。

(10) 数学教学中使用启发式说服法。这一思想起源于孔夫子和墨子的观念。

应该用这些常见的学习与教学观念来培育数学教师已然成为一种共识,这些思想的一个共同根源来自于数学的深奥特性,它排斥了像仅凭记忆、自行发现或讲故事等那些简单的学习方式。虽然这些思想在培育数学教师中或明或暗地运用着,但如何将这些思想与实际教学方法相结合仍是一个尚未解决的问题。值得一提的是,这些思想没有鼓励使用计算器等现代技术,甚至就在最近几年,一些数学教师培育者仍提倡减少师资培育课程中现代化多媒体课程的数量,相反,他们建议使用更多的黑板教学和师生互动而不是多媒体来激励学生(胡启宙、孙禾,2013)。

中国古代观念与当代西方观念的比较

为了分析中华文化的社会中数学教师的素养,我们先将植根于中国传统社会的华人观念与希尔、鲍尔和希林(Hill, Ball, & Schilling, 2008)提出且经常被提及的西方观念作一比较。Hill、Ball 和 Schilling 提出的概念乃为面向教学的数学知识(mathematical knowledge for teaching, MKT),其结构包括两大类,每一类又都有三个子类,即:(1)学科知识:特定内容知识(SCK)、普通内容知识(CCK)和横向连结的数学知识;(2)教学内容知识(PCK):内容与学生知识(KCS)、内容与教学知识(KCT)、课程知识。后面应用这个架构时,我们将会给出它的更多细节。

在数学知识方面,Hill、Ball 和 Schilling 将普通内容知识(CCK)和特定内容知识(SCK)视为教师在教学工作中使用的学科知识类型,其中不涉及学生或教学知识，他们没有具体说明横向连结的数学知识在教学工作或教师知识体系中的作用。与西方这一观点不同的是，中国的数学教师需要具备大量而深刻的横向连结的数学知识。

普通内容知识（CCK）就是通常所说的学科知识，无论当今或古代，它无疑都是华人数学教师素养中的一个重要成分。特定内容知识（SCK）是 Hill、Ball 和 Schilling 提出的新概念，它是指能让教师处理特定教学任务的数学知识，包括如何准确地表征数学想法与概念、对常见的规则和程序提供数学解释、检验和理解问题的不寻常解法（第 377—378 页）。该文作者声明，这类知识不涉及学生或教学方面的知识。因为我们传统的数学教育只关注精英，所以 SCK 中有些概念对华人社会来说是相当新的，例如，华人数学教师不善于提供各种各样的数学解释方式，尤其是那些简单的方式，但他们具有理解不寻常的解法和准确表达数学的能力。

在教学内容知识（PCK）这一类别中，华人数学教师更关注内容与教学知识（KCT），而不是内容与学生知识（KCS）以及课程知识。中国古代提出了许多具体的数学教学原则或思想并流传至今，但对于那些与 KCS 有关的概念，如学生的迷思概念，中国古代的数学教师（也被视为是数学家）则缺乏兴趣，原因之一是在古代，数学的修习对象是精英分子，而这些人通过学习和研究应能解决任何困难。在课程知识方面，无论是早期的还是现在的师资培育学程都未强调。华人数学教师通常具有坚实的数学基础，所以他们几乎都清楚数学内容的教学逻辑顺序，而且，因为华人社会自 1906 年起就开始实施国家统一标准，所以他们不需要通过修习课程来了解数学课程。

结论

教师是教育、经济和社会改革的关键（Furlong, Cochran-Smith, & Brennan, 2009，第 1 页）。在各种文化中，不同的哲学思想影响着相关地区的教育理论、政策和实践（Smith & Hu, 2013）。我们因而无可避免地需要探讨一个问题，即中国古代传统的数学教师素养观是如何影响当今数学教师素养及其培养的实际工作的。

本章指出了起源于中国古代并流传至今的一些思想观念，它们涵盖了教师的品格、教学知能、资格和培育等不同领域。这些思想观念包括：（数学）教师是学生的讲师、导师、监护人和楷模；教师有义务并有权要求、参与和帮助学生的学习、生活和未来生涯的规划；教学实践是按照中庸之道的哲学思想进行的。

与数学教师的教学方法观相关的一个关键点是中国传统的数学教学理念可以被看作是一种启发式说服法，它包含了强烈的说服以及适当的启发手段，如使用隐喻和提问来启发学生的思维。将启发式说服法与注重通过难题训练培养运算技能和逻辑能力相结合，传达了华人社会数学教学的本质。因为对困难材料的深度教导通常包括讲授，所以华人的教学方法经常被误解为是填鸭式或死记硬背式的，我们试图在本章中澄清这一点。

当今，数学教师资格的一个显著特征是其丰富的数学知识和以理论为基础的教学知识，教师应具有宽广而深厚的知识而且知识具有理论基础这样的观念自古流传至今。然而，在教学方面，古代教师主要是在现场实际教学过程中提高自己的能力，虽然当今某些大学设立了附属学校让其师范生实习，但是当今华人社会教育制度提供的实习机会还是太少，这一缺陷可能导致教师资格与实际教学情况脱节。于是数学教师培训者面临的一个难题是如何确定他们的师资培训课程是否包含了太多的理论基础课程。从西方引进更多理论的浪潮仍在延续着，但要求增加实践教学技能培训的呼声也相当强劲(胡启宙、张永雪，2012)。相对来说，补习班教师的资格与官方制度完全不同，其教师资格的要求与传统观念颇为相似，即不必参加笔试，靠自己学习就能获得资格，这与目前的主流制度完全不同。

当前实施的教师教育观念重在能力本位，强调具体的、可观察的和可测量的知能(Huang, 2013，第 8 页)。相比之下，本章展示的华人社会数学教师教育的传统观念强调的是抽象和精神层面，也结合了执行这些观念的具体方法。教师教育的每一种观念与方法都有其各自的优点，如何融合这两种观念与方法是一项值得进一步探究的任务。

注释

1 中国古代是不允许女子上学的。

2 在某些中华文化的社会中，大多数的中学生都曾上过补习班，例如，新闻报道说，2009年，中国台湾的许多城市有超过70%的九年级学生参加了补习班(http://mag.udn.com/mag/edu/storypage.jsp?f_ART_ID=99320)；而在2012年的中国香港，超过70%的十年级学生参加了补习班(http://the-sun.on.cc/cnt/news/20120519/00407_057.html)。

3 国外的基督教传教士进入中国并成为教师。

4 女性被禁止钻研学习。

5 教师的职业理想与教师对职业的热情、责任和积极向上的观点有关。教育观念是指对教与学之间关系的信念。知识水平的概念包括学科知识、教学实践知识和教育学习心理学知识。

6 "师"是老师，"受"是讨论。《师说》是一篇讨论教师和学生各自角色，说服人们与教师一起学习以改善社会的文章。

7 这是使用启发式教学法的一个案例。

参考文献

白晋(2008). 老外眼中的康熙大帝[M](徐志敏，路洋译). 北京：人民日报出版社.

蔡铁权(2013). 中国传统文化与传统数学、数学教育的演进[J]. 全球教育展望，42(8)，91－99.

曹一鸣，李俊扬，大卫·克拉克(2011). 数学课堂中启发式教学行为分析——基于两位数学教师的课堂教学录像研究[J]. 中国电化教育，10：100－102.

傅海伦(2006). 李善兰与中国数学教育近代化[C]. 纪念《教育史研究》创刊二十周年论文集(2)——中国教育思想史与人物研究. 2191－2193.

Furlong, J., Cochran-Smith, M., & Brennan, M. (2009). Introduction. In J. Furlong, M. Cochran-Smith, & M. Brennan (Eds.). *Policy and Politics in Teacher Education: International Perspectives*. pp. 1－9. London & New York: Routledge.

Hill, H. C., Ball, D. L., & Schilling, S. G. (2008). Unpacking pedagogical content knowledge: Conceptualizing and measuring teachers' topic-specific knowledge of students. *Journal for Researchin Mathematics Education*, *39*(4), 372－400.

谢丰瑞(2012). 中学数学职前教师之数学教学知能. 载于谢丰瑞(主编)，台湾数学师资培育跨国研究 Taiwan TEDS-M 2008，119－142. 台北：台湾师范大学.

谢丰瑞，王婷莹(2012). 中学数学职前教师之数学知能. 载于谢丰瑞(主编)，台湾数学师资培育跨国研究 Taiwan TEDS-M 2008,93－117. 台北：台湾师范大学.

Hsieh, F. -J., Lin, P. -J., Chao, G., & Wang, T. -Y. (2013). Chinese Taipei. In J. Schwille, L. Ingvarson, & R. Holdgreve-Resendez (Eds.), *TEDS-M encyclopedia, a guide to teacher education context, structure, and quality assurance in 17 countries: Findings from the IEA Teacher Education and Development Study in Mathematics (TEDS-M)* (pp. 69－85). Amsterdam: IEA.

Hsieh, F. -J., Wang, T. -Y., Hsieh, C. -J., Tang, S. -J., Chao, G. -H., & Law C. -K., et al. (2010). *A milestone of an international study in Taiwan teacher education — An international comparison of Taiwan mathematics teacher (Taiwan TEDS-M 2008)*.

谢丰瑞,杨志坚,施皓耀(2012). 中学数学职前教师在师资培育课程之学习机会. 载于谢丰瑞(主编),台湾数学师资培育跨国研究 Taiwan TEDS-M 2008,143－169. 台北：台湾师范大学.

胡启宙,孙禾(2013). 基础教育课改背景下的高师数学教师教育教学方式改革研究[J]. 江西教育学院学报. 34(3). 3－5.

胡启宙,张永雪(2012). 基础教育课改背景下的高师数学专业"教育课程"改革研究[J]. 江西教育学院学报. 33(3). 13－16.

Huang, J. -L. (2013). *The Idea and Practice of Standards-based Teacher Education*. Taipei: National Taiwan Normal University Press.

李园会(2001). 台湾师范教育史[M]. 台北：南天出版社.

Leung, F. K. S. (2006). Mathematics education in East Asia and the West: does culture matter? In F. K. S. Leung, K. -D. Graf & F. J. Lopez-Real (Eds.), *Mathematics education in different cultural traditions — A comparative study of East Asia and the West* (pp. 21－46). New York: Springer.

李红(2006). 癸卯学制之前的中国师范教育[J]. 忻州师范学院学报. 22(1),54－57.

林崇德,申继亮,辛涛(1996). 教师素质的构成及其培养途径[J]. 中国教育学刊. 6,16－22.

Schmidt W. H., Blömeke, S., Tatto, M. T., Hsieh, F. -J., Cogan, L., Houang, R. T., Bankov, K., Santillan, M., Cedillo, T., Han, S. -I., Carnoy, M., Paine, L., & Schwille, J. (2011). *Teacher Education Matters: A Study of Middle School Mathematics Teacher Preparation in Six Countries*. NY: Teacher College Press.

Smith, J., & Hu, R. (2013). Rethinking teacher education: synchronizing eastern and western views of teaching and learning to promote 21st century skills and global perspectives, *Education Research and Perspectives-An international Journal*. *40*,86－108.

TQC. (2014). *Teacher Qualification Certification from Kindergarten to Senior High School*. Retrieved from https://tqa.ntue.edu.tw/page_exam103/103hsdng.pdf. July 9, 2014.

吴文星(1983). 日据时期台湾师范教育之研究. (未出版之硕士论文). 台湾师范大学,台北市.

颜秉海,文晓宇(1988a). 中国数学教育史简论[J]. 数学通报,6,27－28.

颜秉海，文晓宇(1988b). 中国数学教育史简论(续)[J]. 数学通报，7，31 - 32.
颜秉海，文晓宇(1988c). 中国数学教育史简论(续)[J]. 数学通报，8，29 - 31.
严敦杰(1965a). 中国数学教育简史[J]. 数学通报，8，44 - 48.
严敦杰(1965b). 中国数学教育简史(续). 数学通报，9. 46 - 50.
杨启亮(2002). 儒、墨、道教学传统比较及其对现代教学的启示[J]. 南京师大学报(社会科学版)，7(4)，87 - 94.
张传燧，蒋菲(2009).《学记》的教师思想与教师专业化[C]. 纪念《教育史研究》创刊二十周年论文集——中国教育思想史与人物研究，2，2245 - 2249.
张传燧，王双兰(2009).《学记》对注入式教学的病理分析及其现实价值[C]. 纪念《教育史研究》创刊二十周年论文集——中国教育思想史与人物研究. 2，2047 - 2051.
张奠宙，于波(2013). 数学教育的"中国道路"[M]. 上海：上海教育出版社.
Zhang, W. (2008). Conceptions of lifelong learning in Confucian culture: their impact on adult learners. *International Journal of Lifelong Education*. *27*(5), 551 - 557. DOI: 10.1080/02601370802051561
张有德，宋晓平(2005). 儒家教学思想与当今若干教学观念的辩证思考[J]. 江苏大学学报(高教研究版)，27(4)，73 - 77.
张有德，宋晓平(2006). 儒家教学观与我国数学教学[C]. 全国高师会数学教育研究会 2006 年学术年会论文集. 1 - 7.

4. 从国际的角度看面向教学的数学知识这一概念：以TEDS-M研究为例

玛蒂娜·多尔曼[①] 加布里埃尔·凯泽[②] 西格丽德·布洛米克[③]

面向教学的数学知识理论框架

随着时间的推移以及研究范式、国家的不同，人们对数学教师的知识及其在教师教育中如何予以养成的认识也在发生着变化。第一个描述数学教师知识的重要模型是从课堂实践出发的，通过观察师傅带徒弟的师徒制做法来聚焦教师知识的获取过程(Zeichner，1980)。在1990年代，教师教学实践的认知基础开始出现，并进行了第一次小规模比较研究(Kaiser，1995；Pepin，1999)。

近年来的研究更加聚焦于数学教师课堂实践的知识基础，一些大型的研究以及少量偏定性的研究提出了一些面向教学的数学知识理论框架。下面，我们首先选出几个理论框架加以介绍，然后描述一下国际比较研究TEDS，把它作为此类研究的一个例子。

面向教学的数学知识构想近年来发展的一个里程碑是舒尔曼(Shulman，1986，1987)的创新工作，他通过分析数学教学专业知识范畴的具体情况，为教师的知识基础做了理论上的细分。他区分出下面这些教师知识基础类别：

- 学科内容知识；
- 一般的教学知识，特指那些似乎不受学科内容限制的课堂管理和组织的一般性原则和策略；
- 课程知识，特指把握对教师来说是“职业工具”的那些教学材料与计划；

---

① 玛蒂娜·多尔曼，德国费希塔大学数学学院。
② 加布里埃尔·凯泽，德国汉堡大学教育学院。
③ 西格丽德·布洛米克，挪威奥斯陆大学教育测量中心(CEMO)。

• 教学内容知识，即内容与教学法的特殊结合，是教师独有的知识领域，是教师自身专业理解的特殊表现形式；

• 学习者及其特点的知识；

• 教育情境知识，从小组或课堂的运作、学区的管理和经费筹措，到社区和文化的特性；

• 教育目的、教育目标和教育价值的知识，以及它们的哲学和历史基础。(Shulman，1987，第 8 页)

舒尔曼(1987)强调，在这些类别中，“教学内容知识是特别有意思的，因为它确定了独特的教学知识体系”。他把教学内容知识描述为“将学科内容与教学法融合在一起”，是“最有可能区分学科专家与教书先生知识的一个领域”(第 8 页)。

舒尔曼后面的工作集中于其中的三类知识，它们都与学科内容有关，即“学科内容知识”、“教学内容知识”和“课程知识”(1986，第 9 页)，他将学科内容知识描述为“知识本身在教师头脑中的数量与组织”，并将对学科结构的理解置于重要位置，而不是单纯的对事实和概念的了解。教学内容知识是“教学知识，但它超越了学科内容本身，进入到了**面向教学**的学科内容知识程度”。教学内容知识被定义为“内容知识的一种特殊形式，它体现了学科内容与其可教性最为密切相关的方面”(第 9 页)。第三类内容知识，即课程知识，是指面向特定学科教学的课程与计划。舒尔曼(1986)将课程及其相关材料描述为“教学**药典**，教师从中提取出那些方子，作为呈现或举例说明特定内容、进行辅导教学或者评估学生学业成就是否足够的教学工具”(第 10 页)。

关于教师专业知识的具体特征以及如何将它与其他形式的专业知识区分开的问题已引起了许多讨论。舒尔曼(1987)写道：“区分教学知识基础的关键在于学科内容和教学法是交叉在一起的，在于老师将他或她拥有的内容知识转换为强有力的教学形式的能力，在于教师能够自我调整以适应学生表现出的能力和学习基础上的差异。”(第 15 页)

虽然舒尔曼的工作是开创性的，可以说是教师专业知识理论发展的里程碑，但批评意见指出它在知识方面的定义不够充分，会给实证研究的操作带来困难，尤其是舒尔曼理论中占有关键位置的学科内容知识概念与教学内容知识概念之间的区别不清晰(Ball 等，2008)。在描述 Ball 和其他人为了克服这一缺陷而形成的其他方法时，我们将再回到这个批评意见上来。另一位研究者安妮・梅雷迪思(Anne

Meredith)也批评了舒尔曼(1986,1987 年)定义的教学内容知识:"它似乎暗示对先前的知识,总有根植于它的特殊表征的一种教学方法。"(1995,第 176 页)她继续说:"如果数学知识被视为绝对的、无可争辩的、单维的和静态的,那么舒尔曼的教学内容知识概念是完全够用了。然而,那些认为学科知识是多维的、动态的、通过问题解决而产生的教师,他们可能就需要并发展出非常不同的教学知识了。"(第 184 页)

对舒尔曼工作的批评导致了对教师知识的其他概念定义。芬尼玛和弗兰克(Fennema & Franke, 1992)在他们著名的研究手册章节中讨论了关键词"转换(transform)",指出舒尔曼的方法忽略了师生互动的复杂性:"这种转换并不简单,而且它也不会在某一个时间点发生,相反,它是连续的,必须随着被教学生的改变而改变,换句话说,教师使用的知识必须随着他们工作情境的改变而改变。"(第 162 页)在此基础上,他们修改了舒尔曼的模型,强调教师知识具有"互动性和动态性"(第 162 页)。他们指出教师知识有以下组成部分:数学知识、教育学知识、学生认知知识和教师信念。"该模型还显示了每个元素与情境的关系"(第 162 页)。

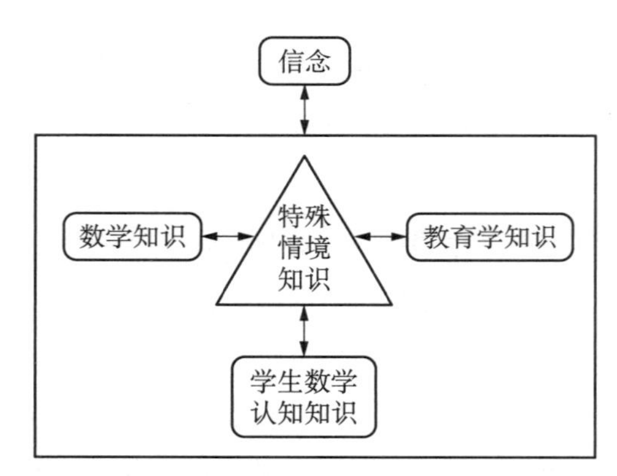

图 1　教师知识在情境中发展(基于 Fennema & Franke, 1992,第 162 页)

基于一个崭新的视角——将教师知识描述为是与情境相关的,他们对其模型的主要特征解释如下:"我们模型的中心三角形表示教师知识与信念处在情境之中,情境是决定知识与信念的哪些部分能起作用的结构。在特定的情境中,教师的数学知识、教育学知识以及学生认知知识相互作用,并与信念相结合,创造出独特的驱动课堂行为的一系列知识。"(第 162 页)

鉴于人们对"学科知识"和"教学内容知识"这两方面的区别界定得不够精确,

难以进行测量的批评意见，美国密歇根大学主持的两项研究美国人的研究项目对舒尔曼模型进行了另一种修正，它们是**数学教学与学会教学项目**(MTLT)和**为教学而学习数学项目**(LMT)，这两项研究对数学教学起作用的不同知识层面进行了界定和区分。MTLT 项目涉及面广，尤其是美国的美国人社区，它研究数学知识和教育学知识在小学数学教学中的相互作用，通过仔细考察教师在数学和教学方面的工作，如管理课上讨论、提出问题、解释学生的想法，该项目试图确定教师的数学洞察力、鉴赏度以及其他对教学重要的知识。此外，该项目还分析和阐明了这些知识在实践中可能表现的方式。MTLT 项目提出了面向教学的数学知识(MKT)的概念，认为它是高质量数学教学不可或缺的成分，并将 MKT 定义为"用于开展数学教学工作的数学知识"(Hill, Rowan, Ball, 2005，第 373 页)。

MKT 把舒尔曼的两类知识，即学科知识和教学内容知识贯通起来，但又以不同子类把它们区分开来(图 2)。学科知识既包括个人在不同行业工作所需的数学知识，也包括开展特定内容教学所需的数学知识，它还包含了舒尔曼构想中没有提及的新概念，即普通内容知识(common content knowledge, CCK)和特定内容知识(specialized content knowledge, SCK)。根据 Hill 等(2008)的说法，普通内容知识(CCK)可能是舒尔曼最初的学科知识的意思，这种数学知识在教学工作中使用的方法与其在许多其他也使用数学的专业或职业中使用的方法是一样的。特定内容知识(SCK)是较新形成的一个概念，它叙述的是帮助教师从事特定教学任务的数学知识，例如如何表示数学思想、如何提供数学解释等。第三个子类是横向连结的内容知识(horizon content knowledge, HCK)，它更多地被定义为对

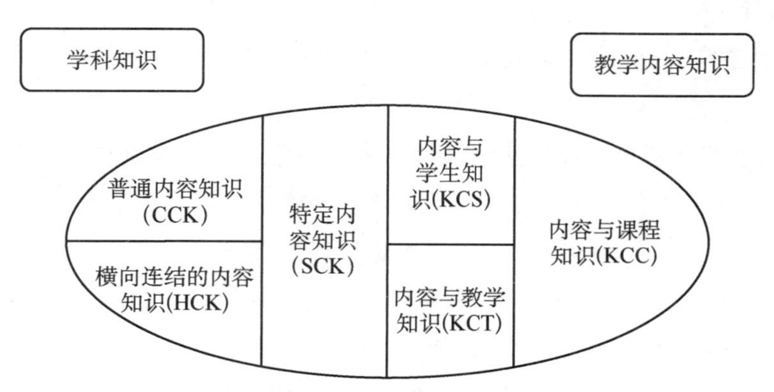

图 2 面向教学的数学知识(基于 Ball, Thames, & Phelps, 2008. 第 403 页)

当前经验和教学所处的大数学背景的认识,而不是实践性知识。第二类,教学内容知识,体现的是舒尔曼的构想,它包含内容与学生知识(knowledge of content and students, KCS),其重点是教师对学生是如何学习特定内容的理解。第二个子类,内容与课程知识(knowledge of content and curriculum, KCC),是指数学内容在课程中的安排以及使用课程资源和材料的方式。内容与教学知识(knowledge of content and teaching, KCT)涵盖了有关数学及其教学的知识,如怎么引入新概念(详情见 Hill 等,2008; Ball 等,2008)。

这两个项目的主要成果之一是开发了基于一系列多项选择题测量教师数学知识的工具,虽然这一测量工具源于美国(Hill 等,2007),也发现有严重的文化差异,例如,Ng(2012)研究了印尼教师在几何题目上的表现,得出的结论是,由于美国和印尼两国在图形分类方式上的差异,该测量得到的原始结果可能无效。然而,Cole(2012)发现,尽管在美国和加纳的教学实践中存在文化不一致的证据,但大多数题目在加纳使用是有效的。

这两个项目取得的另一个巨大进展是确定了教师知识与学生数学成绩之间的关系,并获得了知识薄弱的教师会带来知识薄弱的学生的证据(Hill, Rowan, & Ball, 2005)。

不过,这一新的面向教学的数学知识框架也有一些明显的弱点,如没有包括教师信念,而在实证研究中已经有明确的证据表明教师对数学本质的信念或他们对数学知识起源的信念对他们的教学影响很大(Schoenfeld, 2011)。另一个问题是各子类之间很接近,像特定内容知识、内容与教学知识、内容与学生知识这几个子类之间就很难区分(无论是理论上还是实践上)。

回头来看,Ball 等(2008)对其模型的不确定性和可能存在的不足进行了如下反思:

> “我们还不确定,这是否只是我们内容与教学知识类别的一部分,还是它可能跨越了几个类别,或者它本身就是一个类别。我们也暂时地在学科知识中包括了第三类,我们称之为“横向连结的”知识……同样,我们不确定这个类别是否是学科知识的一部分,或者它可能跨越了几个其他类别。我们希望从理论、经验和实用的角度来探讨这些想法,希望在教师教育中或开发用于专业发展的课程材料时应用这些想法。”(第 403 页)

剑桥大学课题组在对教师数学知识的研究中提出了知识四类型的理论方法。该方法借鉴了舒尔曼的理论概念架构，但通过对数学知识在教学情境中出现的课堂情境进行分类，继承了芬尼玛和弗兰克模型的特点。“本研究的目的是建立一个以实证为基础的供课后反思讨论的概念框架，**重点是课的数学内容**，以及受训者的数学知识(SMK)和数学教学知识(PCK)的作用……因此，本研究关注的是找出可以观察到教师数学知识(SMK 和 PCK)在实际教学中发挥作用的方式(Turner & Rowland, 2011，第 197 页)。在对新实习教师授课录像进行研究的基础上，他们区分出了基础、转化、联系、应变四大类来分析 SMK 与 PCK 之间的相互作用。第一类是**基础**，“它植根于教师的理论背景和信念这些基础，它涉及他们的知识、理解和能否随时利用在学校、学院/大学所学的知识……它与其他三类的不同之处在于，它是‘所拥有的’知识。”(Turner & Rowland, 2011，第 200 页)其他三个类别则“侧重于在准备教学和实施教学本身时表现出的有效知识”(Turner & Rowland, 2011，第 200 页)。**转化**这一范畴与舒尔曼的“将数学知识转化为强有力的教学知识形式”的概念有所不同，主要指的是教学材料的使用、教师的示范以及对表现形式和例子的选择。根据 Turner 和 Rowland(2011)的研究，类别**联系**是指“课的计划或教学所展示出的在片段、课或连续几节课中具有的连贯性”(第 201 页)，其特征是在程序或概念、决定顺序等之间建立联系。最后一类是**应变**，描述“教师对计划中未预料到的课堂事件的反应”(Turner & Rowland, 2011，第 202 页)。这种随机应变的行为指的是教师对儿童想法作出合适的、充分的反应，对备课计划的修正。

虽然知识四类型不像舒尔曼那样强烈地关注 SMK 和 PCK，但由于传统上反思课程在英国数学教育中的作用较小，这一模型并没有明确地把课程知识包含进去。

下面这个理论方法是由德国一个叫做认知激活教学(COACTIV)项目组提出的，它也参考了舒尔曼的方法，把教学描述为专业活动，知识则是专业化的核心。鲍默特和孔特(Baumert & Kunter, 2013)从韦纳特(Weinert, 2001)定义的专业能力的理论方法出发，将能力描述为“应对特定情境需求的个人能力”(第 27 页)。COACTIV 使用一个非分层的专业能力模型作为通用结构模型，如图 3 所示。

该模型区分了“能力的四个方面(知识、信念、动机和自我调节)，每个方面都包含了从现有研究文献中衍生出来的更具体的领域，这些领域被进一步划分为多

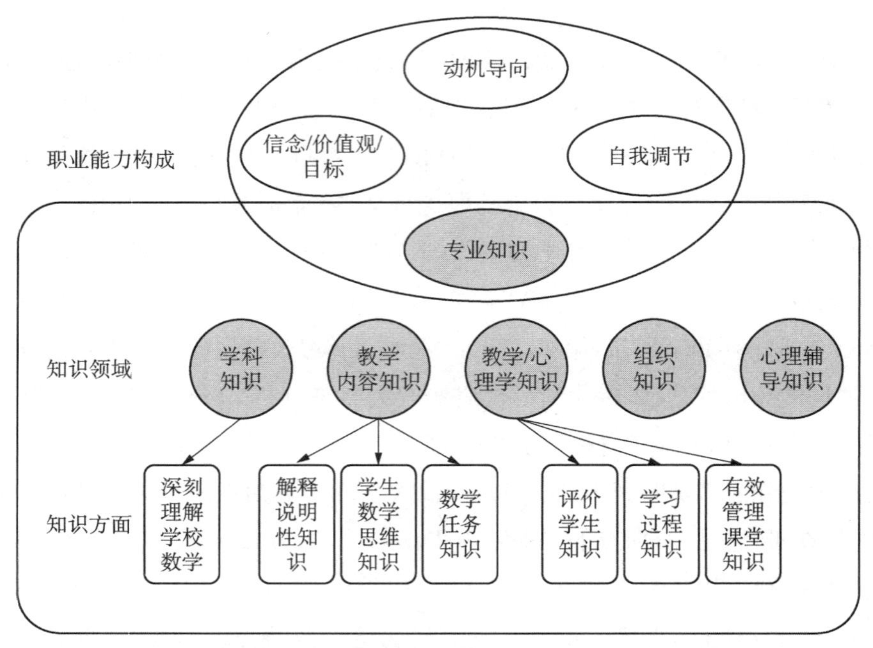

图 3　COACTIV 专业能力模型及其与教学情境相对应的专业知识方面（基于 Baumert & Kunter, 2013,第 29 页）

个方面，这些方面由具体指标来操作实施”(Baumert & Kunter, 2013,第 28 页)。在数学知识方面，COACTIV 注重对学校所教授的数学的深刻理解，虽然从理论上讲，对数学的理解分为四个不同的层次，从学术研究知识作为最高的知识开始，到所有成年人应该拥有的数学日常知识结束。Baumert 和 Kunter (2013,第 33 页)对数学教学知识从三个维度进行了描述：

- 它是对任务所具备的教育、诊断能力的知识，知道任务的认知需求和隐含的预备知识，知道在课堂上如何有效地编排这些任务，也知道课程中的学习内容长期是如何安排的。
- 它是对学生认知（误解、典型错误、策略）以及如何评价学生知识和理解过程所具备的知识。
- 它是解释和给出多种表示的知识。

另外，这一模型还包括了一般教学知识的多个方面，如有效课堂管理和课堂教学计划方面的教育学知识。该模型还涵盖了各种信念，如对知识的认识论信念、对学校学科领域的学习所持有的信念等等。

与 LMT 研究一样,其相关的实证研究也揭示了教师专业能力与学生数学成绩之间的密切关系。

然而,COACTIV 研究也有几个不足之处,即各能力方面的进一步延伸分化,尤其是在一般的教育学知识方面,这些都没有在其主研究中涉及,而只是在其扩展研究 COACTIV-R 中作了考察。

从国际视角来看,教师专业能力和专业知识的各个方面能否在不同的文化背景下进行实证性的划分验证依然是一个问题。An、Kulm 和 Wu(2004)将舒尔曼对 PCK 的最初概念作为内容和教学知识的混合体,就分数、比率和比例,对中美两组数学教师的数学教学知识(PCK)进行了比较。他们发现,与美国教师相比,中国教师的许多知识是通过由专家教师领导的校本在职培训和持续的专业发展活动获得的,特别是通过相互听课和一起讨论这样的活动获得的(An, Kulm, & Wu, 2004; Paine, 1997; Paine & Ma, 1993)。

这些不同的研究表明,很难就面向教学的数学知识的定义以及如何获得它达成国际共识。正如 Pepin(1999)指出的,这些差异也反映了在数学教学法或数学教育学(如德语中称为数学教学法 Mathematikdidaktik)含义上的差异,欧洲大陆的传统是以教育、哲学和理论反思(包括对教学和学习过程的规范描述)为基础的,而对于知识传承的反思,德语称之为"初等化(elementarization)"的思想,即在教知识的过程中始终想着适合学生的简化法,这在讲英语的国家几乎找不到。在讲英语的国家,从一开始,他们对数学知识和教师教育的研究(Kaiser, 1999, 2002)就是以结果为导向的,因此在很大程度上,是基于实证研究并以识别和确定那些影响教学和学习成功的预测因素为目的的。正如韦斯特伯里(Westbury, 2000)所指出的,美国课程传统的主要特征是其组织性,即学校是一种机构,教师被期望成为一种建设最佳学校制度的代理人。

鉴于这些文化差异,一个有趣的问题是,是否有可能在比较研究中定义教师专业数学知识。第一个在这方面尝试的是国际比较研究 TEDS-M(数学教师教育与发展研究[1]),它是于 2008 年在国际教育成就评价协会(IEA)主持下,由来自 17 个国家的 23000 个具有代表性的被试参与进行的一项研究。该研究的目的是了解国家政策和制度实践如何影响着数学教师教育的结果。参照舒尔曼的教师专业知识模型,将教师在数学知识(MCK)和数学教学知识(MPCK)方面的知识层面成就定义为教师教育的结果和效率的度量。

毫不奇怪,MCK 和 MPCK 评估工具的开发在 TEDS-M 中是有争议的。虽然就其核心方面已经达成了国际共识,但必须忽略某些国家的一些特殊标准,这在大规模比较评估中很常见。下面,为了举例说明如何测量面向教学的数学知识,我们将详细分析 TEDS-M 初中部分测试的特点。这么做的目的首先是想通过扩展我们在小学教师的 TEDS-M 评估方面的已有工作(Döhrmann, Kaiser, & Blömeke, 2012),来增加我们对 MCK 和 MPCK 本质的理解,尽管它们仍然处在模糊的领域(有关最新讨论的一个概述可参见 Depaepe, Verschaffel, & Kelchtermans, 2013)。其次,我们企图通过检验某些教育传统是否能比其他传统更准确地反映在测试项目中,为如何解释 TEDS-M 测试结果提供一个真实背景。为此,本文介绍并分析的 TEDS-M 题目都是 IEA 已经公开发布过的。

TEDS-M 的目标与设计

TEDS-M 的主要研究问题是:

> 未来的小学和初中教师对数学及其相关的教学知识的掌握程度和深度如何?这些知识的掌握情况在不同的国家之间有何不同?(Tatto 等,2008,第 13 页)

与 COACTIV 研究类似,TEDS-M 也是基于 Weinert(2001)的能力方法的,Weinert 将教师的专业能力描述为应对教学专业需求的特殊能力,它与行动导向方法密切相关:

> 行为能力的理论建构是将这些智力能力、特定内容的知识、认知技能、特定领域的策略、大规矩和小规矩、动机倾向、意志控制系统、个人价值取向和社会行为综合为一个复杂的系统。这个系统共同规定了满足特定专业职位要求的先决条件。(第 51 页)

与上述大多数项目和理论方法一样,TEDS-M 有别于舒尔曼(1987)的理论方法，前者将 MCK 和 MPCK 描述为决定教师在课堂上表现的基本认知成分，再加上一般的教育学知识、人格特征和信念。

MCK 和 MPCK 是采用纸笔测试给予评价的（Tatto 等，2008）。其背后的概念框架是长时间在参与国之间热烈讨论最终达成一致的结果，为了实现这一目标，必须忽略 MCK 或 MPCK 在有些国家的一些特殊标准。

由于 TEDS-M 是国际上第一个关于教师教育的大规模研究，因此，开始实施研究之前给 MCK 和 MPCK 下理论定义以及开发能力测试题都需要做大量的工作并花费大量的时间。2002 年，参加 TEDS-M 的各国代表首次会面，交流他们从国家和文化层面形成的对数学教师专业知识的理解。这一过程的结果是将 MCK 和 MPCK 定义的侧重点放在教师的任务上，而不是放在通常是隐含的规范的课程要求上。因此，教师的数学知识至少要涵盖其所教年级的数学内容，而且应达到更高的思考层次。此外，还希望教师能够整合教育情境，将数学内容与后续更高年级的教育联系起来，于是，MCK 的定义考虑了 TIMSS 2007 所使用的内容领域划分，即将数、代数、几何和数据作为学校数学的基础内容，这是经过国际讨论得出的四个子领域，MCK 和 MPCK 测试都是针对这些领域进行的。测试题目的总体可靠性、有效性和可信度已经得到了证明（Blömeke，Suhl，Kaiser，& Döhrmann，2012；Blömeke，Suhl，& Kaiser，2011；Senk 等，2012）。现在，为了满足我们进一步的研究需要，可以看看已有成果之外有什么新想法了。

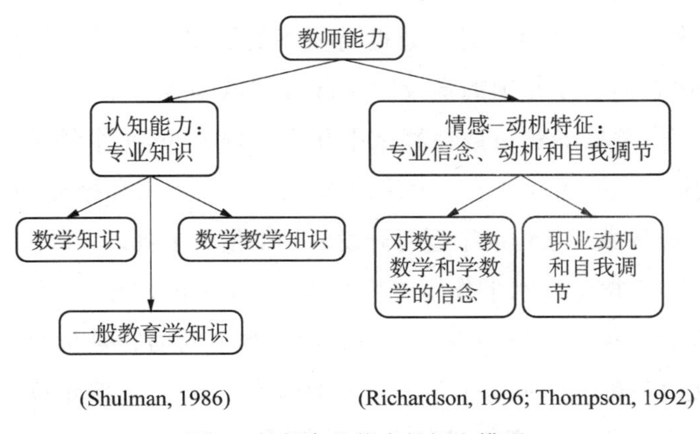

图 4 教师专业能力的概念模型

（基于 Döhrmann，Kaiser，& Blömeke，2012，第 327 页）

为了深入了解 TEDS-M 测试的本质，本文就已经公布的题目及其答题要求的特性作一介绍，对题目的详细分析一部分是基于 ACER 的报告，因为这些报告提供了题目的正答率作为国家精熟程度范围的指标。此外，我们还提供了关于这些题目的背景信息，并从数学教育的角度进行了分析。了解 IEA 公布的所有 TEDS-M 初中的题目和编码指南可访问：http://www.acer.edu.au/research/projects/iea-teacher-educationdevelopment-study-teds-m/。在图 4 所示的教师专业能力中，信念在 TEDS-M 中扮演着重要的角色。利用一些已知的著名量表，TEDS-M 对数学知识的起源及其性质等各种认识论信念进行了评价，但由于本文的重点是面向教学的数学知识，因此本文没有对信念这方面作介绍，仅在评价部分有所涉及。

对 TEDS-M 题目的分析

我们首先分析用来评估 MCK 的题目，从代数、几何、数和数据这些子领域来谈。在这之后，我们分析那些用来评估 MPCK 的题目，会涉及课前备课时展现出的知识以及在课上实施师生互动时展现出的知识。我们会详细分析和讨论几个样题。

评估数学知识(MCK)

MCK 考试包括了 76 道选择题和问答题。它涵盖了世界各地数学教育的主要课题，主要来自代数、数和几何，数据与概率的题目在测试中几乎不具有代表性，这也反映出它们在参与国的学校数学课程和教师教育中不受重视。因此，代数、数和几何三个领域的题目数在测试中几乎均匀分布，每个领域有 4 道题。除了这些内容领域之外，还划分了三个认知领域：知道、应用和推理(根据 TIMSS)。认知领域和内容领域一起构成了题目开发的一个指导工具。

所有的题目都按课程水平作了难度分类，具体来说，初级难度水平的内容是指通常老师在后面年级会教的内容。中级难度水平的内容是指通常教师未来会教的最高年级之后的一个或两个年级会教的内容。最后，高级难度水平的内容通常是指教师未来会教的最高年级之后的三年或更长时间会教的内容(Tatto 等，2008 年，第 37 页)。

代数领域

MCK 测试的代数题目大多是属于函数方面的，比例关系、线性函数、二次函数、指数函数和绝对值函数是当今世界大多数初中数学的典型内容，这些在测试中也有体现。所需的能力包括，例如，识别给定函数类的图形、识别给定现实情境中的数量关系、确定一个给定的函数是否适合用来作为描述某个关系的模型以及判断给定的示例是否足以建立连续函数的定义。

在对未来中学教师的测试中，考查模式的题比小学测试用得少（Döhrmann, Kaiser, & Blömeke, 2012），只有一个 MCK 题目是关于模式的（还有 3 个是测试 MPCK 的题目），这道题要求被试比较和确定不同的增长模式。另一道题是关于数列的，要求使用通常在大学里教的更高深的技能，对于这一题，未来的教师需要知道收敛以及数列极限的概念。

函数的技能有时在完成几何领域题目时也会用到。在这里，有些题目涉及方程，例如，需要使用方程来表示和解决给定背景的问题，以及根据给定方程确定其解集，特别是在复数集上。

总的来说，代数领域强调函数概念以及公式语言及其在现实情境问题和数学内部问题中的应用。像群或环等结构化的代数概念并不包含在测试题中。

下面这个样题是一道中级水平关于函数的代数测试题。

> 证明下面命题：
> 若一次函数 $f(x)=ax+b$，$g(x)=cx+d$ 的图象交于 x 轴上的点 P，则它们的和函数
> $$(f+g)(x)$$
> 也必过点 P。
> *IEA 教师教育与发展研究。来源：ACER(2011)*

对于这道题，被试必须证明如果两个一次函数 $f(x)$ 和 $g(x)$ 在 x 轴上相交于点 P 的话，则它们和的图象也经过 x 轴上的那点 P。这个证明可以通过用或者不用 f 和 g 的函数表达式来实现，一个完整而准确的答案可以是这样的：“假设 $f(x)$ 和 $g(x)$ 在 x 轴的点 $P(p, 0)$ 处相交，那么 $f(p)=0$，$g(p)=0$，于是 $(f+g)(p)=f(p)+g(p)=0+0=0$。因此，$f+g$ 也经过点 $(p, 0)$。”

具备一次函数的知识、知道两个函数的交、知道由两个函数值相加构成和函数（实际上，对于任何函数，这个表述都是正确的），这些知识对于解决这个问题都

是必不可少的。在参加 TEDS-M 测试的未来中学教师中，只有 10%能够充分和完整地给出证明，还有 8%的老师得到了一部分分数，因为他们的证明在某种程度上是有效的，但不完整。从国际上看，这道题显示出巨大的差异，智利 99.7%的未来教师没有给出任何解答，而中国台湾 69%的未来教师完全解决了这个问题。在测试之前，这项任务被划分为中等难度，但从实际情况上看它显得更困难，这可能是由于被试难以给出适当证明造成的。

数领域

在数领域中，只有一道题被划分为初级水平，这道题目只需要简单的操作，但算术平均数概念的知识是必不可少的。这一领域中的其他题目都是中学通常不教的那些数学内容。数领域的测试题主要集中于认知领域的“知道”和“推理”，代数领域则主要集中于知识的“应用”。未来的数学教师需要能够判断关于无理数的命题是否正确，能够根据数集要求给出方程的解，能够判断给定的例子是否足以证明关于数论的一个命题。

这个领域的测试要求很高，虽然不要求对数进行计算，但大多数题目都是关于数的命题和数的特征的，这部分，被试必须应用并比较数和数系的性质。下面这道题展示的是数领域一个被定为中级水平且属于认知领域“推理”的一个样例。

你必须证明下面的命题：
若任意一个自然数的平方被 3 除，则余数只能是 0 或 1。
指出下面每一个方法是否是数学上正确的证明。

在每行中选一个框打钩

	是	否
A. 使用下表：	□	□

数	1	2	3	4	5	6	7	8	9	10
平方	1	4	9	16	25	36	49	64	81	100
被 3 除的余数	1	1	0	1	1	0	1	1	0	1

	是	否
B. 证明 $(3n)^2$ 是能够被 3 整除的，对所有其他的数 $(3n \pm 1)^2 = 9n^2 \pm 6n + 1$，被 3 除余数总为 1。	□	□
C. 选择一个自然数 n，求其平方 n^2，再检查这个命题是否正确。	□	□
D. 就最初的几个质数检查一下命题是否成立，再根据算术基本定理得出结论。	□	□

IEA 教师教育与发展研究。来源：ACER(2011)

在这个任务中，不同的观点呈现给未来的老师，他们需要判断给定的论证是正确的证明还是错误的证明。只有在B中给出的想法才是一个数学上正确的证明，而在A和C中给出的想法只是基于例子，因此它们不是数学上正确的证明，此外，D中提出的想法无法证明给定的命题。为了正确地解决这道题，未来教师除了要具备数论的基础知识外，更重要的是要具备证明数学命题的能力，要知道给出一个正确而完整的证明需要符合什么标准。

从所有参加TEDS-M的国家的国际平均值来看，描述了对该命题可能有的论证的题A和题C(参见上面的题目)是完全不同的思路，题A是基于10个例子的，有45%的未来教师答对了题A，而题C是基于一个例子的，有57%的未来教师发现它是一个错误的证明。同样，各国或地区正答率差异巨大，在题A上，马来西亚的回答正确率为18%，中国台湾为84%；在题C上，智利的回答正确率为18%，中国台湾为92%。对未来的中学教师来说，确认题B为正确的证明是最容易的。平均而言，62%的被测做对了，从智利的25%到中国台湾的91%。题D平均答对率是54%，在每个国家或地区，超过四分之一的教师正确回答了本测试题(智利：28%)，但没有一个国家或地区的教师正确回答率超过80%(中国台湾：79%)。这可能是由于题目中没有明显地提到通过归纳加以证明的想法，也可能由于提到了算术基本定理这个数论中强大的定理，但它对给定的证明不适合这一点不是很明显。

几何领域

在几何领域中只有少数题目涉及二维和三维物体的几何度量。有一道题，要求未来的教师求一个不规则形状的面积。另一道题，要求他们估计一个三维物体的表面积和体积。第三道题，要求他们比较几个三维物体的性质。这些任务在考试前都被归为基本难度水平，因为这些是中学数学教科书中的内容。整个测试中最难的一个任务来自几何领域，它涉及平行线的唯一性公理。为了解决它，未来的教师需要判断这几个命题是否等价于平行线的唯一性公理，这需要用到通常在大学里才教的数学知识。该任务包括4道题，根据国际的Rasch难度数据，其中的3道被列为整个MCK测试中最难的题目。

此外，还有两个高难度的题目涉及大学数学。其中一道题目是关于解析几何的，要求未来的教师从几何的角度解释一个一次函数的解，而在另一道题目中，则要求他们解释一个几何图象的函数性质。测试前把它们归类到高难度任务，测试结果也是如此，解决方案需要对几何有更广泛的理解，而不像那个关于平行线的唯一性公理的题目那样只涉及很特殊的知识。

有两道题目涉及变换这一内容。其中一道题要求未来的教师确定一些不同形状的图形有多少对称轴。另一道题是辨认对物体进行了什么变换。其他题目是关于几何图形中的线以及角之间关系的，例如，要求未来的老师通过使用相交线定理判断一个命题是否正确。

下面这个任务反映了在比较三维物体性质方面的要求。

> 下图是用缎带包扎的两个礼盒，A 盒子是一个边长为 10 cm 的正方体，B 盒子是一个高度和直径都为 10 cm 的圆柱体。
>
> 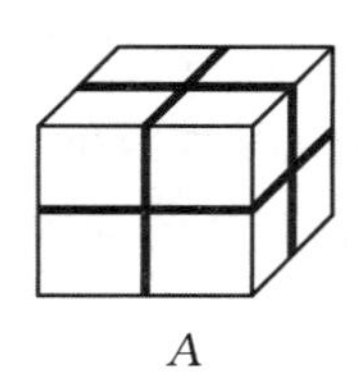
>
> 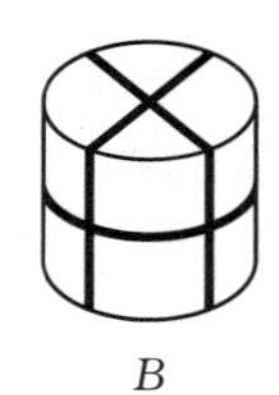
>
> A B
>
> 哪一盒子需要更长的缎带？
> 解释你是怎么得到答案的。
> *IEA 教师教育与发展研究。来源：ACER(2011)*

在这里，需要确定是立方体还是圆柱体需要更长的缎带，并对所做的选择给出充分的解释。如果辨认出是盒子 A，并通过像下面这样正确计算两个缎带的长度来正确解释选择的，那么这样的答案就是正确而完整的："盒子 A 需要 $3*40$ cm＝120 cm 缎带，盒子 B 需要 $2*40$ cm＝80 cm，以及周长的长度为 $2*\pi*5$ cm ≈ 31 cm，总的来说，盒子 B 需要 111 cm 的缎带，所以比盒子 A 少。"不过，老师也可以将推理的重点放在比较圆和正方形的周长上，因为两个盒子剩余长度是相等的，这么解释的一个例子可以是："盒子 A 需要更多的丝带，因为直径为 10 cm 的圆的周长小于边长为 10 cm 的正方形的周长，而所有剩下的尺寸是相等的。"

不完整的以及有些小错误的答案都算部分正确，如果两条缎带的长度都算错，或者老师说两条缎带的长度相同，则都认为是错误的答案。此外，如果答案正确但没有解释理由，那么答案也被认为是错误的，因为解释理由是这个任务的主要关注点。最后，如果暴露出明显的错误概念，这样的回答也被认为是错误的（比如去计算面积或体积了）。

在测试前，这项任务是被划归为初等难度的，但国际平均水平表明要给出完全正确的答案难度较大，只有33%的未来教师给出了完全正确的解答，从最低的智利和菲律宾3%的正确率到最高的中国台湾75%的正确率。几乎所有的老师都选择了计算缎带长度再比较结果的方法，除了将立方体边长简单相加，本题只需要将直径和 π 相乘计算圆周长的知识，但这可能对大多数国家或地区的被试都是最大的困难，导致完全正确答案的数量比预期的要少。通过比较正方形和圆形的周长进行概念性的推理，并提到所有其他长度都相等的老师他们大部分来自新加坡、中国台湾、俄罗斯、德国和瑞士，只占到5%到10%。

在所有的 TEDS-M 国家中，平均有21%的未来教师成功地给出了部分正确的解答，从最低比率的智利，为5%，到最高比率的德国，为38%。在智利，只有8%的老师给出了至少一种说明途径，而德国未来的教师轻松地给出了至少部分正确的解答，有79%的德国未来中学教师给出了正确或部分正确的解答。

数据领域

只有4道 MCK 题目和2道 MPCK 题目是关于数据领域的。四个 MCK 题目中有两个涉及概率，两个涉及统计。在这里，要求未来的老师在拉普拉斯试验中计算一事件发生的概率，或者对数据的标准差作出解释和比较。

其中一道题，要求未来的教师计算一事件的条件概率，这道题在测试前被划归为高级难度，实际表明它也的确是一道困难的题。在国际上，“数据”这一学科领域并不是所有学校课程的一部分，而这道题需要的知识超出了概率领域的基本能力要求。

这个领域中有一道题，它结合考查了 MCK 和 MPCK，我们在后面描述 MPCK 测试的时候再来谈它。

评估数学教学知识（MPCK）

测试中评估 MPCK 的部分只有27个题目，数量较少的原因主要是对未来数学教师普遍要求什么 MPCK 难以达成国际认可的共识，与 MCK 相比，它有更大的考查难度，在这方面，理论和研究工具的开发受到传统和文化的影响更大，因此，MPCK 的概念界定是面向教师核心教学任务的。TEDS-M 提出数学教学知识分为两个子领域：(a)**课程知识和面向数学教与学的备课知识**；(b)**实施数学教与学的知识**。

课程知识和面向数学教与学的备课知识领域

一位数学老师想要教学生们如何证明一元二次方程的求根公式。
判断下面每种知识是否是理解此证明所必须具备的。

	在每行中选一个框打钩	
	需要	不需要
A. 如何解一次方程	□	□
B. 如何解 $k>0$ 时形如 $x^2=k$ 的方程	□	□
C. 如何给一个三项式配方	□	□
D. 如何对复数做加减	□	□

IEA 教师教育与发展研究。来源：ACER(2011)

这一领域有三个任务是指向课程知识的，要求未来的教师根据课程的主题变化发现对教学计划带来的影响并确定学习该数学内容所需的认知准备。上面这个样例就属于此类任务。还有一个任务是要求未来的教师判断一些给定的情境问题是否充分表达了数学内容，这项任务被归类为面向数学教与学的备课知识。

对于这个任务，未来的教师需要确定证明一元二次求根公式要在认知方面做好什么准备。A、B、C 中描述的知识是需要的，但 D 中描述的知识是不需要的。要正确地解决这个问题，必须知道一元二次方程求根公式及其证明。未来的教师很容易回答出 A、B、D 三个问题，从国际来看，平均有 77%的未来教师正确回答了问题 A，76%的未来教师正确回答了问题 B，62%的未来教师正确回答了问题 D，仅有 48%被试正确解答了问题 C，有可能是由于被试对三项式这个术语不太熟悉，而且它也不直接与解二次方程有关。新加坡未来的教师在 MCK 考试所有国家中排名第三，只有 35%的老师答对了问题 C，而他们在其他三个问题中，至少有 85%的人答对了。不过，80%的菲律宾未来教师正确解决了问题 C，但是在 MCK 总体测试中菲律宾得分却较低，只有 31%的人正确解决了问题 D，这说明对三项式这个术语的熟悉程度以及证明一元二次方程求根公式的知识方面可能存在着文化差异。

实施数学教与学的知识领域

有 15 道题是关于实施数学教与学的知识的，其中一道题要求未来的教师论证为什么两个有相似背景的任务却有着不同的难度，其他题目涉及学生的解答，在这里，未来的教师必须评估所给的学生口头回答或有图有文的书面解答，要求他们决定那些给出的说法是否恰当地回应了学生的解答，或者要求他们分析带有学生典型错误的一些学生回答。下面给出的这个任务综合考查了实施数学教与学的知识领域以及 MCK 中的“数据”领域。

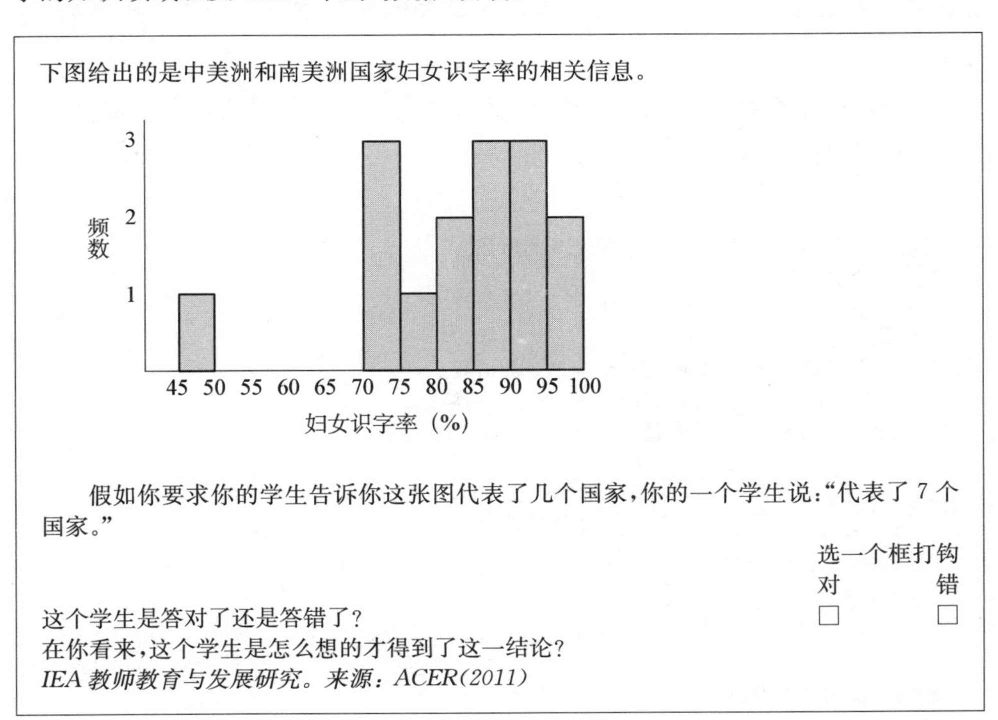

下图给出的是中美洲和南美洲国家妇女识字率的相关信息。

假如你要求你的学生告诉你这张图代表了几个国家，你的一个学生说：“代表了 7 个国家。”

选一个框打钩

	对	错
这个学生是答对了还是答错了？	□	□

在你看来，这个学生是怎么想的才得到了这一结论？

IEA 教师教育与发展研究。来源：ACER(2011)

第一道题要求未来的教师判断所给的对柱状图的解释是否正确(MCK)，在接下来的 MPCK 题目中，他们需要分析学生得到这一说法的缘由。为了正确地回答第一个问题，未来的教师不仅必须知道频率的概念，而且必须知道这一柱状图其实是一个频数分布图。正确的答案是“错”，因为柱状图代表了 15 个国家而不是 7

个。对于 MPCK 那道题,如果指出该学生误以为每个长条代表一个国家的话,那么就算答对了。这个任务是成功链接 MCK 和 MPCK 题目的一个好例子,两道题所用的情境是一样的,而且即使 MCK 的题答错了,也可以正确地回答 MPCK 的题。

在测试前,这两道题都被定为初级难度,这项任务需要用到大多数国家在中学甚至小学会学的数学知识。从国际平均水平来看,72%的未来教师答对了 MCK 那道题目,70%的未来教师答对了 MPCK 那道题目,因此,实际也证明这些题目是容易的。格鲁吉亚的未来教师在这两道题上正确率最低,MCK 这道题的正答率是 40%, MPCK 这道题是 19%。新加坡未来教师获得了 MCK 这道题最高的正确率(95%),瑞士未来教师对 MPCK 这道题的回答正确率最高,为 91%。

在另一项任务中,未来的老师必须判断学生的三个解答是否是一个数论命题的有效证明(见下文)。

当你把 3 个连续的自然数相乘时,积是 6 的倍数。
下面是三个回答。

【凯特的】回答
6 的倍数一定有因数 3 和 2。
如果你有三个连续的数,其中有一个会是 3 的倍数。
而且,至少一个数会是偶数,而所有偶数都是 2 的倍数。
当你把这三个数相乘时,答案就一定至少有一个因数 3 和一个因数 2。

【利昂的】回答
$1\times2\times3=6$
$2\times3\times4=24=6\times4$
$4\times5\times6=120=6\times20$
$6\times7\times8=336=6\times56$

【玛利亚的】回答
n 是任何整数

$$n\times(n+1)\times(n+2)=(n^2+n)\times(n+2)$$
$$=n^3+n^2+2n^2+2n$$

去掉 n 就有 $1+1+2+2=6$

判断每个证明是否有效。

在每行中选一个框打钩

	有效	无效
【凯特的】证明	□	□
【利昂的】证明	□	□
【玛利亚的】证明	□	□

IEA 教师教育与发展研究。来源:ACER(2011)

得到希利(Healy)和霍伊尔斯(Hoyles)的允许,这项任务(Healy & Hoyles, 1998)被改编之后用在了2008年的TEDS-M研究中。它评估的是数领域,需要初级的与学生交互的知识。题目呈现了三种不同证明思路的学生解答,需要判断其有效性,首先,参与测试的未来教师需要读懂和分析这些学生的解答。

凯特的解答包含了一个完整而具有一般有效性的证明,可以归为正确的证明。然而,利昂的解答只用了例子,因为他只分析了四个特例,因此,他的证明不是普遍有效的。玛利亚最初使用了适当的方法来证明该命题,但进行了无效的归纳,因此也没有给出有效的证明。

实际证明这三道题具有不同的难度。和事先的分类一致,认定凯特的证明有效是很容易的。从国际平均来看,有74%的人认为这一学生解法有效,从博茨瓦纳的51%到中国台湾的97%。

未来的中学教师在对玛利亚的解答进行分类时遇到了更大的困难。平均而言,在所有参加TEDS-M的国家中,59%的未来教师将该证明归为无效,从智利的44%到中国台湾的92%。有趣的是,在参与TEDS-M研究的15个国家中,对利昂的方案进行分类是最为困难的,只有45%的未来教师拒绝了这个解决方案。在博茨瓦纳,只有3%的未来数学教师看出来这个证明是基于实例的。很明显,形式化的程序与一般有效性相混淆了。

总结、讨论和结论

TEDS-M初中水平考试的数学要求远远高于小学水平的考试(Döhrmann, Kaiser, & Blömeke, 2012)。代数、数和几何这三个领域都安排了任务,这些任务所需要的MCK通常都在大学课程中学习,这样的任务只零星地出现在小学水平的测试中,而初中水平测试的数与几何领域包含了好几个这样的题目。在代数领域,也包含了一些中学生就可以解决的任务。

与小学水平的MCK测试类似,数据这一领域只有很少的题目。在参与测试的国家中,统计和概率在学校数学课程以及教师教育中贯彻得并不均衡,而代数、数和几何是世界各国数学教育的标准内容(参见KMK, 2004; NCTM, 2000; NGA & CCSSO, 2010; Schmidt, McKnight, Valverde, Houang, & Wiley,

1997)。

与小学水平考试相比,初中水平考试更注重对数学的概念理解和对数学结构的理解,计算较少,而论证和证明则极为强调。与小学水平测试一样,探索性的问题解决、对非常规问题建模和技术的使用是测试中基本没有涉及的领域。由此得出结论,比较传统的数学观影响了 TEDS-M 对 MCK 在认知领域的界定。

根据定义,如果不包含数学内容,那么要设计 MPCK 的题目恐怕是不可能的。我们必须承认,要正确回答 TEDS-M 测试中的一些 MPCK 题目,数学知识是必需的,前面给出的 MPCK 题目就是反映这种影响的典型例子。此外,MPCK 题目不同的难度水平很难用数学教学的知识和技能来解释,相反,它们可能受不同的数学要求的影响。MPCK 测试侧重于分析和评估学生的回答,而框架中的其他教学要求,如找出学习计划中关键的数学思想、建立适当的学习目标、选择评估方式并预测学生典型的反应则较少被考虑。

就像我们在小学水平测试中说过的,MPCK 的概念界定是针对教师的教学核心任务的,这一点对 TEDS-M 的中学水平测试也同样适用。这一测试关系到具体规划和实现数学课程所必需的各种能力和技能,这些能力和技能可以说是国际公认的 MPCK 的共同核心,也是未来数学教师普遍需要的,它也包括分析和评估学生的反应。

当然,我们必须排除个别参与国的 MPCK 的民族特征,例如,我们这个框架不包括教学理念,不包括基于数学内容的与过程相关的能力提升,不包括处理儿童差异的策略,不包括学龄前儿童数学知识发展的理论知识,不包括数学教育学研究的知识。与我们给出的小学研究结果一样,TEDS-M 中 MPCK 的概念界定是受在英语国家占主导地位的课程理论和教育心理学指导的,相比之下,欧洲大陆的传统则更注重与学科内容相关的反思,在德语中称为 Didaktik,在法语中称为 didactique。与学科相关的教学法描述了从学科内容到教学内容的教学加工,考虑了教与学的整个过程(Pepin, 1999)。这些差异体现在参与 TEDS-M 的国家的基本价值取向上,虽然大规模地测试相应的知识和技能可能比较困难,但仍有待于开展进一步的研究。

注释

1 TEDS-M 是由 IEA、美国全国科学基金会(REC 0514431)以及参与国资助的。在德国，德国研究基金会资助了 TEDS-M(DFG，BL548/3-1)。测量工具的版权归属于 MSU (ISC) 的 TEDS-M 国际研究中心。本章所表达的是作者的观点，并不代表 IEA、ISC 以及参与国或基金组织的观点。

参考文献

An, S., Kulm, G., & Wu, Z. (2004). The pedagogical content knowledge of middle school mathematics teachers in China and the U.S. *Journal of Mathematics Teacher Education*, *7*, 145-172.

Australian Council for Educational Research for the TEDS-M International Study Center. (2011). *Released items — future teacher Mathematics Content Knowledge (MCK) and Mathematics Pedagogical Content Knowledge (MPCK) — primary*. Paris: IEA.

Ball, D. L., Thames, M. H., & Phelps, G. (2008). Content knowledge for teaching: What makes it special? *Journal of Teacher Education*, *59*, 389-407.

Baumert, J., & Kunter, M. (2013). The COACTIV model of teachers' professional competence. In M. Kunter, J. Baumert, W. Blum, U. Klusmann, S. Krauss, & M. Neubrand (Eds.), *Cognitive activation in the mathematics classrooms and professional competence of teachers* (pp. 25-48). New York, NY: Springer.

Blömeke, S. (2012). Content, professional preparation and teaching methods: How diverse is teacher education across countries? *Comparative Education Review*, *56*, 684-714.

Blömeke, S., & Kaiser, G. (2012). Homogeneity or heterogeneity? Profiles of opportunities to learn in primary teacher education and their relationship to cultural context and outcomes. *ZDM Mathematics Education*, *44*, 249-264.

Blömeke, S., Suhl, U., & Döhrmann, M. (2013). Assessing strengths and weaknesses of teacher knowledge in Asia, Eastern Europe and Western countries: Differential item functioning in TEDS-M. *International Journal of Science and Mathematics Education*,

11, 795 - 817.

Blömeke, S., Suhl, U., & Kaiser, G. (2011). Teacher education effectiveness: Quality and equity of future primary teachers' mathematics and mathematics pedagogical content knowledge. *Journal of Teacher Education*, *62*, 154 - 171.

Blömeke, S., Suhl, U., Kaiser, G., & Döhrmann, M. (2012). Family background, entry selectivity and opportunities to learn: What matters in primary teacher education? An international comparison offifteen countries. *Teaching and Teacher Education*, *28*, 44 - 55.

Cole, Y. (2012). Assessing elemental validity: The transfer and use of mathematical knowledge for teaching measures in Ghana. *ZDM Mathematics Education*, *44*, 415 - 426.

Depaepe, F., Verschaffel, L., & Kelchtermans, G. (2013). Pedagogical content knowledge: A systematic review of the way in which the concept has pervaded mathematics educational research. *Teaching and Teacher Education*, *34*, 12 - 25.

Döhrmann, M., Kaiser, G., & Blömeke, S. (2012). The conceptualisation of mathematics competencies in the international teacher education study TEDS-M. *ZDM Mathematics Education*, *44*, 325 - 340.

Fennema, E., & Franke, L. M. (1992). Teachers' knowledge and its impact. In D. A. Grouws (Ed.), *Handbook of research on mathematics teaching and learning* (pp. 147 - 164). Reston, VA: National Council of Teachers of Mathematics.

Hill, H. C., Ball, D. L., & Schilling, S. G. (2008). Unpacking pedagogical content knowledge: Conceptualizing and measuring teachers' topic-specific knowledge of students. *Journal for Research in Mathematics Education*, *39*, 372 - 400.

Hill, H. C., Rowan, B., & Ball, D. (2005). Effects of teachers' mathematical knowledge for teaching on student achievement. *American Educational Research Journal*, *42*, 371 - 406.

Hill, H. C., Sleep, L., Lewis, J. M., & Ball, D. L. (2007). Assessing teachers' mathematical knowledge. In F. K. Lester (Ed.), *Handbook for research on mathematics education* (2nd ed., pp. 111 - 155). Charlotte, NC: Information Age.

Kaiser, G. (1995). Results from a comparative empirical study in England and Germany on the learning of mathematics in context. In C. Sloyer, W. Blum, & I. Huntley (Eds.), *Advances and perspectives on the teaching of mathematical modelling and applications* (pp. 83 - 95). Yorklyn, DE: Water Street Mathematics.

Kaiser, G. (1999). *Unterrichtswirklichkeit in England und Deutschland: Vergleichende untersuchungen am beispiel des mathematikunterrichts*. Weinheim: Deutscher Studien Verlag.

Kaiser, G. (2002). Educational philosophies and their influences on mathematics education: An ethnographic study in English and German classrooms. *Zentralblatt für Didaktik der Mathematik*, *34*, 241 - 256.

KMK. (Ed.). (2004). *Bildungsstandards im fach mathematik* fürden *mittleren schulabschluss (Jahrgangsstufe 10)*. München: Wolters Kluwer.

Kunter, M., Baumert, J., Blum, W., Klusmann, U., Krauss, S., & Neubrand, M. (Eds.). (2013). *Cognitive activation in the mathematics classrooms and professional competence of teachers*. New York, NY: Springer.

Meredith, A. (1995). Terry's learning: Some limitations of Shulmans' pedagogical content knowledge. *Cambridge Journal of Education*, *25*(2), 175 - 187.

National Council of Teachers of Mathematics (NCTM). (2000). *Principles and standards for school mathematics*. Reston, DE: National Council of Teachers of Mathematics.

National Governors Association Center for Best Practices & Council of Chief State School Officers (NGA & CCSSO). (2010). *Common core state standards for mathematics*. Retrieved from http://www.corestandards.org/math

Ng, D. (2012). Using the MKT measures to reveal Indonesian teachers' mathematical knowledge: Challenges and potentials. *ZDM Mathematics Education*, *44*, 401 - 413.

Paine, L. (1997). Chinese teachers as mirrors of reform possibilities. In W. K. Cummings & P. G. Altbach(Eds.), *The challenge of eastern Asian education* (pp. 65 - 83). Albany, NY: SUNY Press.

Paine, L., & Ma, L. (1993). Teachers working together: A dialogue on organizational and cultural perspectives of Chinese teachers. *International Journal of Educational Research*, *19*, 675 - 697.

Pepin, B. (1999). Existing models of knowledge in teaching: Developing an understanding of the Anglo/American, the French and the German scene. In B. Hudson, F. Buchberger, P. Kansanen, & H. Seel(Eds.), *Didaktik/Fachdidaktik as science(s) of the teaching profession* (Vol. 2, pp. 49 - 66). Lisbon: TNTEE Publications.

Rowland, T., Huckstep, P., & Thwaites, A. (2005). Elementary teachers' mathematics subject knowledge: The knowledge quartet and the case of Naomi. *Journal of Mathematics Teacher Education*, *8*, 255 - 281.

Rowland, T., & Ruthven, K. (Eds.). (2010). *Mathematical knowledge in teaching*. Dordrecht: Springer.

Schoenfeld, A. (2011). *How we think: A theory of goal-oriented decision making and its educational applications*. New York, NY: Routledge.

Senk, S. L., Tatto, M. T., Reckase, M., Rowley, G., Peck, R., & Bankov, K. (2012). Knowledge of future primary teachers for teaching mathematics: An international comparative study. *ZDM Mathematics Education*, *44*, 307 - 321.

Shulman, L. S. (1986). Those who understand: Knowledge growth in teaching. *Educational Researcher*, *15*(2), 1 - 22.

Shulman, L. S. (1987). Knowledge and teaching: Foundations of the new reform. *Harvard Educational Research*, *57*, 1 - 22.

Tatto, M. T., Schwille, J., Senk, S., Ingvarson, L., Peck, R., & Rowley, G. (2008). *Teacher Education and Development Study in Mathematics (TEDS-M): Policy, practice, and readiness to teach primary and secondary mathematics conceptual framework*. East Lansing, MI: Teacher Education and Development International Study Center, College of Education, Michigan State University.

Turner, F., & Rowland, T. (2011). The knowledge quartet as an organising framework for developing and deepening teachers' mathematical knowledge. In T. Rowland & K. Ruthven (Eds.), *Mathematical knowledge in teaching* (pp. 195 - 212). Dordrecht: Springer.

Weinert, F. E. (2001). Concept of competence: A conceptual clarification. In D. S. Rychen & L. H. Saganik (Eds.), *Defining and selecting key competencies* (pp. 45 - 65). Seattle, WA: Hogrefe & Huber.

Westbury, I. (2000). Teaching as a reflective practice: What might Didaktik teach curriculum? In I. Westbury, S. Hopman, & K. Riquarts (Eds.), *Teaching as a reflective practice: The German Didaktik tradition* (pp. 15 - 40). Mahwah, NJ: Lawrence *Erlbaum* Associates.

Zeichner, K. (1980). Myth and realities: Field based experiences in pre-service teacher education. *Journal of Teacher Education*, *31*(6), 45 - 55.

/第二部分/

通过教师培养获得和提高面向教学的数学知识

5. 中国的小学数学教师培养

解书[1] 马云鹏[2] 陈威[3]

引言

早在20世纪90年代，在世界各地掀起了大规模的课程改革（Sahlberg, 2011），而这些改革的成败在很大程度上依赖于教师的质量（Hargreaves & Shirley, 2009），可见，提高教师的质量至关重要。教师知识、素养及能力结构是影响教师质量的关键因素（Moreno, 2005），职前教育是教师专业发展的起步阶段，它能够帮助职前教师习得必要的知识、价值观与信念，以期在未来能更好地从事教育教学工作。

本章通过对课程设计者、教师教育者和职前教师开展问卷调查和访谈，以及对小学教师培养方案开展文本分析，旨在揭示和评价中国大陆是如何培养职前小学数学教师的。研究发现，职前小学数学教师的课程结构具有阶段性特征，数学知识类课程设置体现专业性和层次性，关照职前教师学科思维与小学数学学科知识；数学教学知识获得途径较为多元，基于学科具体内容学习数学教学知识；基于主题式教育实践与反思，帮助数学职前教师整合与应用面向教学的数学知识；职前教师数学知识水平总体一般，学科教学知识水平相对较低。基于已有研究反思职前培养工作，建议应帮助小学数学职前教师完善教学必备的数学学科知识体系结构；课程实施中应重视学科教学知识学习及其适切教学方法；基于实践取向的策略，学习面向教学的数学知识；多方协作提升职前教师面向教学的数学知识质量；职前课程应关照小学生发展，深入理解小学生的数学学习；培养终身学习与反

---

① 解书，东北师范大学教育学部。
② 马云鹏，东北师范大学教育学部。
③ 陈威，哈尔滨学院教师教学发展中心。

思的能力，促进面向教学的数学知识的可持续发展。

中国大陆小学数学职前教师培养概况

1999年教育部正式批准东北师范大学等5所院校设立小学教育专业招收本科生，标志着“小学教育专业”开始被纳入我国高等师范教育的范畴，成为我国高等师范教育的一个新专业。截止到2018年，全国开设小学教育专业的高师院校总计约217所，该专业主要设置于各院校的教育学院或初等教育学院中。

中国大陆小学教育本科专业修业4年，主要有如下三种培养模式（马云鹏、解书、赵冬臣、李业平，2008）：

分科型模式：是针对小学开设的学科，培养相应学科的小学教师模式，学生需要选择某一学科作为自己的专修方向。课程是“深”而“窄”，目前该模式主要设置的方向有语文、数学、英语，一些学校还开设科学教育、音乐、美术以及信息技术。

综合型模式：旨在培养能胜任多个学科教学（主要是数学、语文、科学、品德与生活/社会）需要的具有较全面教育教学能力和一定研究能力的小学教师，其特点是重视多学科的基础和教育理论方法与技能的训练。

中间型模式：既有一定综合，又适当分科培养小学教师的模式。将专业课程分为文科与理科两个方向，文科方向设置文史类课程，偏重语文（如中文与社会方向），理科方向设置数学、科学、技术类课程，偏重数学（如数学与科学方向）。

虽然在小学教育专业中存在着三种培养模式，但无论是综合模式，还是分科中的数学方向，抑或是中间型的理科方向，在这三种培养模式下，各院校都承担着培养合格小学数学教师的责任，均致力于帮助他们在信念、知识、技能等方面做好准备。

研究方法

理论框架与研究问题

为了有效教学，教师必须对所教学科有着深刻的理解（Kennedy，1998），需要掌握关于教什么、为什么教以及如何教的知识。美国学者舒尔曼（Shulman，

1986,1987)是较早对教师知识进行系统研究的学者,他以教师知识的内容指向为分类依据提出了教师知识的结构框架。舒尔曼的分类框架对该研究领域产生了巨大的影响,并成为教师知识分类研究的重要视角。此后的许多研究者相继提出了各自的教师知识分类。尽管学者们在分类方面有所差别,但不难看出其中五类知识得到了广泛认同,可以作为教师专业知识的核心要素,这五类知识分别是:一般教育学知识、课程知识、学科知识、教学内容知识、关于学生的知识。

就数学学科领域的研究而言,多数学者集中在数学知识(如 Kilpatrick, Swafford, & Findell, 2001; Ma, 1999; Simon, 1997)和数学教学知识(如 An, Kulm, & Wu, 2004; Fennema & Franke, 1992; Ma, 1999; Marks, 1990)方面的研究。鲍尔领导的研究小组(Ball 等,2008)在舒尔曼关于教师知识分类的基础上,采用自下而上,源于实践(practice-based)的研究方法,提出了"面向教学的数学知识"(mathematics knowledge for teaching,简称 MKT)的分类。他们把舒尔曼(1987)教师知识分类中学科知识(subject matter knowledge)和教学内容知识(pedagogical content knowledge)统称为"面向教学的数学知识",MKT 的六个子成分可归为两大类知识,一类属于 SMK,由普通内容知识(common content knowledge,简称 CCK)、特定内容知识(specialized content knowledge,简称 SCK)和横向连结的内容知识(horizon content knowledge,简称 HCK)构成;另一类属于 PCK,由内容与学生的知识(knowledge of content and students,简称 KCS)、内容与教学的知识(knowledge of content and teaching,简称 KCT)和内容与课程的知识(knowledge of Content and curriculum,简称 KCC)构成(Ball, Thames, & Phelps, 2008; Hill, Ball, & Schilling, 2008)。这种分类得到广泛认可。

本研究主要基于鲍尔的框架,探讨小学数学职前教师在培养阶段面向教学的数学知识准备情况。主要解决如下三个问题:

(1) 当前小学数学职前教师面向教学的数学知识(MKT)现状如何?

(2) 小学数学职前教师面向教学的数学知识(MKT)来自哪里?

(3) 如何完善现有小学数学职前教师面向教学的数学知识(MKT)?

研究方法

本研究采用了问卷调查方法、访谈法和文本分析法。

1. 问卷调查法

本研究采用马云鹏（2010）研究团队开发的《教师专业知识调查试卷（小学数学）》工具来搜集职前小学数学教师面向教学的数学知识（MKT）。该工具包括背景信息、教师知识调查（教育理论知识、一般课程知识和数学课程知识、数学知识、数学教学知识）、教师知识来源三部分。其中数学课程知识、数学知识、数学教学知识三部分的测查内容属于"面向教学的数学知识"，本研究中选取此部分数据进行深入分析。调查工具的相关样题如下：

（1）数学课程知识：

样题：第一学段图形的认识在内容编排上是按什么顺序？（　　）
A. 先认识平面图形，再认识立体图形
B. 先认识立体图形，再认识平面图形
C. 平面图形和立体图形同时认识
D. 以上说法均不正确

（2）数学知识：

根据《义务教育数学课程标准（实验稿）》中数学学习的关键领域，以及布卢姆（Bloom 等，1956）和安德森（Anderson & Krathwohl，2000）关于"教育目标分类学"的观点，数学学科知识测试题的编制包括内容维度（数与代数、空间与图形、统计与概率）和认知维度（识记、理解、应用），并参考学科知识结构划分（何彩霞，2011），形成三维框架（如图 1），进行命题指导。

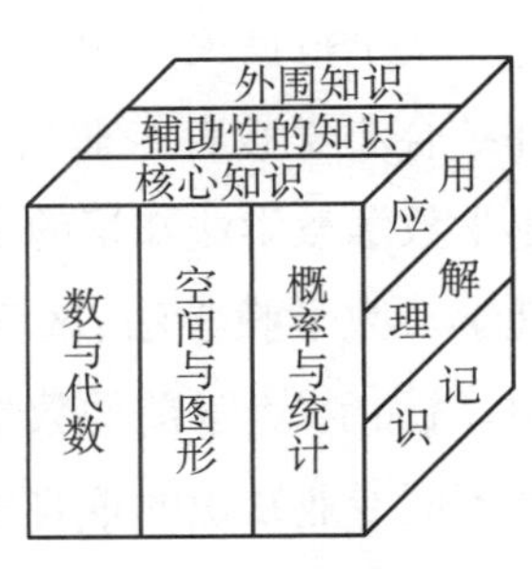

图 1　小学数学教师学科知识的三维框架

样题：观察下图，被遮盖住的大杯中可能放着哪些球？

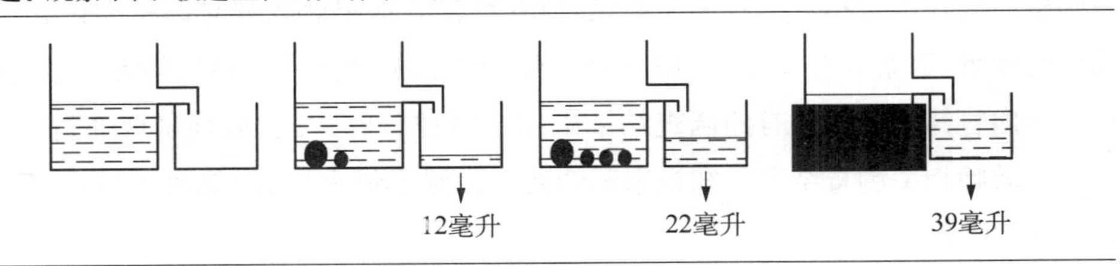

A. 1 个大球，7 个小球　　B. 2 个大球，3 个小球
C. 2 个大球，4 个小球　　D. 2 个大球，5 个小球

（3）数学教学知识：

教学内容知识部分有4道题，其中2道改编自马立平（1999）的测试题，主要考查教师对学生错误的理解和教师对数学概念关系的理解和表征；另外2道题分别是考查教师对算法多样化的教学反馈，以及对学生作业中常见错题类型的教学策略。

样题1： 一位学生在计算26×53时，其竖式过程如右图。你怎样向学生解释他的错误？把你向学生解释的语言写在下面。

```
   2 6
 × 5 3
 -----
   7 8
 1 3 0
 -----
 2 0 8
```

样题2： 教学“38＋49”这道题时，学生会有不同的计算方法。请把学生可能出现的计算方法列举出三种。如果一些学生选择的计算方法不是教材或教师认为“最佳”的方法，你怎么处理？为什么？

（4）教师专业知识来源：

基于范良火（2003）和韩继伟等（2011）有关教师专业知识来源调查中的题目，并结合小学教育专业培养现状，我们调查了小学数学课程知识、小学数学知识和小学数学教学法知识的来源。列举了六种专业知识来源：教育类课程（教育学、心理学）、数学教学法、教育见习实习、微格教学、社团活动、家教；在数学知识来源中，增加了“大学前的数学课”和“大学数学专业课”，让被试评价每种来源对于发展不同专业知识的重要程度。

预测中，我们采用经典测量理论计算测验中各项目的难度和区分度，并根据项目分析的结果对测验进行了修改，形成了最终的《小学数学教师知识测试》职前教师版。问卷中包括选择题和简答题，前者旨在测查职前教师对课程知识和学科知识的理解，答案有对错之分，相应用1或0计分；后者采用情境题的方式，旨在测查教学内容知识。对所有的调查结果采用专家评分的方式，最终采取通过率[1]形式报告教师相关测查结果。知识来源的调查设置了最重要、次重要和不重要三个水平的选择题。

调查选取了C3、A1[2]两所211工程的师范大学小学教育专业的本科生，其中A1是市属师范大学，其小学教育专业是分科培养模式；C3是部属师范大学，其小学教育专业是综合培养模式。为了分析职前教师的教师知识发展的趋势，研究者共发放问卷252份，回收有效问卷241份（大一56份，大二51份，大三100份，大四34份），回收率为96%。

2. 访谈法

访谈对象选取采取方便取样和目的取样相结合的方式，选取小学教育专业的主要负责人（如院长或系主任）14人，以及与小学数学相关的任课教师（数学专业知识科目的任课教师和小学数学教学的相关科目任课教师）或研究人员9人、小学中的数学指导教师5名、小学职前教师（大四学生）10人。访谈旨在了解小学教育专业中有关数学方面课程的结构及设计理念，以及实施课程的具体情况（如课程实施过程、教学方法、存在问题等），进而分析职前培养阶段是如何帮助职前教师获得数学教学的相关知识，如何帮助职前教师在未来数学教学上做好准备的。基于类属关系、关键主题浮现等方式，不间断的比较来反复地分析访谈资料，并通过三角互证的方式来增强研究数据的可信度。

3. 文本分析法

自2007年起至今，已有16所高师院校的小学教育本科专业获批国家级特色专业[3]，代表着高校中此专业在国内的特色与优越性。因此，本研究中搜集了全部获批国家级特色专业的16份小学教育本科专业培养方案，以分科型中数学方向的方案、中间型中理科方向的方案以及全部综合型方案作为分析对象。由于目前各方案中并没有严格统一的课程类型划分标准及要求，各方案在课程类型的命名上存在很大差别，为了便于比较，本研究中将开设的课程进行重新整理划分为：通识类课程、教育类课程、学科类课程三大类，并在后两类中进行细致的划分。**通识类课程**，即全校公共课，以必修为主，兼设选修模块；**教育类课程**，指与未来从教相关的基础类课程，又分为基础教育理论、综合素养、小学教育相关理论、教育教学方法、教育实践等几个方面；**学科类课程**，指与未来从教直接相关的学科知识和学科教学方面的课程，分为数学知识相关课程、小学数学教学相关课程、（非数学）学科类课程。

基于方案，我们分析了培养目标及要求，核定了各类课程的学分和比例，以及设置的时间顺序等。我们将与面向教学的数学知识直接相关的几类课程作为分析对象，即学科类课程中数学知识相关课程、小学数学教学相关课程以及教育实践,从培养规划的角度,去了解方案设计者如何计划帮助小学数学职前教师在未来小学数学教学方面做好准备。

小学数学职前教师如何获得面向教学的数学知识

小学数学职前教师课程结构分析

1. 小学数学职前教师课程结构的总体特征

16 所学校的培养方案均从培养目标和培养要求两个方面进行阐述。在培养目标上,表述基本一致,即培养热爱小学教育事业,具有良好的道德素养、系统而扎实的专业知识、较强的教育教学能力和研究能力的高素质小学教育工作者(教师、管理者、研究者)。所有的方案均提到"培养具有一定教学能力",其中 10 个方案中明确指出"培养从事小学教育教学和研究的小学教育工作者",6 个方案中明确指出"培养从事小学教育教学和管理的小学教育工作者",4 个方案中明确指出"培养从事小学教育教学、科研和管理的小学教育工作者"。共同的特征体现在:把热爱小学教育事业置于首位;把职业道德和广博的知识与能力视为培养重心;强调教师的政治素养;提出高素质教师的培养要求。

课程设置均遵循着一定的逻辑结构。基于课程设置的时间与内容分析发现,四年学程(8 个学期)按照课程内容关注焦点可以划分为三个阶段(1～3 学期;4～6 学期;7～8 学期),如图 2。在调研的各专业中一些学校采取教育大类招生,在第三学期开始分流,如选择小学教育专业或是选择数学/理科方向,如 C6 采取专业准入和准出的标准,学生在修满 10 学分的课程学分(教育学原理、普通心理学、现代教育技术、儿童文学、普通话基础)后,准许进入小学教育专业进行学习,分流时间为第二学期期末。各培养模式的课程中均关注专兼结合,注重课程的统整,为小学数学教师未来从教提供宽广的学科基础。

通过对三种培养模式下各自课程的比例进行分析,最高学分为 197 学分,最低学分 143 学分。每门课程在 0.5～6 学分不等,平均在 2 学分左右。以必修为主,适当开设选修课程,具体统计如表 1 所示。

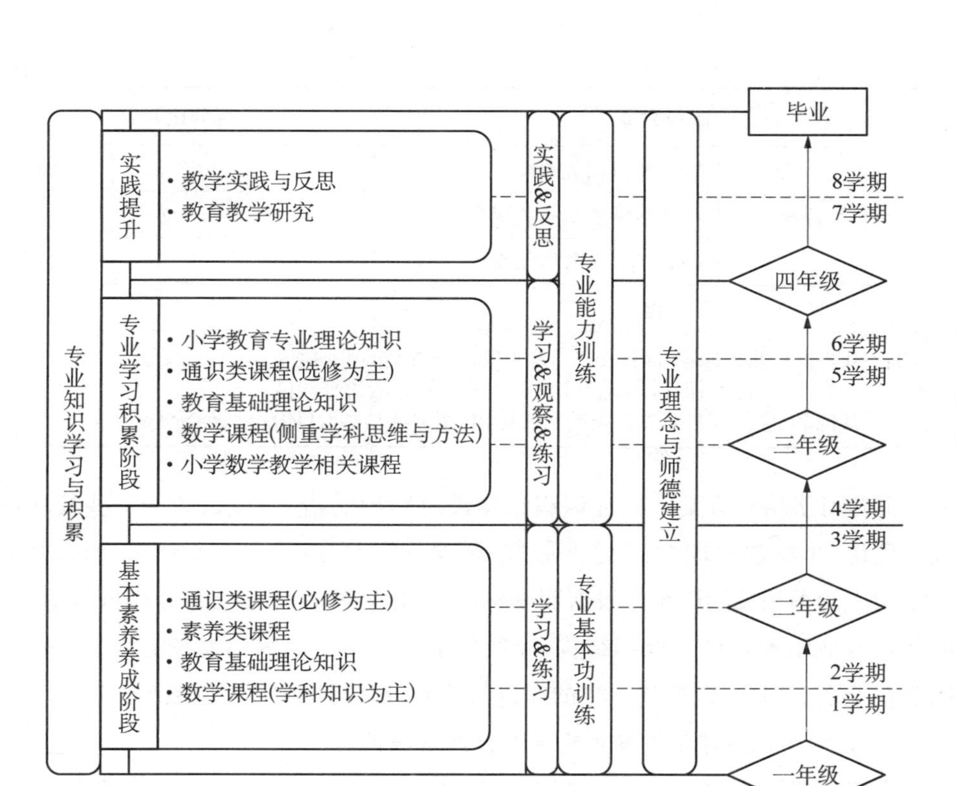

图 2　小学数学教师职前培养课程结构图

表 1　小学教育专业培养方案课程结构比例[4]

培养类型		分科型	中间型	综合型
平均学分数		176.4	161.8	162.2
课程类型		百分比(%)		
通识类课程		25.7	30.9	29.6
教育类课程	基础教育理论	6.1	3.2	17.3
	综合素养	9.6	5.1	7.7*
	小学教育相关理论	3.7	8.3	5.2**
	教育教学方法	10.5	9.9	9.4
	教育实践	12.3	12.0	12.9

续表

课程类型		百分比(%)		
学科类课程	数学知识相关课程	15.6	13.3	3.0
	小学数学教学相关课程	7.0	6.2	4.8
	(非数学)学科类课程	7.6	10.1	11.7
其他		1.9	1	1.2

说明：* C2 没有此类课程，因此 7.7%是 4 所学校方案的平均值；
** C3 没有此类课程，因此 5.2%是 4 所学校方案的平均值；
“其他”中包括一些非教育类的实践课程、相关活动(如社团活动、创新实践)等等。

目前对于培养方案中具体课程结构没有明确的指导要求，关于一些模块(如教育理论、小学教育理论、方法与技能、数学知识等方面)应该开什么、怎么开，以及结构比例等相关问题至今没有明确标准，制定者的教育理念和课程取向直接影响所在专业培养定位与课程结构，导致各学校开设的课程门类较为复杂，彼此之间存在差别。因此，需要进一步的探讨与研究，形成科学合理的指南。

2. 数学知识类课程设置体现专业性和层次性

由于培养模式的不同，小学数学教师职前准备课程的设置也有所差别。分科和中间型培养模式的专业在数学知识相关课程设置中的比例明显高于综合型(10%以上)。综合型培养模式的专业主要开设高等数学、数学基础、初等数论等2～3 门课程，而分科型和中间型培养模式的专业提供了多门必修课和一定数量的选修课帮助学生在数学知识方面做好储备，如数学分析、空间解析几何、初等数论、非欧几何、高等代数、概率论、射影几何、微积分、实数与级数、线性代数与解析几何、概率统计、数学简史、数学思想方法、数学文化、数学建模、数学软件、数学实验等等，较为丰富，但各学校之间关于数学知识方面的课程开设并没有统一的要求。关于数学知识课程的开课方式主要有两类，一是聘请数学学院的教师任教，另一类是由小学教育专业中具有数学专业背景和从事小学数学课程与教学研究的教师授课，目前以后者为主。经对教师和学生访谈数据分析，被访谈者普遍反映第二类教学效果好于第一类，认为该类教师在教学中常常更能够将高深的学科知识与未来小学数学教学中学科知识建立起联系，提高学生学习的目标性，有助于形成知识网络，建立起知识间的纵横联系。

设置的数学类课程体现了小学教育的专业性。数学类课程的设置充分考虑小学教育的特性，从小学数学教师未来从教的专业知识结构和能力素养出发，对教学内容进行合理的取舍重组，构建科学的课程结构，如初等数论、概率与统计、近世代数基础等与小学数学教学内容的关联度较高，将其作为重要的专业方向课程。在各门课程中也将与小学数学教学关联度高的作为重点内容教授。此外，选择有利于学生形成全面合理数学观的课程，如微积分、线性代数、空间解析几何等，在尽量保证理论体系完整的前提下适当降低难度，舍去难繁艰深的部分内容。

数学类课程的层次性在分科型和中间型两种培养模式中体现得尤为突出。数学类课程大致分为如下三个层次：基础类——以高等数学基础性理论为主，旨在帮助学生通晓现代数学中的几个领域（微积分、代数、几何、方程、概率统计等），内容广而浅，是对职前教师数学知识、能力和水平的最一般要求；专业类——为从教小学数学提供系统的学科专业知识（如数学分析、高等代数、解析几何、概率统计、初等数论、小学数学解题研究），内容精深，旨在培养职前教师未来从教的数学思维品质和小学数学教育与研究能力；拓展类——旨在帮助学有余力和感兴趣的职前教师在数学知识与能力方面提供进一步提升的空间，多为选修课，范围广内容深，包括组合数学、数学建模、数学史、数学思维与方法、射影几何、非欧几何学等。

3. 数学教学知识获得途径多元化

（1）职前培养课程的设计和实施

在小学数学教学相关课程方面，综合型培养模式的学科类课程比例低于其他两种培养模式，主要分为基本理论（如小学数学课程与教学论、小学数学学习心理学）、教学内容/案例分析[如小学数学课程标准与教材分析、小学数学概念分析、小学数学案例分析（名师教学研究）、小学数学解题研究等]、技能与应用[如小学数学教学设计与实践、小学竞赛数学、数学微格教学（小学数学教学技能）]三种类型。这些课程提供的均是帮助职前教师学习如何教学的知识，课程中整合了学科知识、学生知识、课程知识以及特定内容的教学知识，并且这些课程的讲授均是基于特定小学数学学科内容和教学的，并非泛泛而谈。

在访谈中大学教师普遍表示，传统教学方式常以讲授为主，学生学习较为被动，评价多以闭卷纸笔测试的形式考查，大都以模仿记忆为主，且常常出现“考完试，知识就还给老师了，且收获不大”(F2 学校的一名职前教师)。为此，我们需要改变传统学习和评价方式，采取讲授、小组合作学习、研讨相结合的教学方式，激发学生学习动机、开发学生潜能、培养创新能力和批判的思维能力。作业和考试类型可多元、开放，促进学生在课程学习中的思考与成长，如开放性或探索性数学问题解决、探究式学习汇报、调查/研究报告、情境/任务分析等。

(2) 教育实践与反思

实践课程区别于理论课程，是以专门训练学生实践技能、体验真实的实践情境为内容，以培养学生的综合实践能力为目标的课程类型。教育实践的价值追求是为职前教师提供一个专业发展的平台，是教师专业化教育的最为重要的载体，使他们将在理论课程中习得的知识与真实的教学情境相联系，逐步将学科知识、学生知识、课程知识、教学知识等加以整合，将其转化为个体的实践性知识，实现理论与实践的融合，获得对教育实践情境的认知，形成教育实践能力和智慧。

在教育实践方面，各个培养模式的学校在时间和学分比例上基本相似，主要分为见习、实习、毕业论文。最低学分为 14 学分，最高学分为 33 学分，其中见习较多安排在第 3～6 学期分散进行，平均总计为 4.6 周，实习较多安排在第 7 学期(也有安排在第 6、7、8 学期)集中开展，9 所学校仅安排一个学期(8 所学校安排在第 7 学期，1 所学校安排在第 8 学期)进行，7 所学校安排第 6～8 个学期分阶段开展体验性实习和反思性实习，平均为 13.5 周，通常实习教师在实习期间被要求完成 2～4 次公开课。

在教育实习环节，一些学校能够为学生提供多元的实践机会。“见习的学校尽量安排质量较高的，如中等偏上的，而实习的时候可以安排在中等偏下的，一般的学校能够提供给职前教师较多一些的实践和讲课的机会。”D2 学校采取在不同层次样本校中轮换实习，A1 学校的实习分为远郊教育实习和城区教育实习，有助于体会不同地域的教育特点，能够以更开阔的视野站在不同的视角与背景去思考教育和小学数学教学。

教育实践的第三个环节要求职前教师通过实践凝练研究问题，为毕业论文的选题奠定基础，形成初步的教育研究的意识和能力，并在教育实践中搜集相关数据，形成一个完整的研究报告，完成毕业论文。

小学数学职前教师面向教学的数学知识来源分析

关于教师面向教学的数学知识的来源的调研，我们选取了一所综合型模式大学和一所分科型模式大学的职前教师来进行。分析发现两种培养模式下职前教师的面向教学的数学知识在很多方面都有显著差异，因此，需要对两种培养模式下的职前教师面向教学的数学知识的来源进行分析。对综合培养模式下职前教师的教师知识来源分析的结果如表 2 所示。

表 2　综合培养的职前教师对不同教师知识来源重要程度的评价

来源	数学学科知识	教学内容知识	数学课程知识
最重要	数学教法课 教育见习实习 大学前的数学课	教育见习实习 数学教法课	教育见习实习 数学教法课
次重要	家教 社团活动 微格教学	教育类课程 家教 微格教学	家教 教育类课程 微格教学
最不重要	大学数学专业课	社团活动	社团活动

由表 2 可知，综合培养的小学教育专业的职前教师认为最重要的教师知识来源是教育见习与实习以及数学教法课，微格教学对于培养他们的各方面知识均有较为重要的作用，而教育类课程对培养他们的课程知识和教学内容知识有较为重要的作用，家教对于培养他们的课程知识、数学学科知识以及教学内容知识有较为重要的作用。值得注意的是，综合培养的职前教师认为大学前的数学学习经历对于他们的数学学科知识有非常重要的作用，而大学数学专业课（高数）的学习对他们的数学学科知识的发展影响最小。

表 3 显示了分科培养的职前教师对教师知识来源重要程度的评价结果。

表 3　分科培养的职前教师对不同教师知识来源重要程度的评价

来源	数学学科知识	教学内容知识	数学课程知识
最重要	教育见习实习 家教 数学教法课	教育见习实习 数学教法课 家教	教育见习实习 家教 数学教法课

续表

来源	数学学科知识	教学内容知识	数学课程知识
次重要	大学前的数学课 微格教学 大学数学专业课	教育类课程 微格教学	教育类课程 微格教学 社团活动
最不重要	社团活动	社团活动	

结果显示，与综合培养的小学教育职前教师类似，分科培养的职前教师认为教育见习与实习和数学教法课对他们各方面的教师专业知识的发展都具有重要的作用。与综合培养的职前教师不同的是，他们认为家教对于发展他们的课程知识、数学学科知识以及教学内容知识都起着很重要的作用。微格教学对于发展他们各方面的专业知识起着较为重要的作用，而社团活动对于发展他们的各方面知识的影响均最小。而且他们认为大学前的数学课和大学数学专业课都是发展他们的数学学科知识的较为重要的来源。

访谈中的数据可以进一步解释两种培养模式在关于“大学数学专业课”对于数学学科知识来源的重要程度方面的差别原因，C3 学校的专业课由数学专业背景(但无小学数学教学或研究背景)的教师任课，知识较难，学生均为文科背景，学起来很困难、枯燥，影响了学习效果和对其价值的判断。A1 学校的专业课由本学院既具有数学专业背景又具有小学数学教学/研究背景的教师任课，教学中能够挑选一些与未来小学数学教学相关的内容进行教学。因此，学生能够将这些数学知识与小学数学中的学科知识相联系，明确了学习内容的价值和定位。此外，不难发现，学生们对于“实践取向”类课程内容的价值较为认可，认为它是面向教学的数学知识的重要来源。

小学数学职前教师面向教学的数学知识现状

基于专家团队对测查试卷数据的评判，通过率为 60%视为及格，表示职前教师的相关知识较为满意。通过单因素方差分析的结果显示，不同年级的职前教师在数学课程知识 ($F = 24.99$, $p < 0.01$)、数学知识($F = 16.35$, $p < 0.01$) 以及教学内容知识($F = 25.23$, $p < 0.01$) 上的得分均有显著差异。小学数学职前教师在数学课程知识、数学知识水平方面均呈现出随着年级的升高而逐渐提高的趋势。

数学知识水平总体一般　基于调查数据分析发现，被调研两所大学的小学数学职前教师的专业知识整体状况未达到理想预期，他们在数学学科知识方面的通过率为 0.59。职前教师在小学数学三个知识领域上的表现相差不大，在数与代数和统计与概率方面的通过率均为 0.60，而在空间与图形部分的通过率为 0.57，掌握水平稍差。对于不同认知水平的数学知识的掌握情况的分析结果显示，小学教育专业的职前教师在理解水平上表现最好，通过率为 0.78，在识记水平上的通过率为 0.57，而在应用水平上的表现最差，通过率为 0.53。

对不同年级的职前教师在数学学科知识上的表现进行深入分析的结果显示，不同年级的职前教师在数与代数、统计与概率两个领域的数学学科知识有显著的差异（$F=13.92$，$p<0.01$；$F=19.32$，$p<0.01$）。不同年级的职前教师在识记和理解两个认知维度上的表现没有显著差异（$F=1.81$，$p<0.78$），但是在应用维度上则有显著差异（$F=28.80$，$p<0.01$）。高年级职前教师在应用维度上的表现要显著好于低年级的职前教师，低年级的职前教师在应用维度上的表现非常差，大一的学生在应用维度上的通过率为 0.38，大二学生在该维度上的得分也仅有 0.41，说明职前课程对于师范生该方面的知识提升有所帮助。

数学教学知识水平相对较低　职前教师的数学课程知识的通过率为 0.49，无论对哪个年级的职前教师来说，他们的数学教学知识都是相对于几类知识中掌握得最差的一种知识，数学教学知识的通过率仅为 0.41。在对 PCK 任务情境题的作答结果分析中发现，职前教师主要表现为：判断和解释错误；仅强调运算规则；能指出问题，但没有抓住核心，解释含糊不清；能较清楚解释，但不能明确指出规则里面隐含的约定或者举例（具体题目中的表现如表 4）。

表 4　职前小学教师数学教学知识测评回答类型百分比（$N=241$）

	回答表现类型	师范生（%）
第 1 题	表现 1：仅强调运算规则	37.1
	表现 2：能指出问题，但没有抓住核心，解释含糊不清	28.3
	表现 3：能解释算理，但数学语言不规范	6.6
	表现 4：能较清楚解释，但不能明确指出规则里面隐含的约定	28.3
	表现 5：较完美的回答	2.8

续表

	回答表现类型	师范生(%)
第2题	表现1：判断和解释错误	20.9
	表现2：不恰当的解释	19.2
	表现3：能做出解释，但没有举反例	28.9
	表现4：较完美的回答	1.2

虽然，我们可以看到培养课程对职前教师在面向教学的数学知识方面有促进作用，但是不难发现，在被调研单位中的职前教师在数学知识、数学教学知识方面的结果并不是非常理想，有待进一步思考改进路径，尽最大努力帮助他们积累相关知识和能力。

小学数学职前教师面向教学的数学知识的获得与提高

基于对院长、系主任、教师教育者、职前教师以及指导教师的访谈，我们分析了职前课程的设计与实施，以从实施者的角度更好地理解如何帮助小学数学职前教师获得和提高面向教学的数学知识。

1. 数学知识类课程中关照职前教师的学科思维与小学数学教学知识

注重数学学科思维培养。 Ball(1991)曾将数学学科知识分为两类：一类为数学的知识(knowledge of mathematics)；另一类为关于数学的知识(knowledge about mathematics)。前者是关于数学学科的概念性知识与程序性知识，后者是对数学学科本质的理解。因此，小学数学教师职前培养课程中数学知识部分不仅要注重学科内容知识的传授(即“是什么”的知识)，而且要关注学科本质的知识的获取(即“为什么是”的知识)。访谈中一些专业负责人表示“高深的数学知识有利于培养对学科知识本质的理解”，有助于发展职前教师的教学相关能力，并在实际教学中很好地应用(A1-2、C4-1、C6-1)。如，初等数学建模课可以培养学生用数学的视角观察生活，用数学方法解决实际问题。如果教学中能够很好地选择内容并恰当实施教学，那么就能实现这一课程目标。如在近世代数基础课关于“分类”的教学中，介绍小学数学教材中的分类概念，介绍数学中分类概念与小学数学教材中分类概念的异同，在小学进行教学时应注意的问题(D1-2)；C3-2 在访谈中提到古典概型与小学摸红白球的概率问题、微积分中极限思想与圆的面积及圆柱体积问题、根据级数理论推导出并解释 0.999…=1，等等，这些均能让职前教师充分领会数学学科知识的本质及其在小学数学教学中的应用，逐渐建立起学科信念，内化学科知识，建立知识纵横体系。一些专业负责人也表示“通过数学知识的训练，培养学生的数学观念和数学思想，通过开拓头脑中的数学空间，促进学生全面素质的发展和提高”，“建立系统的学科思维方式”，作为从事数学教学相关课程的数学教师教育者也应时刻反思自身的课程建设与实施，以期不断完善职前教师的培养工作。

建立与未来小学数学教学中学科知识的联系。 现行的课程与教学中将高深的学科知识点与小学数学教学中的相关内容建立起联系，引导学生学会把高等数学的理论运用于研究小学数学问题，“居高临下”地对小学数学内容作高观点分析。尽管如此，调研中被访学生也提出一些质疑，如：“一些课程太过高深，上课很枯燥”（A1-S2，C3-S1，C3-S3）；“考试很难受，一些题目根本不会解答”（A1-S1，A1-S3，C3-S1，C3-S4）；“压力很大”（A1-S2，C3-S1，C3-S3，C3-S5）；“完全不知道对教小学数学有何用”（C3-S1，C3-S3）。而教师回应“‘无用论’说明没教对，没教好”（A1-2，C4-1，C6-1）。当然，在课程实施中也存在一些问题，如被访者表示“我们专业有几门课压根就没开过，没人教呀”（A1-1，C2-1，C3-2，F2-1）。教师普遍反映事实上选修课中的一些课程并非根据学生的意愿开设，多数取决于是否有相应教师承担教学或者选课人数。

职前课程要服务于未来小学数学教师的专业发展。被访谈教师教育者们表示，考虑到小学教育的本质，职前教育课程必须服务于小学教师的专业发展，以满足未来教学的需求，在课程中做到理论与实践的高度融通。基于案例的学习和基于情境的反思，是专业学习强有力的工具，有利于学习者形成高度概括和简化的原理，使职前教师找到具体运用到教育教学中的策略和手段。如“小学数学教学案例研究”、“小学数学解题与研究”等基于特定内容、问题情境、案例的专题化的课程，保证学术性的系统课程与基于案例、情境和操作的模块课程相结合，保证理论知识和学术信息作为资源与教育实践有效沟通，增强课程在小学数学教学实践中的实际应用价值，保障课程具有灵活更新性、前沿前瞻性、灵活融通性和实践针对性，使职前教师的学习基于对小学数学知识、学科课程、儿童思维的认识等去选择合适的教学策略。教师教育者表示，应采用多元教学方法，开发教学资源作为学习的“脚手架”，以提升职前教师的教学技能。如A1学校的一位教授表示：

> 我认为更为关键的是如何教授这些高难度的数学知识，如何教授诸如学科教学知识这类的缄默知识，也就是教学方法，‘变教为学’，让学生以小组合作、探究学习、任务驱动等方式进行探索和发现，更深刻地理解学科本质，理解教学。（访谈，A1－3）

一些教师教育者能够基于科学研究开展相应的教学。如C3大学的C3－1教授提到他们正在进行小学数学核心知识、特定主题中学生学习错误及其教学策略的研究，这些将作为课程内容和资源与师范生讨论，帮助师范生积累小学学科知识、学生的典型知识特征表现、教学策略知识等，能够基于特定的内容和情境进行有效提取并加以有机整合应用，力求通过即时性、小型化、专题化、案例化的模块课程，通过多元化的教学策略，使职前教师在真实的教育情境和问题中，理解并内化其中的教学原理，使教学理论获得真实的、可操作的意义。

2. 基于主题式教育实践与反思，帮助小学数学职前教师整合与应用面向教学的数学知识

教育见习和实习是教育实践的核心和关键，是形成教育信念与责任，获得教育知识与能力的综合实践课，是小学数学教师职前教育的重要环节。通常一名实习教师由一名大学指导教师和一名小学数学教师共同担任导师，在双导师的指导下，运用所学的知识并带着一定的问题，观察和参与学校的教育、小学数学教学过程，如课堂教学观摩、批改学生作业、参与教研、参与班级管理、共同设计教学、组织学生活动、互相听课评课、主题研讨与反思等。职前教师多基于特定主题式的方式开展教育实践，职前教师每周聚焦1～2个主题，并试图解决相关的问题，如在备课时应关注哪些要点、如何指导小组学习、如何教授乘法、如何基于特定学生设计数学任务等。通过实践——认识——再实践——再认识的螺旋式上升模式积累教育教学经验，批判性地分析与思考教育教学，在问题中产生寻求自我完善的内在动力，克服“现实挫折”，建立专业自信。

反思与启示

2011 年 10 月，中国教育部正式颁布了《教师教育课程标准（试行）》，它是中国教育史上第一部关于教师教育课程的国家标准，体现了国家对教师教育课程的基本要求，是制定教师课程方案、编写教材、建设课程资源以及开展教学和评估活动的依据。2012 年 2 月，教育部颁布《小学教师专业标准（试行）》，明确了一名合格小学教师的道德、知识以及能力的标准，这是中国教师专业化进程中的一个重要里程碑，进一步明确了我国小学教师的专业地位，是提升小学教师专业素养，推进我国教师队伍法制化建设的纲领性文件。随着这两个文件的出台，高师院校也随之进行相关培养方案和课程实施的调整，帮助小学教师在相应的学科教学上做好准备。基于现有的小学数学教师职前培养阶段相关知识准备现状的分析，我们在如何帮助他们更好地获得和提高面向教学的数学知识有如下思考：

职前培养应帮助小学数学职前教师丰富面向教学的数学知识的体系结构

在探究教师变量对学生成绩产生影响的元分析研究（Fennema & Franke, 1992）中，作者指出，教师所学高等数学对学生成绩产生的积极主效应仅为 10%。孟克（Monk, 1994）认为，有关教学法的课程对学生的成绩影响要比数学学科知识类课程大得多，高等数学仅和学生成绩有 0.04%的关系。这些研究均表明，教师的数学知识越多，并不意味着他们的学生将学到越多的数学知识，也并不意味着他们能够成为有效的数学教师。当然这并不是否定学科知识的重要性，学科知识与 PCK 存在显著相关，而学科知识中的知识组织与 PCK 中的对学生思维的了解是导致显著相关的主要原因。一些学者指出，职前教师培养中所学到的对学科知识的理解不同于且远远不够未来从事教学中所需的知识理解；也有一些学者的研究（Gabel, Samuel, & Hunn, 1986; Haidar, 1997; Kikas, 2004; Smith, 1999）显示，职前教师在学科知识方面依然存在迷思和错误，如若在职前培养阶段没有得到相应的澄清，将影响他们未来的教学。因此职前培养机构必须重视并不断完善数学学科知识类课程，以保证职前教师能够掌握并很好地理解从事有效数学教学所需的必要的数学知识。

小学数学职前教师的课程实施中应重视数学教学知识学习及其适切的教学方法

教学内容知识是教师专业发展的重要标志，也是教师教育培养工作的一个有力切入点(Shulman，1986)，有助于提升教师的专业素养，进而提高教学质量。本调查中A1、C3两校职前教师的数学教学知识表现欠佳，促使我们反思师范院校相关专业课程的设计与实施，教师教育者应意识到教学内容知识的功能与价值，避免“学术”与“师范”培养分离。已有研究也表明，职前教师课堂教学基本功严重欠缺，现代教育技术能力低，创新与科研能力不足，教育教学组织管理能力差(张杰，2011)，综合学科知识不足(马云鹏等，2008)，学科知识结构、学科思想方法和概念构架等知识能力不强(邵志豪、袁孝亭，2011)，知识结构不够完整，水平较低；学科知识与教学知识没有统整；对学生的理解不足；教学策略不够适切(Gess-newsome，1999；李琼等，2006；Veal & Kubasko，2003)。这些不足均与教学内容知识有关。

教学内容知识是有效教学的关键，它影响着教师与学生有效沟通学科知识，拥有良好教学内容知识的教师能灵活运用适当的教学策略和表征将学科知识的意义传送给学生，让学生明白学科知识的意义(Driver & Scott，1996；Osborne & Wittrock，1983；Posner等，1982；Wang，Duan，& Zhang，1998)，促进学生的学习(Magnusson，Krajcik，& Borko，1992)。因而建议将此类知识作为小学数学职前教师教育和专业发展的重中之重。在教师教育课程设置中应注重与学科教学知识相关内容的培养，引导教师和教师教育者重视教学内容知识的功能与对教学的意义，有效地探索并教授教学内容知识，帮助教师“学习如何教学”。

基于实践取向的策略，学习面向教学的数学知识

教师专业素养是一种根植于教学情境的实践表现(徐斌艳，2008)，情境化的学习是教师专业发展的有效路径(Darling-Hammond，2005)。“实践取向”是《教师教育课程标准》(中国教育部，2011)的基本理念之一，要求教师教育者必须具有相关实践背景，实践基地的指导教师必须具有充足的实践资源。

对职前教师而言，较为重要的是在培养阶段整合相关理论与实践的知识，深刻理解的同时能在课堂教学中有效使用。为此，职前培养应帮助职前教师将小学数学学科知识与学生学习的相关理论，以及基于此的教学策略知识联合起来，基

于小学数学中的特定主题或重要领域，来发展教师的教学内容知识。此外，职前教师应拓展并整合不同领域的学科知识，建立学科知识点之间的联系，形成知识串和知识群，积累数学核心主题内容的教学策略与表征方式，并关注教学经历对 PCK 的作用。

此外，在教学设计与实施过程中注重融入学科教学的最新动态与成果，注重相关知识的及时更新，如 2011 年末国家完成义务教育阶段的数学课程标准修订，一些被访教师提到学院开设了相关的专题讲座进行解读，帮助学生更好地把握小学数学教学的方向。

多方协作提升职前教师面向教学的数学知识质量

职前培养的教学质量受制于教师对课程的理解、准备及实施。在我们对教师教育者、基础教育见习实习单位相应负责人、职前教师的访谈中，受访者普遍反映，总体来看，目前来教育实习的师范生以及新入职的应届毕业生在数学教学方面没有获得充分的知识与技能，特别是关于小学数学教学的理论与实践的知识储备与应用有待进一步提升。建议可以尝试如下途径展开：

充分整合资源，注重教学团队打造。如 A1、C2、C3、D2 等多个专业负责人表示，一些实践性较强的课程聘请具有一定资历的一线教师来进行讲授，C3 大学的“小学数学课程标准与教材分析”和“小学数学教学法”课都邀请小学数学名师或研究员参与专题授课，这些教师均是博士候选人或是博士，且教龄在 10 年以上，始终致力于小学数学教学和研究，经验丰富，深受学生喜爱，有助于学生整体把握数学课程知识，建构学科知识网络。

基于教育信息技术，共享教学资源。一些学校的课程正在尝试以慕课的形式展开，校际间的特定课程可以通过在线学习的方式，互认学分，资源共享，提供多元的学习机会，弥补校际间教学质量的差别。如 C3 大学“小学数学课程标准与教材分析”由大学教授、小学数学相关教学和研究人员共同完成。

利用校际合作，互惠互利。大学指导教师和小学指导教师从不同角度共同帮助职前教师学习教学。调查中显示，教育实践被职前教师认为是数学教学相关知识的重要来源。因此，我们应更加重视见习和实习环节的质量。建立职前实践“三角式”合作指导形式，通过对专业实践、特定的教学策略的反思，帮助职前教师将学科知识与具体教学中所用的知识和教学经验结合起来，并通过集体反思、专业学习共同体等方式凝练集体的经验，提升个人的专业知识。一些学校为了给小学中的在职教师更多的发展时间和空间，采用“顶岗实习”的方式进行实践，即小学中选派一些在职教师参加集中培训，进行专业化的提升与发展，这些空出来的岗位由职前教师顶替，既能够为教师发展提供时间的便利，也能够为职前教师提供更多实践机会。

职前课程应关照小学生发展，深入理解小学生的数学学习

“儿童是教育的起点与归宿，教师专业归根结底是研究儿童的专业。因此，认识何为儿童，何为儿童的学习，何为儿童的发展，应当成为教师教育研究的主题。”(钟启泉，2008)小学数学教育价值的实现需要具有能够走向学生成长世界的小学数学教师。小学数学教师除了担负促进小学儿童的身体的健康发育和培育小学儿童具有良好的学习品质、心理品质、智慧品质和社会品质等普遍意义的重任外，作为合格的小学数学职前教师，也应该在学科教学的理论与实践的学习中，研究儿童的身心发展特点，特别是儿童的数学认知与学习的特点，研究儿童如何学习数学、如何建构数学知识和发展相关技能，树立正确的儿童观、教师观、教育观和学习观。加强对“学生的学习”的学习，研究学生的学习，将成人数学转化成儿童数学，在学科知识与学生之间建立桥梁，“剪裁”课程，以适合学生的“体征”。

教育心理学家奥苏贝尔(Ausubel 等，1968)也指出，影响学习的唯一最重要的因素就是学生已经知道什么；学生的迷思概念、学习困难等相关因素影响教学的计划、决策与实施，需要教师重点考量(Koirala, Davis, & Johnson, 2008；卢锦玲，2008; Park & Oliver, 2008)。因此，在小学数学职前教师培养中应以小学生的发展作为课程设计与实施的逻辑起点，充分积累关于小学生学习数学知识的相关知识(如特定内容的先在知识、迷思概念、学习困难、典型错误、学习需要等)。

培养终身学习与反思的能力，促进面向教学的数学知识的可持续发展

终身学习与反思能力是小学数学教师职前培养的重要目标。随着各国教师教育改革，美、日、英等国均在其教师教育相关文件中体现出努力培养教师的终身学习能力诉求及其重要性。我国《国家教师专业标准(试行)》(中国教育部，2012)中也明确指出教师唯有实践、反思、再实践、再反思，将知识、理论和对学生的了解，都融为对教育的个体认知，不断提高专业能力，才能走进孩子，读懂孩子，提高对学生的理解。

教师的形象已由教书匠走向反思性教学专家，更注重专业素养。职前培养应为教师终身可持续发展奠基。被访的专业负责人和小学的教育主管人员普遍反映“自主发展的意识和能力、反思的意识和能力、研究能力以及善于合作的态度和能力，是影响教师素质发展水平的重要因素，是教师可持续发展能力的基础”。而反思对于专业发展来说至关重要，是教师专业可持续发展的有效途径（Driel, Jong, & Verloop, 2002; Loughran, Mulhall, & Berry, 2004; Tuan, Chang, Wang, & Treagust, 2000）。波斯纳（Posner）曾给出教师成长公式，即“经验＋反思＝成长”。已有许多学者的研究证实教师在反思与教育实践中更有利于教学内容知识的形成与发展（Shulman, 1987; Veal, 1999; Van Driel & Berry, 2012）。为此，小学数学教师职前课程设计与实施中应加强职前教师在实践中的感悟、理解、反思、建构与积累，进而形成专业的思考态度和思维方式，培养职前教师自主学习的意愿和能力，为他们创造自主学习的实践机会和条件，培养具有一定理论底蕴和研究能力的“反思性实践者”。

致谢

感谢林智中教授、黄荣金教授、李业平教授在本文写作过程中的指导与帮助，也感谢丁锐在本文资料准备和张博伟、朱思佳在翻译过程中提供的帮助，更要感谢为本研究接受访谈、分享经历、提供数据支持的参与者们。感谢国家社会科学基金（CHA130167）和东北师大社科基金（No. 13QN008）的资助。

注释

1　通过率由平均分除以满分获得。

2　编码规则：按照获批国家级特色专业的批次，A1 表示第一批编号为 1 的学校，C4 表示第三批中编号为 4 的学校，以此类推。A1－1 表示是 A1 学校中 1 号被访谈教师，A1－S2 表示 A1 学校中 2 号被访学生。

3 高等学校特色专业建设点(简称"特色专业"),是教育部、财政部根据《教育部财政部关于实施高等学校本科教学质量与教学改革工程的意见》(教高[2007]1号)的总体安排,自2007年起每年经过网上公示和专家评审程序批准一些特色专业,旨在优化专业结构,提高人才培养质量,鼓励办出专业水平和特色。小学教育专业第一批(2007年)获批2个,第三批(2008年)获批6个,第四批(2009年)获批5个,第六批(2010年)获批3个。

4 一些学校选修课中有限定选修课(对于数学方向相当于必修),一些属于任意选修,因此进行相应的归类整理。其中C3、C5、D1、F1、F2几个学校有较多学分的选修课(20~39学分不等),此部分的分析先将课程进行分类,再按照比例分配,进行统计分析。

参考文献

An, S., Kulm, G., & Wu, Z. (2004). The pedagogical content knowledge of middle school mathematics teachers in China and the US. *Journal of Mathematics Teacher Education*, 7, 145-172.

Anderson, L. W., & Krathwohl, D. (2000). *A taxonomy for learning, teaching, and assessing: A revision of Bloom's taxonomy of educational objectives*. Boston, MA: Allyn and Bacon.

Ausubel, D. P., Novak, J. D., & Hanesian, H. (1968). *Educational psychology: A cognitive view*. New York, NY: Holt, Rinehart and Winston.

Ball, D. L. (1991). Research on teaching mathematics: Making subject-matter knowledge part of the equation. In J. Brophy (Ed.), *Advances in research on teaching* (pp. 1-8). Greenwich, CT, U. S. A.: JAI Press.

Ball, D. L., Thames, M. H., & Phelps, G. (2008). Content knowledge for teaching: What makes it special? *Journal of Teacher Education*, 59, 389-407.

Bloom, B. S., Engelhart, M. D., Furst, E. J., Hill, W. H., & Krathwohl, D. R. (1956). *Taxonomy of educational objectives: The classification of educational goals. Handbook I: Cognitive domain*. New York, NY: David McKay Company.

Borko, H., & Livingston, C. (1989). Cognition and improvisation: Differences in mathematics instruction by expert and novice teachers. *American Educational Research Journal*, 26, 473-498.

Darling-Hammond, L., & Baratz-Snowden, J. C. (2005). *A good teacher in every classroom: Preparing the highly qualified teachers our children deserve*. San Francisco, CA: John Wiley & Sons.

丁锐，马云鹏，王影. 小学教育专业师范生数学教师知识的状况及来源分析[J]. 东北师大学报(哲学社会科学版)，2012(04)：194 - 199.

Driver，R. and Scott，P. H. (1996). Curriculum Development as Research：a Constructivist Approach to Science Curriculum Development and Teaching. In D. F. Treagust，R. Duit and B. J. Fraser (Eds.)，*Improving Teaching and Learning in Science and Mathematics* (pp. 94 - 108). New York：Columbia University Teachers College Press.

范良火. 教师教学知识发展研究[M]. 上海：华东师范大学出版社，2003：45 - 50.

Fennema，E.，& Franke，M. L. (1992). Teacher knowledge and its impact. In D. Grouws (Ed.)，*Handbook of research on mathematics teaching and learning* (pp. 147 - 164). New York，NY：Macmillan.

Gabel，D.，Samuel，K. and Hunn，D. (1986). Understanding the Particulate Nature of Matter. *Journal of Chemical Education*，64(8)，695 - 7.

Gess-Newsome，J.，& Lederman，N. G. (1999). *Examining pedagogical content knowledge*. Boston，MA：Kluwer Academic Publishers.

Grossman，P. L. (1990). *The making of a teacher：teacher knowledge & teacher education*. New York，NY：Teachers College Press.

Haidar，A. H. (1997). Prospective Chemistry Teachers' Conceptions of the Conservation of Matter and Related Concepts. *Journal of Research in Science Teaching*，34，181 - 97.

韩继伟，马云鹏，赵冬臣，黄毅英. 中学数学教师的教师知识来源的调查[J]. 教师教育研究，2011(3).

Hargreaves，A. P.，& Shirley，D. L. (Eds.). (2009). *The fourth way：The inspiring future for educational change*. Thousand Oaks，CA：Corwin Press.

何彩霞. 对化学教师学科知识结构的测评与思考[J]. 化学教育，2001(5)：22 - 25.

Hill，H. C.，Ball，D. L.，& Schilling，S. G. (2008). Unpacking "pedagogical content knowledge"：Conceptualizing and measuring teachers' topic-specific knowledge of students. *Journal for Research in Mathematics Education*，39，372 - 400.

Kennedy，M. (1998). Ed schools and the problem of knowledge，In J. D. Raths & A. C. McAninch(Eds.)，*Advances in teacher education：What counts as knowledge in teacher education?* (pp. 29 - 45). Stamford，CT：Ablex.

Kikas，E. (2004). Teachers' Conceptions and Misconceptions Concerning Three Natural Phenomena. *Journal of Research in Science Teaching*，41，432 - 48.

Kilpatrick，J.，Swafford，J.，& Findell，B. (2001). *Adding it up：Helping children learn mathematics*. Washington，D C：The National Academies Press.

Koirala，H. P.，Davis，M.，& Johnson，P. (2008). Development of a performance assessment task and rubric to measure prospective secondary school mathematics teachers' pedagogical content knowledge and skills. *Journal Math Teacher Education*，11，127 - 138.

李琼，倪玉菁，萧宁波. 小学数学教师的学科教学知识：表现特点及其关系的研究[J]. 教育学报，2006(04)：58－64.

林崇德等. 教师素质的构成及其培养[J]. 中国教育学刊，1996(6)：16－22.

Loughran，J.，Mulhall，P.，& Berry，A.（2004）. In search of pedagogical content knowledge in science：Developing ways of articulate and documenting professional practice. *Journal of Research in Science Teaching*，41(4)，370－391.

卢锦玲. "沪港两地小学数学教师专业知识缺失"的比较研究[D]：[博士学位论文]. 上海：华东师范大学，2008.

Ma，L. P.（1999）. *Knowing and teaching elementary mathematics*. Mahwah，NJ：Lawrence Erlbaum Associates.

马云鹏，解书，赵冬臣，李业平. 小学教育本科专业培养模式探究[J]. 高等教育研究，2008(4)：73－78.

马云鹏，赵冬臣，韩继伟. 教师专业知识的测查与分析[J]. 教育研究，2010，31(12)：70－76，111.

Magnusson，S.，Krajcik，J.，& Borko，H.（1999）. Nature，sources，and development of pedagogical content knowledge for science teaching. In J. Gess-Newsome & N. G. Lederman（Eds.），*Examining pedagogical content knowledge*（pp. 95－132）. Dordrecht：Kluwer Academic Publishers.

Marks，R.（1990）. Pedagogical content knowledge：From a mathematical case to a modified conception. *Journal of Teacher Education*，41，3－11.

McDiarmid，G. W.，Ball，D. L.，and Anderson，C. W.（1989）. Why staying one chapter ahead doesn't really work：Subject-specific pedagogy. In M. Reynolds（Ed.），*The knowledge base for the beginning teacher*（pp. 193－205）. Elmsford，NY：Pergamon.

中国教育部. 义务教育数学课程标准(实验稿)[M]. 北京：北京师范大学出版社，2001.

中国教育部. 教师教育课程标准[S]. 教师[2011]6号，2011－10－8.

中国教育部. 国家教师专业标准(试行)[S]. 教师[2012]1号，2012.

Monk，D. H.（1994）. Subject area preparation of secondary mathematics and science teachers and student sachivement. *Economics of Education Review*，13(2)，125－145.

Moreno，J. M.（2005）. *Learning to teach in a knowledge society*（*Final Report*）. Washington，DC：The World Bank.

Osborne，R. and Wittrock，M.（1983）. Learning Science：a Generative Process. *Science Education*，67，489－508.

Park，S.，& Oliver，J. S.（2008）. Revisiting the conceptualisation of Pedagogical Content Knowledge (PCK)：PCK as a conceptual tool to understand teachers as professionals. *Research in Science Education*，38(3)，261－284.

Posner，G.，Srike，K.，Hewson，P. and Gertzog，W.（1982）. Accommodation of a Scientific Conception：Toward a Theory of Conceptual Change. *Science Education*，66，211－227.

Sahlberg, P. (2011). The fourth way of Finland. *Journal of Educational Change*, 12(2), 173 - 185.

邵志豪,袁孝亭.注重学科思维训练的地理教学研究[J].东北师大学报(哲学社会科学版),2011(03):262 - 264.

Shulman, L. S. (1986). Those who understand knowledge growth in teaching. *Educational Researcher*, 15(2), 4 - 14.

Shulman, L. S. (1987). Knowledge and teaching: Foundations of the new reform. *Harvard Education Review*, 1, 1 - 22.

Shulman, J. H. (1992). *Case methods in teacher education*. New York, NY: Teachers College Press.

Simon, A. M. (1997). Developing new models of mathematics teaching: An imperative for research on mathematics teacher development. In E. Fennema & B. Scott-Nelson (Eds.), *Mathematics teachers in transition* (pp. 55 - 86). Mahwah, NJ: Lawrence Erlbaum Associates.

Smith, D. C. (1999). Changing our Teaching: the Role of Pedagogical Content Knowledge in Elementary Science. In J. Gess-Newsome and N. G. Lederman (Eds.), *Examining Pedagogical Content Knowledge: the Construct and its Implications for Science Education* (pp. 163 - 197). Dordrecht: Kluwer Academic Publishers.

Tuan, H., Chang, H., Wang, K., & Treagust, D. F. (2000). The development of an instrument for assessing students' perceptions of teachers' knowledge. *International Journal of Science Education*, 22(4), 385 - 398.

Van Driel, J. H., & Berry, A. (2012). Teacher professional development focusing on pedagogical content knowledge. *Educational Researcher*, 41(1), 26 - 28.

Van Driel, J. H., Jong, O. D., & Verloop, N. (2002). The development of preservice chemistry teachers' pedagogical content knowledge. *Science Education*, 86(4), 572 - 590.

Van Driel, J. H., Verloop, N., & de Vos, W. (1998). Developing science teachers' pedagogical content knowledge. *Journal of research in Science Teaching*, 35(6), 673 - 695.

Veal, W. R., & Kubasko, D. (2003). Biology and geology teachers' domain-specific pedagogical content knowledge of evolution. *Journal of Curriculum and Supervision*, 18(4), 334 - 352.

Veal, W. R., Tippins, D. J., & Bell, J. (1999). The evolution of pedagogical content knowledge in prospective secondary physics teachers. *ERIC*. ED443719. 41. Retrieved from https://eric.ed.gov/?id=ED443719.

Wang, G. H., Duan, X. L., & Zhang, H. B. (1998). Middle school students' perceptions of science teachers' subject teaching. *Journal of Science Education*, 12, 363 - 381.

解书.小学数学教师学科教学知识的结构及特征分析[D]:[博士学位论文].长春:东北师

范大学,2013.
徐斌艳. 教师专业发展的多元途径[M]. 上海：上海教育出版社. 2008.
张杰. 职前教师专业能力培养的现状、问题与对策研究[J]. 现代教育科学,2011(05)：15 - 18.
钟启泉. 我国教师教育制度创新的课题[J]. 北京大学教育评论,2008(03):46 - 59.

6. 中国的中学数学教师培养

吴颖康[1]　黄荣金[2]

引言

教师在学生成长和发展中所起的重要作用已经被广泛认同。例如，畅销书《世界是平的》(Friedman，2005)的作者指出，当前最重要的生存能力是学习如何学习的能力，学习如何学习的最佳办法是热爱学习，而热爱学习的最佳办法是有伟大的教师激励你热爱学习。在中国，教师是受人尊重的职业，教师被看作人类灵魂的工程师。职前教师教育传统上被称作"师范教育"，"师"的意思是教师，而"范"的意思是榜样示范。"学高为师，身正为范"这句话定义了教师教育的目标和作为教师的特质。事实上，这句话是中国很多师范大学和师范学院用以激励未来教师的箴言警句。

中国师范教育制度的建立和发展已有数十年的历史(Huang，Peng，Wang，& Li，2010)。为培养能适应21世纪新课程改革要求的教师，中国中央政府发布了一系列官方文件，具体包括《教师教育课程标准(试行)》(中国教育部，2011a)、不同学段的教师专业标准(中国教育部，2012)、《中小学教师资格考试暂行办法》(中国教育部，2013a)和《中小学教师资格定期注册暂行办法》(中国教育部，2013b)。这些文件不仅强调了教师教育的重要性，而且提供了改进教师教育质量的机制和策略。根据TIMSS研究(Mullis，Martin，Ruddock，O'Sullivan，& Preuschoff，2009)的课程框架，本章旨在从期望课程和获得课程两个方面考察中国中学数学教师培养方案的特点。具体而言，本章试图回答以下三个研究问题：

(1) 就《教师教育课程标准(试行)》和某师范大学的具体教学大纲来看，中国

---

① 吴颖康，华东师范大学数学科学学院。
② 黄荣金，美国中田纳西州立大学数学系。

中学数学教师的培养方案有什么特征?

(2) 从《国家中学数学教师资格考试大纲》(中国教育部,2011b)来看,做一名中学数学教师的要求是什么?

(3) 从一次关于用于代数教学所需知识的调查来看,未来数学教师的教学知识有什么特征?

问题(1)和(2)的回答将会描述与《教师教育课程标准(试行)》和《全国中学数学教师资格考试大纲》相符的改革型的教师教育方案提出的期望。问题(3)的回答将会提供现行教师培养大纲下未来中学数学教师的内容知识方面的信息。

背景和理论思考

本节包括两部分内容。首先,我们简单地介绍中国传统数学教师培养大纲的相关研究发现;其次,我们概述用于教学的数学教师知识的理论视角。

传统数学教师培养大纲的特点

中国职前中学教师的培养大纲是专门化的、基于学科的(丁钢等,2014)。中国高等师范院校师范生培养状况的调查结果(丁钢等,2014)指出,包括学科教育课程在内的教育类课程的学分在不同的师范院校所占的比例是10%到30%,明显低于专业类课程所占比例。这一结果与中国中学数学教师培养重视数学内容知识,从而为师范生打下坚实的学科知识基础和提高问题解决能力,而较少关注教学法知识和教育实习的经历相一致(Li, Huang, & Shin, 2008; Li & Huang, 2009; Yang, Li, Gao, & Xu, 2012)。

这一传统的教师培养方式受到挑战。上述的全国调查进一步指出,参与调查的师范生在学习教育类课程上所花费的时间和精力要少于专业类课程。而参与调查的来自用人单位的管理人员指出师范生最需要加强的是教学能力,尽管他们对目前的师范生培养大纲总体上是满意的(丁钢等,2014)。这一研究发现与培养数学师范生的研究结果相一致。从对来自中国5所不同师范院校的392名数学师范生的MKT的调查问卷发现(庞雅丽,2011),这些师范生在数学内容知识上的表现要显著好于他们在数学教学知识、特定内容知识和内容与学生的知识上的表现，而且他们在内容与教学上的知识非常有限。基于问卷和访谈的结果，樊靖(2013)指出来自某省级师范大学的中学数学师范生缺少中小学数学课程的知识和学生的知识。闫李铮(2014)通过调查分析了64位中学数学师范生发现、解释和改正学生在解决数学问题中出现错误的能力，他发现尽管大部分师范生能够发现这些错误，但是只有30%的师范生能够精确且深入地解释这些错误，20%的师范生能够运用恰当的教学手段帮助学生改进这些错误。上述研究发现表明，中学数学师范生可能并没有获取足够的用于数学教学的学科教学知识。这可能反映了目前中国中学数学师范生培养中“重内容轻教学”的实践做法。因此，非常有必要重新思考，该如何培养中学数学师范生使其能获取充足的用于教数学的知识。

用于教学的数学知识的理论视角

在过去的30年里，关于教师需要具备什么样的知识的讨论引起广泛关注。在阐述教学知识的构成要素时，舒尔曼(Shulman，1986)引入教学内容知识(PCK)、学科知识(SMK)和课程知识的概念。跟随舒尔曼的想法，在数学教育领域中许多研究(例如，Ball，Thames，& Phelps，2008；Baumert等，2010)试图对SMK和PCK进行定义、理论化和测量，同时探讨数学教师知识与学生学习之间的关系。研究发现，尽管没有充分的学科知识，教学内容知识不可想象，但是学科知识不能代替教学内容知识(Adler & Venkat，2014)。因此，学科知识和教学内容知识在数学教学中都不可缺少。这就形成了一个被广泛接受的结论，即学科知识和教学内容知识都应被纳入教师教育。

在职前教师教育中，除了提供SMK、PCK等理论知识外，为熟练教学实践做好准备也非常重要(Ball，2013；Cohen，2014)。例如，Ball(2013)在数学课堂教学中提出了一些关键的教学实践，如激发和诠释学生的思维、解释和模型化核心内容，以及在数学课堂教学中形成和提出问题。这种观点源于教师知识的本质，即教师知识具有情境性、缄默性、个性化和实践性(邵光华，2011)。教师应从自己的教学经验中学习怎样教学，而不是将他们的理论知识简单地应用于学校教学实践。在情境化的教学环境中，他们经历了寻找教学策略去处理问题的过程，这个过程发生在把理论知识和情境进行整合的特殊教学时刻。这样一来，教师可以通过实际的教学过程来建构、发展和论证自己的教学实践知识(邹斌、陈向明，

2005)。张奠宙(2005)提出数学有3种形态：原始形态、学术形态和教育形态。以严谨演绎和逻辑推理为特点的学术形态，简洁而冰冷，把原始、火热的思想淹没在形式化的海洋里。教育形态下，数学是令人振奋、有趣、美丽和容易接受的。把数学的学术形态转化为教育形态是所有教师的职责。虽然教学的理论知识可以为数学的学术形态和教育形态提供信息，但它无法充分地说明如何进行这种转变。这种实践知识可以通过反思自身教学实践来实现。

由上述讨论可见，包括学科知识、教学内容知识和教学实践训练在内的理论知识是教师培养计划的重要内容。教学理论知识是熟练教学实践的前提，而教学实践为发展个性化、情境化的教学实践知识提供了平台。

此外，为了更深入地了解职前教师在完成前三年或四年的教师培养计划后所取得的成绩，我们报告了关于教师代数教学知识的发现，这项研究结果是基于对一个更大型的研究所得数据的二次分析得到的(Huang, 2014)。因为代数是学校数学的重要组成部分(NCTM, 2000; NMAP, 2008)，研究人员提出不同的模型来定义教师在代数教学中的知识(如，Artigue, Assude, Grugeon, & Lenfant, 2001; Even, 1993; Ferrini-Mundy, McCrory, & Senk, 2006)。具体来说，弗里尼-芒迪和她的同事(Ferrini-Mundy等，2006)已开发了一个描述数学代数教学知识的框架。根据这个模型，代数教学知识包括三种类型：学校代数知识、高等代数知识和代数教学知识。学校代数知识指的是美国K－12课程中包含的代数知识，包括两个主题：(1)表达式、方程/不等式；(2)函数及其性质。高等代数知识包括与学校代数有关的微积分和抽象代数。代数教学知识是指典型错误、对学校代数知识的规范使用，以及课程中的主题轨迹。这一框架为Huang(2014)代数教学知识调查的设计提供了依据。

中学数学教师的培养大纲：来自教师教育课程标准的分析

《教师教育课程标准(试行)》(简称为《课程标准》)由中国教育部于2011年10月颁布。它是我国第一个教师教育课程标准。本文件规定了从幼儿园到中学的职前教师教育课程，不包括教师教育课程的其他两个组成部分，即学科内容课程和公共基础课程知识。它阐明了教师教育的目的、教育课程结构和学分要求，没有指定具体的教师教育课程，它旨在为教师培养设定教育课程的基本要求。根据文件，教师教育机构可以根据课程标准建立自己的教师教育方案。以下各节分别介绍中学教师培养的基本理念、目的、课程结构和学分要求。

基本理念和目的

教师教育课程的核心价值是促进教师专业发展（中国教育部，2013c）。为实现这一核心价值，教师教育课程应遵循**育人为本、实践取向、终身学习**三大基本原则。建立这三大原则是为了解决目前教师教育课程中的问题。**育人为本**指的是尊重学生、理解学生、关心学生的理念，表明教师教育课程的重心已从基础教育知识和理论转向学生及其学习和发展。**实践取向**关注当前教师教育课程实践性训练薄弱这一症结。它强调实践知识在教学中的重要性，明确实践知识与理论知识在教学中的联系，强调教师教育课程需要从实际教学实践中解决问题。**终身学习**是指教师作为专业人员，需要不断学习和发展，教师教育课程需帮助教师成为独立、主动、终身的学习者。

课程内容的设置有纵横两个维度，纵向指的是从幼儿园到中学水平；横向指的是**教育信念与责任、教育知识与能力、教育实践与体验**。每个方面都包括特定的目的和需求。总之，职前教师应树立正确的学生观、教师观、教育观，掌握用于理解教育学生和自我发展的知识和技能。他们还需要在观察教学、实施教学和研究教育实践方面获得经验（中国教育部，2011a）。不同学段目的的陈述在本质上是相同的，只是在详细需求的描述上略有不同。针对中学教师，全面、系统、扎实的与所教学科相关的内容知识获得重点关注。

中学教师培养课程的结构和学分要求

《课程标准》中的教师教育课程结构具有模块化、选择性和实践性的特点。教师教育课程具体包含六个学习模块，不同学段的模块分类相同。在六个学习模块中，只有两个模块是与学科相关的，即学科教育与活动指导、教育实践，其他四个模块——儿童发展与学习、教育基础、心理健康与道德教育以及职业道德与职业发展，均以通识教育和教育学为基础。这说明教学内容知识在课程标准中并没有得到足够重视。

教育实践要求持续18周，包括见习和实习，比目前的常见安排要长得多。这种变化一方面表明对教师专业发展中发挥作用的实践性知识的重要性的充分认识，另一方面也表明教师教育机构明确见习与实习的指导方针、指导职前教师如何观察和借鉴经验教师的课堂教学，以及如何对自身的教学实践进行反思等相关要求的必要性和紧迫性。

在不考虑教育实践学分的情况下，《课程标准》建议3年制和4年制教育课程的学分要求分别为12分和14分。一个学分需要18节课，一节课通常是45分钟。根据调查结果(教育部，2013c)，3年制教师培养计划和4年制教师培养计划的平均总学分分别为127分和164分。虽然《课程标准》仅涉及教师教育课程，未关注学科内容和公共基础课程，但是我们可以从教师教育课程的学分建议来了解教师教育课程与其他两类课程之间的平衡。这意味着教师教育课程仍然只占教师毕业所需总学分的一小部分。

某中学数学教师培养计划的实例

为全面了解中学数学教师的课程要求，并将《课程标准》中建议的教师教育课程与目前在教师教育机构推行的教师教育课程进行比较，表1给出了中国一所著名师范大学4年制中学数学教师的培养计划。选择这所师范大学的原因是它的数学教师培养计划在中国被认为是优秀的，这使得所选培养计划代表中国具有较高质量的培养计划。

表1所示的中学数学教师培养计划自2012年开始实施。毕业总共需要156个学分。在所需的总学分中，60分(38.4%)由通识基础课程组成，72分(46.2%)由数学专业课程组成，24分(15.4%)反映教师教育课程。数学课程的学分是教师教育课程的3倍，说明在中学数学教师的培养中，数学专业知识非常重要。这与其他文献中指出的我国中学数学教师培养的特点相一致(例如：Li, Huang, & Shin, 2008; Yang, Li, Gao, & Xu, 2009)。

进一步观察可以发现，在通识基础课程类别下，通识选修课程五个系列(6个学分)中有一个是关于教师素养的，包括教育研究方法、课堂管理、教师知识和技能的发展、教师评价等课程。这表明，如果职前教师选择教师素养系列作为选修课的话，教师教育课程的总学分可以达到30分。因此，教师教育课程的最高学分为 22 分,不包括教学实践的 8 分,高于《课程标准》中建议的 14 分。由此可见,该师范院校在培养中学数学教师方面的课程设置,比课程标准更强调教师教育课程的重要性。

对该方案中教师教育课程仔细考察后得出如下两个结论。第一,师范生实习和见习的时长为 14 周。虽然它比《课程标准》的建议短了 4 周,但是比之前要求的 6 周多了 8 周。这表明,教学实践的重要性已得到关注,并已迈出了改进的第一步。然而,是否将实习时间延长到建议周次还需更深入思考。它涉及课程安排的调整和与相关中学的合作问题。第二,无论是必修课还是选修课,该校的各类教师教育课程都相对符合《课程标准》提出的六大模块。此外,学校还开设了数学教育选修课程,包括加深职前教师中学数学的内容知识和问题解决能力的课程,例如**现代数学与中学数学**、**数学方法论**、**问题解决和数学竞赛**;与中学数学课堂教学和评估有关的课程,例如**中学数学教学设计**、**数学教学评估**、**数学教育技术**;与数学发展和演变有关的课程,例如**数学文化与数学史**。此外,一些经验丰富的中学专家型教师被邀请来给职前教师授课,具体课程包括**图形计算器与中学数学教学**、**高中数学资优生教育**等。虽然提供的数学教育课程种类繁多,但是总共只有 5 个学分的要求,而且只有数学学科教学法是唯一的必修课程。因此,虽然提供了各种学习机会,但是职前教师并没有受到足够的激励或鼓励使自己在教学内容知识方面做更充分的准备。

简而言之,虽然该培养计划体现了中国中学数学教师培养的传统特色,即强调学科知识轻视教学知识,但值得注意的是,该培养计划正朝着强调教学实践的方向发展。比较该培养计划中的教师教育课程和《教师教育课程标准(试行)》,二者在总体上具有较好的一致性,但反映出一个共同倾向,即没有充分考虑与学科相关的教师教育课程。

表 1 一份中学数学教师培养计划

课程类别	课程名称	学分
通识基础课程	英语 I, II, III, IV	12
	体育	4
	计算机基础	5

续表

课程类别	课程名称	学分
	政治思想课程，例如毛泽东思想和社会主义理论、中国历史纲要	14
	军事理论与训练	2
	就业指导	1
	汉语言文学/古典文学阅读	2
	选修课程(从五个系列中任选：语言、艺术与体育、人文、社会科学、教师素养)	6
	为师范生开设的科学课程：物理、化学、地球科学、生命科学	14
	总学分	**60**
数学专业课程	解析几何	3
	高等代数 I，II	9
	数学分析 I，II，III	15
	常微分方程	3
	经典几何	2
	复分析	3
	概率与统计	4
	抽象代数 I，II	6
	微分几何	3
	数论	3
	实分析	3
	组合学和图论	4
	数学实验	3
	数学建模	3
	毕业论文	8
	总学分	**72**
教师教育课程	教育学	2
	心理学	2
	教师口语	1
	信息技术辅助教学实践与设计	1

续表

课程类别	课程名称	学分
	微格教学	1
	见习(2周)	2
	实习(12周)	6
	师范生公选课,如学校课堂教学艺术、ICT与课程整合、学习科学的理论与实践、学生行为研究等	4
	数学学科教学法	2
	数学师范生选修课	3
	总学分	**24**
毕业需要的总学分		**156**

中学数学教师的入门要求：基于全国教师资格考试的分析

为确保教学质量，自2011年起，中国教育部在6个省份(浙江、湖北、上海、河北、广西和海南)试行了全国教师资格考试(吴伦敦、葛吉雪，2015)。根据试点考试的经验，教育部在2013年发布了《中小学教师资格考试暂行办法》。这份官方文件明确指出，全国教师资格考试是为了评估申请人是否具备成为学校教师的基本素养和能力。文件规范了资格考试的申请条件、考试内容、考试形式、实施意见，以及考试组织管理问题。国家教师资格考试对任何想成为教师的人具有强制性。

要成为中学数学教师，申请人需要参加三门笔试，即《综合素质(中学)》、《教育知识与能力(中学)》、《数学学科知识与教学能力(初中或高中)》，并经过面试。下面的篇幅讨论笔试和面试，重点是数学学科知识与教学能力考试。

综合素质

"综合素质"主要考核申请人是否具有先进的教育理念、教育和职业道德方面的法律法规、科学文化素养、阅读理解、语言表达、逻辑推理和信息处理等基本能力。该考试包括单项选择题(47%)、材料分析题和写作题(53%)，考试内容对不同学科的所有中学申请者是统一的。

教育知识和能力

这项考试旨在考核申请人在教育教学、学生指导和班级管理方面的基本知识。考试内容包括教育基础知识和基本原理、中学课程、中学教学、中学生学习心理、中学生发展心理、中学生心理辅导、中学生德育、中学生班级管理与教师心理八个模块。考试包括单项选择题(30%)、辨析题(要求先判断真假,然后给出判断理由)、简答题、材料分析题(约70%)。例如,“负强化就是惩罚”就是一道辨析题。该项考试是所有中学申请者的统一考试。

数学学科知识和教学能力

该项考试旨在考核申请人是否掌握了大学数学和中学数学的基本知识,是否能够将这些知识运用到数学教学中去,是否掌握并能够使用中学课程知识,是否具备进行数学教学的基本知识和技能。它包括五种类型的试题,即单项选择题(约27%)、简答题、解答题、案例分析题和教学设计题(约73%)。初中和高中教师资格申请人在数学知识和课程知识方面的考试内容略有不同。

表2给出了本考试的详细要求。考试内容涵盖数学知识、课程知识、数学教学知识和教学技能四个方面。数学知识要求申请者具备大学数学知识,包括数学分析、高等代数、解析几何、概率与统计等,以及所教学段的数学内容。图1展示了考试大纲中两个与数学知识相关的问题。问题1要求申请者证明一个不等式,这个不等式可以用函数的凹凸性概念来解决。函数的凹性和凸性是微积分中与导数有关的基本概念。问题2是一个开放式问题。它需要理解函数图象、建立图象和情境之间的关系、数学表达与交流能力。

表2　数学知识和教学技能考试细则

模块	初中	高中
学科知识(41%)	大学数学专业基础课程和初中课程中的数学知识	大学数学专业基础课程和高中课程中的数学知识
课程知识(18%)	熟悉初中数学课程	熟悉高中数学课程

续表

模块	初中	高中
教学知识(8%)	● 掌握讲授法、讨论法、自学辅导法、发现法等常见的数学教学方法 ● 掌握概念教学、命题教学等数学教学知识的基本内容 ● 了解包括备课、课堂教学、作业批改与考试、数学课外活动、数学教学评价等基本环节的教学过程 ● 掌握合作学习、探究学习、自主学习等中学数学学习方式 ● 掌握数学教学评价的基本知识和方法	
教学技能(33%)	● 教学设计 能够根据学生已有的知识水平和数学学习经验，准确把握所教内容与学生已学知识的联系；能够根据《课标》的要求和学生的认知特征确定教学目标、教学重点和难点；能正确把握数学教学内容，揭示数学概念、法则、结论的发展过程和本质，渗透数学思想方法，体现应用与创新意识；能选择适当的教学方法和手段，合理安排教学过程和教学内容，在规定的时间内完成所选教学内容的教案设计。 ● 教学实施 能创设合理的数学教学情境，激发学生的数学学习兴趣，引导学生自主探索、猜想和合作交流；能依据数学学科特点和学生的认知特征，恰当地运用教学方法和手段，有效地进行数学课堂教学；能结合具体数学教学情境，正确处理数学教学中的各种问题。 ● 教学评价 能采用不同的方式和方法，对学生知识与技能、过程与方法和情感、态度与价值观等方面进行恰当地评价；能对教师数学教学过程进行评价；能够通过教学评价改进教学和促进学生的发展。	

问题1(初中)：

已知 $0<x_1<x_2<x_3<\pi$，求证：$\dfrac{\sin x_1-\sin x_2}{x_1-x_2}>\dfrac{\sin x_2-\sin x_3}{x_2-x_3}$。

问题2(高中)：

根据下图编一道函数的应用题。

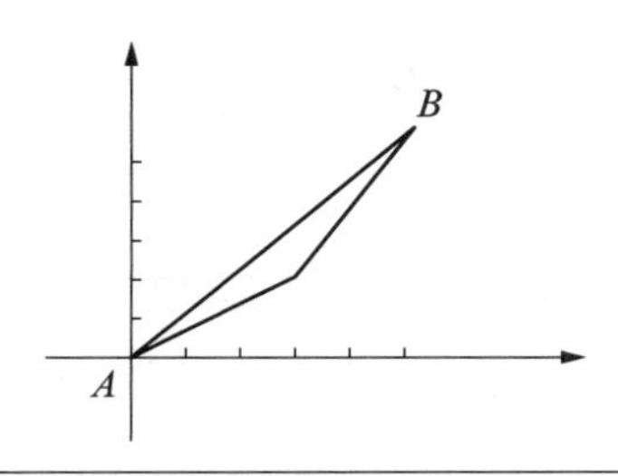

图1　数学知识的样题

图 2 给出了两个关于数学教学知识的样题，其中包含课程知识和数学教学知识和教学技能。问题 1 考查对初中数学课程的理解。问题 2 通过在同一主题下的两种不同教学设计来考查申请人的数学教学知识和教学技能，要求申请者运用与该数学主题相关的学科教学知识，对两个教学案例进行比较分析。

问题 1(初中)：
在初中数学课程中，函数内容放在代数式和方程之后教学。你对这样的安排有何看法？
问题 2(高中)：
阅读下列两个对于不等式 $ab \leqslant \frac{a^2+b^2}{2}$ 的教学活动设计，然后回答问题。
设计 1：
活动(1)：让学生分别取 a、b 为具体数值，检验该不等式是否成立。
活动(2)：在下图中讨论 ab、$\frac{1}{2}a^2$、$\frac{1}{2}b^2$ 的几何意义。
讨论(1)：下图中代表这三个式子的三个图形有怎样的关系？

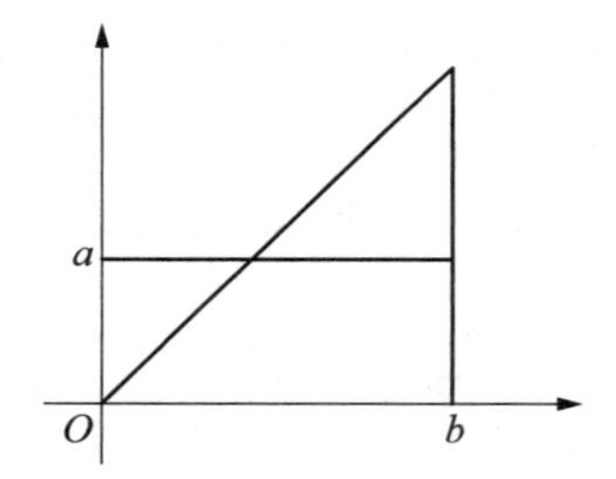

讨论(2)：该不等式何时等号成立，何时不等号成立？
活动(3)：不等式的严格证明。
讨论(3)：若有三个数：$a>0$，$b>0$，$c>0$，是否会有一个相应的不等式？
设计 2：
活动：学生分组讨论不等式的证明方法。
讨论：学生分组展示，全班讨论。
请回答如下问题：
(1) 分析设计 1 的教学设计意图。
(2) 结合本案例分析合情推理与演绎推理的关系，简述教学过程中如何引导学生经历一个由合情推理到演绎推理的过程。
(3) 对比分析两个教学设计的理念。

图 2　数学教学知识的样题

面试

笔试合格者才能参加面试。面试的目的是考查申请人的职业道德、心理素质、仪表仪态、言语表达和教学技巧。面试时间为 40 分钟，分两步进行。第一步，申请者随机抽取面试试题，试题中包括一个结构化的面试问题和一个数学试讲主题，并有 20 分钟的准备时间。第二步，申请人有 20 分钟的时间向面试官做口头陈述。具体来说，申请人有 5 分钟回答结构化面试问题，10 分钟完成抽取主题的试讲，5 分钟答辩。

结构化的面试问题非常多样化，包括课堂管理、与学生的沟通技巧、对专业教学的看法等。例如，“假设在你的班上有一个学生，他的学习成绩很差，但他在最近的一次考试中却出人意料地表现出色。他的同学认为他考试作弊。你会如何处理这种情况?”试讲的主题是从中学数学教科书中选取的，且给出了一些具体的教学要求。图 3 显示了一个示例。面试的评审标准由八个维度构成，即职业道德、心理素质、仪表仪态、言语表达、思维品质、教学设计、教学实施、教学评价。

设计一个正比例函数内容的教学设计，并进行教学实施（教科书：人民教育出版社出版数学八年级上册，11.2 一次函数）
要求：
(1) 配合教学内容适当板书。
(2) 教学过程需有提问环节。
(3) 教学中应有过程性评价。
(4) 回答以下问题：当你提出一个问题后，学生不会回答，或回答错误，你该怎么办?

图 3　面试问题的样例

综上所述，全国教师资格考试以考试内容多样、注重实践、注重专业为特点，对中学数学教师的入职条件进行了规定。根据 2011 年至 2013 年的数据（余仁胜、赵轩，2015），这三年的笔试平均通过率为 35%，面试为 70.9%。申请人只有在通过所有科目的笔试后才能参加面试。如果不通过，他们有机会重复笔试和面试。申请人只有通过笔试和面试，才能取得教师资格证书。因此，获得教师资格证书是具有挑战性的。这意味着教师的专业性，以及招聘胜任教师的承诺。

获得的面向教学的数学知识：关于职前数学教师代数教学知识的一次调查

本部分在对一项更大范围的未来数学教师教学知识研究数据（Huang，2014）进行二次分析的基础上，汇报了职前中学数学教师知识的研究发现。

方法

研究工具。基于弗洛登和麦克克罗里(Floden & McCrory, 2007)的调查问卷,本研究的工具包括17个单项选择题和8个开放题,用于测量三种类型的知识:学校代数知识(School Algebra Knowledge,简称SM, 7个题)、高等代数知识(Advanced Algebra Knowledge,简称AM, 8个题)和代数教学知识(Teaching Algebra Knowledge,简称TM, 10个题)。图4显示了测量TM的一个样题。

在一次测试中,一名学生将下列两种关系都标记为非函数:
(i) $f: \mathbf{R} \to \mathbf{R}$, $f(x) = 4$,其中 $\mathbf{R}$ 为全体实数的集合。
(ii) 若 x 是有理数,$g(x) = x$;若 x 是无理数,$g(x) = 0$。
(a) 对上述每种关系,确定它是否是一种函数关系;
(b) 如果你认为该生将(i)或者(ii)标记为非函数是错的,那么指出他可能标记错误的原因,将答案写在答题册上。

图4 测量TM的一个样题

数据收集。来自中国5所大学的376名师范生于2009年春天完成这项测试调查。该测试调查是为数学师范专业大三和大四学生设计的,用时一堂课(大约45分钟)。参与测试的数学师范生约56%是大三学生,其余44%是大四学生。

数据分析。数据分析分三个阶段:(1)数据的量化:为开放题制定用于量化的五点量规;(2)分析代数教学知识测试的题目和结构;(3)定性分析开放题:解决问题的方法或错误、灵活理解函数关系的不同视角。对于单项选择题(第1至17题),选择正确得1分,选择错误得0分。对于开放题,我们制定了一个五点量规用于评分:0分指空白或提供无用的陈述;1分意味着只提供了几个有用的陈述,没有说明正确答案的理由;2分是指回答正确,但解释或程序有重大概念错误;3分是指给出正确的答案和适当的解释或过程,但有一些小错误;4分是给出正确的答案和适当的解释和过程。

结果

代数教学知识的特点(knowledge of algebra for teaching,简称KAT)。有7题(1、3、6、14、17、19、23)涉及学校数学,8题(4、8、9、12、13、16、20、24)涉及高等数学,10题(2、4、7、10、11、15、18、21、22、25)涉及数学教学。表3列出了单项选择题的平均分和标准差(SD),并对内容进行了概述。

从表中可以看出，参与者在第1、2、3、5、8、16题和第17题上的表现最好（高于或等于90%），而在第6、9、10、11、12、13题和第15题上的表现最差（低于70%）。通过对题目内容的审视，我们发现，学生表现较好的题目与使用代数表达式表示数量关系（第1题，90%）、求表达式和函数的值（第3题，96%；第17题，96%）、解方程（第2题96%；第5题，95%）、理解图表（关于速度、时间、距离；第8题，90%）、求函数的导数和斜率（第16题，92%）等有关。以第8题为例，如图5所示，90%的参与者得到了正确的答案(B)，该题要求他们根据速度和时间的关系以及图表做出判断。

参与者在以下方面得分较低：用几何表示来表达分数和代数公式（第6题，38%）；求 $\tan x = x^2$ 的根的个数（第9题，47%）；根据直线的斜率判断直线的垂直关系（第10题，68%）；引入直线斜率概念的多种方法（第11题，63%）；数学归纳法（第13题，64%）；多种方式展开代数式 $(x+y+z)^2$（第15题，66%）。

表3　单项选择题的平均分和标准差

题目	内　　容	分数	
		平均分	标准差
1	用代数表达式表达文字问题中的数量关系	.90	.30
2	解方程 $2x^2 = 6x$（失根）	.96	.20
3	给定二次函数 $f(x)$，求 $f(x+a)$	.96	.20
4	变形 $f(x) = \log_2 x^2$	.78	.41
5	换元法解方程：$9^x - 3^x - 6 = 0$（增根）	.95	.23
6	使用矩形面积表示分数、百分比和代数式，如$\frac{3}{5}$、60%和 $a(b+c) = ab + ac$	.38	.49
7	给定两点，找出图象通过这两点的函数。	.83	.38
8	给出两车速度与时间关系图，判断两车位置	.90	.30
9	判断方程根的个数：$\tan x = x^2$	.47	.50
10	通过两条直线的斜率来判断它们的垂直关系	.68	.47
11	介绍直线斜率概念的多种方法	.63	.49
12	在不同数系中判断命题："对于 S 中的所有 a 和 b，若 $ab = 0$，则 $a = 0$ 或 $b = 0$"	.47	.50
13	数学归纳法的意义	.64	.48
14	无理方程的根：$\sqrt{x-2} = \sqrt{1-x}$（增根）	.87	.33

续表

题目	内　　容	分数	
		平均分	标准差
15	按面积关系展开代数式	.66	.47
16	求函数的导数和斜率	.92	.27
17	求复合函数的值	.96	.20

如图表示两车速度与时间的关系(设两车起点相同、行驶方向相同)。看图回答下列问题。当时间 $t=1$ 小时时,A 车和 B 车有怎样的位置关系?

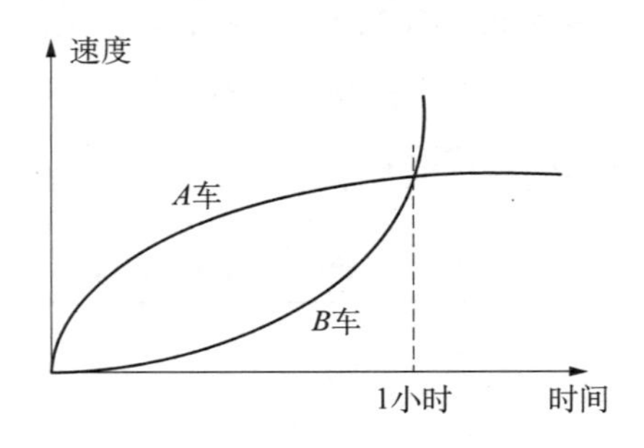

A. 位置相同　　B. A 车在 B 车前面
C. B 车正在超过 A 车　　D. A 车和 B 车相撞
E. 两车位置相同且 B 车正在超过 A 车

图 5　第 8 题

以第 6 题为例,如图 6 所示,只有 35%的参与者回答正确(E)。有趣的是,45%的参与者选择了 D。将近一半的参与者没有意识到 $\frac{3}{5}=60\%$ 这个等式可以用矩形的面积表示。这意味着参与者并不擅长将代数(算术)表达和几何表示联系起来。

第 6 题,下面哪个能用矩形的面积表示?

i. 分数与百分数的相等关系,如 $\frac{3}{5}=60\%$。

ii. 乘法对加法的分配律:
对于全体实数 a、b、c,有 $a(b+c)=ab+ac$ 成立。

iii. 二项式的平方展开:$(a+b)^2=a^2+2ab+b^2$。

A. ii　B. i 和 ii　C. i 和 iii　D. ii 和 iii　E. i、ii 和 iii

图 6　第 6 题

表 4 呈现了开放题第 18 题至 25 题(每题 4 分)和分量表 SM(13 分)、AM(14 分)、TM(22 分)以及 KAT 的平均分。

表 4　开放题和分量表的平均分

题目	内　　容	分数		
		均值	标准差	正确率
18	函数的定义和学生的迷思	2.92	1.11	0.73
19	用两种方法(代数法和图象法)解二次不等式	3.66	.84	0.92
20	判断和解释：如果 $A*B=O$(A 和 B 是矩阵,O 是零矩阵),那么 $A=O$ 或者 $B=O$?	3.47	1.16	0.87
21	用图象法判断带有限制条件的二次函数的零点个数	2.97	1.44	0.74
22	判断改变二次函数的参数所带来的图象的变化	2.64	1.47	0.66
23	给定三个点,求通过这三个点的二次函数的最大值	3.28	1.17	0.82
24	若 $f(x)$ 和 $g(x)$ 相交于 x 轴上的 P 点,那么它们的和函数 $(f+g)(x)$ 也一定过点 P	3.24	1.33	0.81
25	给定一个图象,请给出一个日常情境,使之符合该图象	2.23	1.38	0.56
SM	学校数学	11.02	2.01	0.85
AM	高等数学	10.88	2.59	0.78
TM	数学教学	15.30	4.17	0.69
KAT	代数教学知识	37.19	7.16	0.78

从表中可以看出,除了第 22 题和第 25 题(正确率少于 70%)外,参与者的表现良好(正确率高于 70%)。令人印象深刻的是,90%以上的参与者能够正确提供两种二次不等式的求解方法(第 19 题)。超过 80%的参与者会使用反例来反驳“如果 $A*B=O$(A 和 B 是矩阵,O 表示零矩阵),那么 $A=O$ 或 $B=O$”(第 20 题,87%)。他们也可以使用代数运算来找到一个二次函数及该函数的最大值(第 23 题,82%)或者证明一个代数命题(第 24 题)。然而,在检验参数 a、b、c 对函数图象的影响(第 22 题,66%)和创建符合给定图形特征的真实生活情境(第 25 题,56%)方面,参与者相对较弱。

此外,参与者在中学数学方面的表现(85%)优于高等数学(78%),优于数学教学(69%)。

综上所述,在特定的内容领域,参与者在传统代数内容中表现得更好,如使用代数表达式表示定量关系、对函数或表达式求值、解各种方程和不等式;他们在理解图形、使用代数运算和性质进行推理方面也较强。然而,参与者对不同概念间的联系、数学与日常生活情境的关系的认识似乎相对薄弱,例如,几何、数值和代数表达之间的联系、介绍一个概念(如斜率)的多种方法、多参量函数类的讨论,以及图形和日常生活情境之间的关系等。在下面的章节中,我们将阐述学生在回答开放题时使用的策略。

教师函数概念教学知识的流畅性。题 18、24 和题 25 是为从不同视角(过程和对象)测量函数概念的理解和应用而设计的。这三个题目的得分分布如表 5 所示。

表 5　与函数概念不同视角相关的试题得分分布百分比

得分 / 百分比(%) / 题目	0	1	2	3	4
第 18 题	4.8	5.9	19.4	32.2	37.8
第 24 题	8.8	6.6	6.9	7.2	70.5
第 25 题	18.9	7.4	28.2	23.1	22.3

如表 4 所示,大约 70%的参与者第 18 题的回答大致正确,恰当的解释如下:

设两个非空数集 A、B,如果对于集合 A 中的任意元素 a,在集合 B 中有且只有一个元素 b 与之对应,那么这个对应关系 f 称为从集合 A 到集合 B 的一个函数。根据这个定义,(i)和(ii)是函数。

为了证明第 24 题,必需对函数概念有恰当的认识。77.7%的参与者得到了正确的答案(3 分或 4 分)。其中 71%采用的是从对象角度处理的,方式如下:令 $f(x)$ 和 $g(x)$ 在 x 轴 $(p, 0)$ 处相交,则 $f(p)=0$, $g(p)=0$。所以 $(f+g)(p)=f(p)+g(p)=0+0=0$。因此,$(f+g)(p)=0$。

在下面的题目(第 25 题)中,如图 7 所示,要求参与者识别与图表相对应的真实情况。参与者必需充分理解函数的过程和对象这两个方面。45.4%的参与者得到了大致正确的答案(3分或4分),使用了多种方法来说明或解释图表。

在中学(14～15岁)课堂上介绍函数和图形时,会用到根据情境中的一组数值或一个方程画出图形。某一天开始上课的时候,老师在黑板上画了下面的图象,要求学生找出一个与之对应的情境。

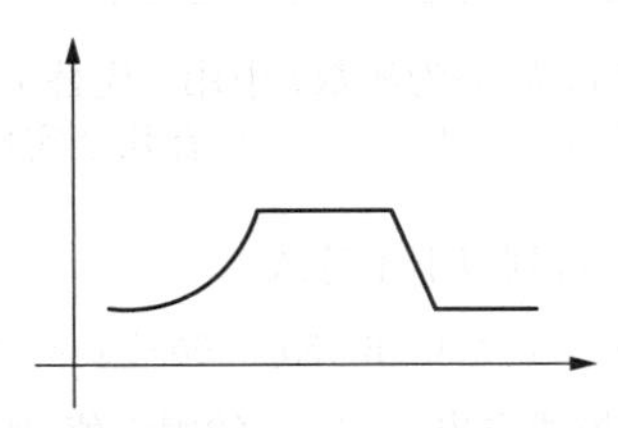

一名学生回答说:"这可能是一次远足,我们必须先爬上山坡,沿着平坦的路走一段,然后再走下山坡,最后再穿过另一段平坦的路。"
你能详细说明一下这个学生的建议吗?你认为给出这一描述的原因是什么?你能对这个图象给出其他的解释吗?

图7　第25题

综上所述,参与者在解决这些问题时表现流畅,在选择合适的函数概念视角即过程和对象时表现灵活。但是只有一半的参与者可以提供恰当的情境来阐明图表。

使用不同表征形式的灵活性。第19、21、22和23题用于测量通过灵活使用多种表征形式应用二次函数/方程/不等式的知识。这些题目的得分分布如表6所示。

表6　与使用多种表征形式相关的试题得分分布百分比

得分 百分比(%) 题目	0	1	2	3	4
第19题	2.1	1.1	8.0	6.1	82.7
第21题	11.4	9.8	7.4	14.0	58.2
第22题	11.7	14.9	18.1	8.8	46.5
第23题	4.3	5.3	16.8	5.8	67.8

由表6可见,约83%的参与者对第19题给出了两个本质上不同的解法,即用代

数法和图解法，求解不等式 $(x-3)(x+4)>0$。参与者提供了多种解不等式的方法。

约有四分之三(70%)的参与者对学生的错误概念作出了大致恰当的解释，并对第 21 题给出了正确答案，如图 8 所示。在 376 名参与者中，有超过一半(58.2%)的人给出了完全正确的答案，这表明与之前的研究结果(Even, 1998)相比，在解决这个问题上，他们的符号和图形转换知识和技能很强。

如果你在表达式 ax^2+bx+c(a、b、c 为实数) 中用 1 代替 x，那么你得到一个正数；若用 6 代替 x，则得到一个负数。方程 $ax^2+bx+c=0$ 有几个实数根?

有一个学生给出以下答案：

根据给定的条件，我们可以得到以下不等式：

$$a+b+c>0 \text{ 和 } 36a+6b+c<0。$$

由于不可能根据前两个不等式求出 a、b、c 的固定值，所以原问题是不可解的。

你认为该学生给出这个答案可能的原因是什么? 你对学生有什么建议?

图 8　第 21 题

超过一半(55.3%)的参与者对第 22 题给出了大致正确的选择和适当的解释(3 分或 4 分)，如图 9 所示。这些参与者要么通过分析 a、b 和 c 的变化对图象的影响来解释问题，要么通过分析对称特征进行解释。

森先生的代数课是研究 $y=ax^2+bx+c$ 的图象，以及改变参数 a、b 和 c，导致原图如何平移。

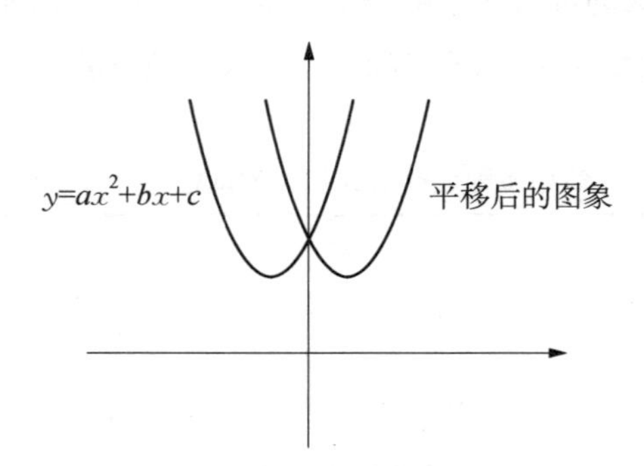

下面哪个选项是对原函数 $y=ax^2+bx+c$ 图象变换的正确描述?

A. 只改变了 a　　B. 只改变了 c

C. 只改变了 b　　D. 至少改变了两个参数

E. 你不能通过更改任何参数来生成转换后的图象

图 9　第 22 题

68 名参与者正确回答了第 23 题，如图 10 所示。他们通常使用二次方程的标准式表示函数（如 $y=ax^2+bx+c$），然后将其转换成顶点式（如 $y=a(x-k)^2+k$）求最大值。然而，对于方程求解，被调查者使用了多种策略，包括使用二次方程的因式形式 $y=a(x-x_1)(x-x_2)$，使用标准式 $y=ax^2+bx+c$，使用韦达定理 $x_1 \cdot x_2=\frac{c}{a}$，$x_1+x_2=-\frac{b}{a}$。总体而言，参与者不仅展示了教授这一概念所需要的良好知识，还展示了恰当使用各种表征形式的灵活性。

二次函数 $y=ax^2+bx+c$ 与 x 轴的交点坐标为$(-1, 0)$和$(3, 0)$，纵截距为 6，求该二次函数的最大值。

图 10　第 23 题

小结

在这次调查的基础上，我们得出了几个结论。首先，参与者表现出对代数的知识和技能有适当的理解。他们在传统的代数领域，如代数表达式、方程和不等式、二次函数方面能力很强。然而，参与者也暴露出了一些弱点，如无法从多个角度使用斜率概念，不能用几何形式表示数值和代数公式，不能在函数、图形和日常生活情境之间建立联系。其次，参与者展示了教授函数概念所需的良好知识和技能。参与者能够对他们的解答提供不同的解释，也表现出他们在处理二次方程/函数问题方面的流畅性，以及在使用多种表征形式（图形和代数）方面的灵活性。

结论与讨论

这一分析进一步支持了这样的观点，即中国的中学数学教师培养计划偏重数学内容知识，较少关注教学知识和教育实习（如 Li 等，2008）。实施《教师教育课程标准（试行）》（中国教育部，2011）以来，正如课程标准所建议的那样，实习的时间延长了，在数学教师培养过程中，学科内容知识与实践知识之间的平衡逐渐显现。在远离中国数学教师强调学科内容知识发展（包括高等数学和学校数学）的传统之前，我们需要三思而行。首先，从跨文化角度来看，Zhou 和他的同事

(2006)发现,中国小学数学教师在学科内容知识方面的表现优于美国教师,但二者在教学内容知识方面没有差异。Huang(2014)发现,中国中学数学职前教师在学科内容知识(高等代数和学校代数)和教学知识方面均优于美国教师。这与中国台湾职前中学教师在数学教师教育与发展研究(TEDS-M)中在学科内容和教学内容知识上的卓越表现相呼应(Tatto 等, 2012)。没有恰当的内容知识,就不可能发展教学内容知识,这已成为共识。在我国强调内容知识的传统中,如何培养职前教师较强的教学内容知识是一个需要进一步探索的问题。其次,如研究人员(Huang 等, 2010)所指出的那样,我国有一个多层次的、系统化的教师专业发展制度,用以支持教师从新手到胜任合格、再到卓越。在这样一个支持和自我激励的专业发展制度下,从师范教育中获得的强大学科知识可能是教师持续成长的一项资产。因此,在采取极端变革之前,我们需要研究数学教师培养实践的合理性和优缺点。

基于研究人员对职前数学教师教学知识不足(如,樊靖,2013;闫李铮,2014)和教师资格考试通过率低(约三分之一)(余仁胜、赵轩,2015)的认识,有必要采取适当的措施加以改进。尽管课程标准在体制层面上是规范教育课程和教育实践体验的关键,但是制定教师教育的数学课程标准刻不容缓。例如,美国数学学会与美国数学协会合作,发布了一份关于教师的数学教育 II 的文件(Conference Board of the Mathematical Sciences, 2012)。该文件定义了小学、初中和高中数学教师"数学培养要点"、"本科选修课的额外数学内容"和"数学经验要点"(CBMS, 2012,第 54 页)。此外,美国全美数学教师委员会制定了《数学教师培养标准》(NCTM CAEP, 2012),用于审查美国的数学教师培养计划。该标准包括七个准则:学科内容知识、数学实践、学科内容教学法、数学学习环境、对学生学习的影响、专业知识和技能、中学数学经验和教学实践。

在课程设计层面,如何将数学内容与基于实践的数学教学知识相结合,形成高质量的课程是一个长期的挑战。最近,研究人员强调使用关键教学实践(high-leverage practices)来帮助职前和新手教师学习教学的重要性(Ball & Forzani, 2011; Ball, Sleep, Boerst, & Bass, 2009)。根据鲍尔和她的同事(2009)的研究,关键教学实践"是那些,如果做得好,会极大提升教师的工作能力,它们包括对教学工作至关重要的、经常使用的、对教师关于学生的教学有效性有重大影响的教学活动”(第460—461页)。此外,录像片段在教师学习中的积极作用已被广泛记载(Borko, Jacobs, Eiteljorg, & Pittman, 2008; Sherin & van Es, 2009)。通过中国的课例研究(Huang, Su, & Xu, 2014),实习教师可以形成专注于关键教学实践的示范课。因此,包含“微观”关键教学实践的示范课视频,可以成为发展职前教师教学内容知识有价值的素材。

综上所述,为培养21世纪胜任教学工作的教师,我国数学教师的培养经历了从单纯注重内容知识到注重内容与实践知识的平衡的重大转变。强调内容知识的传统仍然存在,但通过延长实习时间,强调以实践为基础的教学知识的尝试已经出现。如何既保持扎实学科知识的传统,又注重实践教学知识的发展,是我国数学教师培养面临的新挑战。

参考文献

Adler, J., & Venkat, H. (2014). Mathematical knowledge for teaching. In S. Lerman (Ed.), *Encyclopedia of mathematics education* (pp. 385 - 388). Dordrecht: Springer.

Artigue, M., Assude, T., Grugeon, B., & Lenfant, A. (2001). Teaching and learning algebra: Approaching complexity through complementary perspectives. In H. Chick, K. Stacey, & J. Vincent (Eds.), *The future of the teaching and learning of algebra* (Proceedings of the 12th ICMI Study Conference) (pp. 21 - 32). Melbourne: The University of Melbourne.

Ball, D. L. (2013, October 2). *It is a moral imperative: Skillful teaching cannot be left to chance*. Presentation at the University of Delaware College of Education and Human Development, Newark, DE. Retrieved from http://www-personal.umich.edu/～dball/presentations/ 100213_UDEL.pdf

Ball, D. L., & Forzani, F. M. (2011). Teaching skillful. *Educational Leadership*, *68* (4), 40 - 45.

Ball, D. L., Sleep, L., Boerst, T., & Bass, H. (2009). Combining the development of practice and the practice of development in teacher education. *Elementary School Journal*, *109*, 458 - 474.

Ball, D. L., Thames, M. H., & Phelps, G. (2008). Content knowledge for teaching what makes it special? *Journal of Teacher Education*, *59*, 389 - 407. doi: 10.

1177/0022487108324554

Baumert, J., Kunter, M., Blum, W., Brunner, M., Voss, T., Jordan, A., & Tsai, Y. M. (2010). Teachers' mathematical knowledge, cognitive activation in the classroom, and student progress. *American Educational Research Journal*, *47*, 133 - 180. doi: 10.3102/0002831209345157

Black, D. J. W. (2007). *The relationship of teachers' content knowledge and pedagogical content knowledge in algebra and changes in both types of knowledge as a result of professional development* (Unpublished doctoral dissertation). Auburn University, Auburn, AL.

Borko, H., Jacobs, J., Eiteljorg, E., & Pittman, M. E. (2008). Video as a tool for fostering productive discussions in mathematics professional development. *Teaching and Teacher Education*, *24*, 417 - 436.

Cohen, D. (2014, March 17). *Why weaknesses of teacher evaluation policies are rooted in the weaknesses of teaching and teacher education*. Presentation at the University of Delaware College of Education and Human Development, Newark, DE.

Conference Board of the Mathematical Sciences. (2012). *The mathematical education teachers II*. Washington, DC: American Mathematical Society and Mathematical Association of American. Retrieved February 22, 2015, from http://www.cbmsweb.org/MET2/met2.pdf

丁钢,李梅,孙梅璐,李艳,陈莲俊,杨福义等. 中国高等师范院校师范生培养状况调查与政策分析报告[M]. 上海:华东师范大学出版社,2014.

Even, R. (1993). Subject-matter knowledge and pedagogical content knowledge: Prospective secondary teachers and the function concept. *Journal for Research in Mathematics*, *24*, 94 - 116.

Even, R. (1998). Factors involved in linking representations of functions. *Journal of Mathematical Behavior*, *17*(1), 105 - 121.

樊靖. 高师院校数学师范生学科教学知识现状调查及研究[D]. 陕西:陕西师范大学,2013.

Ferrini-Mundy, J., McCrory, R., & Senk, S. (2006, April). *Knowledge of algebra teaching: Framework, item development, and pilot results*. Research symposium at the research presession of annual meeting of National Council of Teachers of Mathematics, St. Louis, MO.

Floden, R. E., & McCrory, R. (2007, January). *Mathematical knowledge for teaching algebra: Validating an assessment of teacher knowledge*. Paper presented at 11th AMTE Annual Conference, Irvine, CA.

Friedman, T. L. (2005). *The world is flat*. New York, NY: Farrar, Straus and Giroux.

Huang, R. (2014). *Prospective mathematics teachers' knowledge of algebra: A comparative study in China and the United States of America*. Wiesbaden: Springer Spektrum.

Huang, R., Peng, S., Wang, L., & Li, Y. (2010). Secondary mathematics teacher professional development in China. In F. K. S. Leung & Y. Li (Eds.), *Reforms and issues in school mathematics in East Asia* (pp. 129 – 152). Rotterdam, The Netherlands: Sense Publishers.

Huang, R., Su, H., & Xu, S. (2014). Developing teachers' and teaching researchers' professional competence in mathematics through Chinese lesson study. *ZDM: The International Journal on Mathematics Education*, *46*, 239 – 251.

Li, S., Huang, R., & Shin, Y. (2008). Discipline knowledge preparation for prospective secondary mathematics teachers: An East Asian perspective. In P. Sullivan & T. Wood (Eds.), *Knowledge and beliefs in mathematics teaching and teaching development* (pp. 63 – 86). Rotterdam, The Netherlands: Sense Publishers.

李业平，黄荣金(2009). 从国际比较研究的视角来看中国职前数学教师教育[J]. 浙江教育学报，*1*，37 – 44.

McCrory, R., Floden, R., Ferrini-Mundy, J., Reckase, M. D., & Senk, S. L. (2012). Knowledge of algebra for teaching: A framework of knowledge and practices. *Journal for Research in Mathematics Education*, *43*(5), 548 – 615.

中国教育部(2011a). 教师教育课程标准(试行). 下载自 http://www.moe.edu.cn/publicfiles/business/htmlfiles/moe/s6136/201110/125722.html

中国教育部(2011b). 国家中学数学教师资格考试大纲. 下载自 http://www.ntce.cn/a/kaoshitongzhi/bishibiaozhun/

中国教育部(2012). 教师专业标准. 下载自 http://www.moe.gov.cn/publicfiles/business/htmlfiles/moe/s7232/201212/xxgk_145603.html

中国教育部(2013a). 中小学教师资格考试暂行办法. 下载自 http://www.moe.gov.cn/publicfiles/business/htmlfiles/moe/s7711/201309/xxgk_156643.html

中国教育部(2013b). 中小学教师资格定期注册暂行办法. 下载自 http://www.moe.gov.cn/publicfiles/business/htmlfiles/moe/s7711/201309/xxgk_156643.html

中国教育部(2013c). 教师教育课程标准(试行)解读[M]. 北京：北京师范大学出版社.

Mullis, I. V. S., Martin, M. O., Ruddock, G. J., O'Sullivan, C. Y., & Preuschoff, C. (2009). *TIMSS 2011 assessment frameworks*. Chestnut Hill, MA: TIMSS & PIRLS International Study Center, Boston College. Retrieved from http://www.timssandpirls.bc.edu/timss2011/downloads/TIMSS2011_Frameworks.pdf

National Council of Teachers of Mathematics. (2000). *Principles and standards for school mathematics*. Reston, VA: Author.

National Mathematics Advisory Panel. (2008). *Foundations for success: The final report of the national mathematics advisory panel*. Washington, DC: U. S. Department of Education.

NCTM CAEP. (2012). *Standards for mathematics teacher preparation*. Retrieved February 22, 2015, from https://www.nctm.org/Standards-and-Positions/CAEP-

Standards/
庞雅丽. 职前数学教师的 MKT 现状及发展研究[D]. 上海：华东师范大学，2011.
邵光华(2011). 教师专业知识研究[M]. 杭州：浙江大学出版社.
Sherin, M. G., & van Es, E. A. (2009). Effects of video club participation on teachers' professional vision. *Journal of Teacher Education*, *60*, 20 - 37.
Shulman, L. (1986). Those who understand: knowledge growth in teaching. *Educational Researcher*, *15*(2), 4 - 14.
Tatto, M. T., Schwille, J., Senk, S. L., Ingvarson, L., Rowley, G., Peck, R., & Rowley, G. (2012). *Policy, practice, and readiness to teach primary and secondary mathematics in 17 countries: Findings from the IEA Teacher Education and Development Study in Mathematics (TEDS-M)*. Amsterdam: IEA.
吴伦敦，葛吉雪(2015). 中小学教师资格考试标准：背景、目标与内容[J]. 中国考试，*1*，25 - 31.
闫李铮. 数学职前教师对学生错误分析与处理能力的研究[D]. 陕西：陕西师范大学，2014.
Yang, Y., Li, J., Gao, H., & Xu, Q. (2012). Teacher education and the professional development of mathematics teachers. In J. P. Wang (Ed.), *Mathematics education in China: Tradition and reality* (pp. 205 - 238). Singapore: Cengage Learning Asia Pte Ltd.
余仁胜，赵轩(2015). 中小学教师资格考试测试结果的统计分析研究[J]. 中国考试，*1*，32 - 39.
张奠宙(2005). 教育数学是具有教育形态的数学[J]. 数学教育学报，*14*(3)，1 - 4.
Zhou, Z., Peverly, S. T., & Xin, T. (2006). Knowing and teaching fractions: A cross-cultural study of American and Chinese mathematics teachers. *Contemporary Educational Psychology*, *41*, 438 - 457.
邹斌，陈向明(2005). 教师知识概念的溯源[J]. 课程. 教材. 教法，*24*(6)，85 - 89.

7. 中国职前数学教师的教学法训练

袁智强[①]　黄荣金[②]

引言

多项国际比较研究表明，东亚和西方之间存在着数学学习方面的"学习差距"(例如，Hiebert 等，2003；Stevenson & Stigler，1992)，又通过 TEDS-M(数学教师教育与发展研究)发现还存在着数学教师方面的"准备差距"，并发现东亚和西方数学教师之间的职前教育经历有很大的不同(Schmidt 等，2007)。有许多东亚学者尝试从数学知识(如 Li，Huang，& Shin，2008；Li，Ma，& Pang，2008；Li，Zhao，Huang，& Ma，2008)和数学教学知识的角度(如 Hsieh，Lin，& Wang，2012；Lin，2005)揭示东亚国家教师准备的秘密。研究发现，中国大陆的数学教师准备特别强调发展职前教师的学科知识，而较少关注其教学实习经历(例如，Li 等，2008)。然而，对于中国职前教师的教学法训练的过程和特征，我们仍然知之甚少。虽然教育类课程和数学教育类课程对于发展职前教师的教学知识非常重要(详见第 6 章)，但本章主要关注职前数学教师教育过程中很少进行实证探索的三种以实践为基础的教学法训练。

中国数学教师的教学法训练

面向中国职前和在职教师的教学法训练有多种类型，包括教育见习和教育实习等。根据有关政策文件，中国教师必须在进行教师准备和专业发展过程中经历严格的教学法训练。例如，中国教育部在 2011 年印发了《教师教育课程标准(试

① 袁智强，湖南师范大学数学与统计学院。
② 黄荣金，美国中田纳西州立大学数学系。

行)》(中国教育部,2011),要求每个师范生必须参加为期18周的教育实践。根据《中小学教师继续教育规定》(中国教育部,1999),每个在职教师每5年应累计完成不少于240学时的专业学习。除了参加课程学习和暑假培训以外,在职教师主要的继续教育形式就是参加教研活动(Yang, 2009)。

现有文献中已经有一些关于中国在职教师专业发展的研究。例如,黄荣金等人(Huang & Li, 2009; Huang, Li, Zhang, & Li, 2011)介绍了示范课例开发(exemplary lesson development),李业平等人(Li, Tang, & Gong, 2011)介绍了名师工作室(master teacher work station)和在线合作学习项目(online study collaboration)(Li & Qi, 2011)等面向在职数学教师的教学法训练,这些训练有效提升了在职教师的教学能力。韩雪(Han, 2012)介绍了广泛存在于中国中小学校的"师徒制"做法,在这种模式下,专家教师手把手地指导新手教师的教学技能。李业平和李俊(Li & Li, 2009)认为:"教学比赛"是追求卓越课堂教学的有用平台。彭爱辉(Peng, 2007)认为"说课"是在职教师开展教学法训练的重要形式。在基于说课的专业发展活动中,教师的学科知识和教学内容知识都得到提升。

然而,关注中国职前数学教师教学法训练的实证研究非常少(李孝诚、李伯春, 2008;童莉, 2013)。国外学者对于中国职前数学教师教学法训练的过程和特征基本上毫不知情。因此,我们将通过介绍教育见习、微格教学和教育实习这三种主要的教学实践,系统地分析中国职前数学教师的教学法训练。

理论框架

哈莫尼斯等人提出了一个用于检查职前教师如何学会教学的模型(Hammerness等, 2005)。根据该模型,新手教师在一个具有如下特征的学习共同体中学会教学:(1)能帮助教师发展专业实践的愿景;(2)能帮助教师系统地形成对学科内容知识、教学法知识、学习者知识和社会环境知识的深刻理解;(3)能帮助教师掌握教学的方法、儿童思维和行动的习惯;(4)能帮助教师按照个人的意图和信念开展教学实践;(5)能帮助教师获得从事教学实践所需要的工具(包括关于教与学的理论和思想的概念性工具以及特定的教学方法和策略的实践性工具)。

特别地，数学教师教育与发展研究（TEDS-M）开发了一个包含专业知识和专业信念的教师专业能力框架（Tatto 等，2008）。数学教师的专业知识包括数学学科内容知识（例如，数学学科中基本的事实性知识、数学学科的构成和组织原则的概念性知识等），数学学科教学知识（例如，数学课程知识、数学教学设计知识、数学教学实践知识）和一般教学知识。数学教师的专业信念包括关于数学本质的信念、关于数学学习的信念、关于数学成绩的信念以及关于数学教学准备和数学专业学习有效性的信念。

因此，我们在关注职前教师的学习结果时，考虑了他们的学科内容知识、学科教学知识、一般教学知识、教学实践，以及关于数学、数学教学和数学学习的信念。就教学法训练而言，全球范围内存在多种方法用于帮助职前教师积累临场实践经验，包括教育实习、微格教学、绩效评价和档案袋、教学案例分析、个案研究、自传体写作以及实践者探究等（Hammerness 等，2005）。中国的师范大学经常使用以下三种类型的教学法训练帮助师范生获得临场教学实践经验：教育见习、微格教学和教育实习。从某种程度上看，它们都聚焦于课堂教学：从观摩在职教师的教学，到模拟课堂教学，再到进行真实课堂的教学。

课例研究是一种基于实践的专业发展模式。它被广泛地应用于促进职前和在职教师的学习（Hart，Alston，& Murata，2011）。通过课例研究，参与者能够发展知识和信念，并形成一个专业学习共同体（Lewis，Perry，& Hurd，2009）。特别是，如果教师被认为是课例研究中的关键人物，那么课例研究能够发展教师的实践知识和理论知识（Kieran，Krainer，& Shaughnessy，2013）。

近年来，一种中国式课例研究方法——“同课异构”活动被广泛地应用于微格教学和公开课（Huang，Su，& Xu，2014；Yuan & Li，2015）。在一次典型的同课异构活动中，两个或两个以上的教师基于不同的教学设计给不同的学生讲授同一个课题，其他教师则认真听课。在所有的课都上完以后，教师们聚在一起评课，讨论教学设计和课堂教学实践，并对如何改进和提高教学给出建议（Yuan & Li，2015）。

虽然还有一些其他的课程（例如，数学课程标准与教材分析、数学教学设计、数学教学方法等）也对职前教师的教学法训练有贡献，但我们在本章中只关注三种基于实践的教学法训练——教育见习、微格教学和教育实习如何发展教师的教学知识、教学技能、教学愿景和教学信念。具体而言，我们将探讨如下两个研究问题：(1)这些教学法训练是如何进行的？(2)这些教学法训练对于职前数学教师的专业知识、教学实践和教学信念的发展有何影响？

教育见习

研究背景

根据《教师教育课程标准(试行)》(中国教育部，2011)，教育见习包括：(1)观摩中学课堂教学，了解中学课堂教学的规范与过程，感受不同的教学风格；(2)深入班级或其他学生组织，了解中学班级管理的内容和要求，获得与学生直接交往的体验；(3)深入中学，了解中学的组织结构与运作机制。然而，中国的这种教学法训练并没有统一的安排。一些师范大学可能会比另外一些师范大学提供给职前教师更多的教育见习机会，它们可能会为教育见习安排固定的时间和提供固定的场所。

过程和方法

我们首先介绍中国东南沿海某师范大学——旗山大学(化名)的中学数学教师教育专业的教育见习任务和要求。这项为期一周的教学法训练安排在4年制本科专业学习第三学年的秋季学期。根据教师教育者和师范生的数量，所有的数学师范生被均匀地分成了几个小组，每个教师教育者负责一个或两个小组。由于教育见习、微格教学和高年级师范生的教育实习被安排在同一个学期，因而在实施的过程中进行了统筹考虑。通常，一个数学教育方向的教师负责指导同一批师范生的微格教学和教育见习，这些师范生跟着带队教师一起到高年级师范生正在进行教育实习的中学进行教育见习。表1给出了每个数学师范生在教育见习的一周之内需要完成的任务和要求。

在过去4年的教育见习工作中，我们总共收集了65名数学师范生(13男，52女)的教育见习报告。使用计算机辅助质性数据分析软件NVivo分析了他们的教育见习报告以后，我们发现他们从这种教学法训练中受益匪浅。

表1　教育见习的任务和要求

任务	要求
听课	不少于8节
批改学生作业	至少20份
编写教案	至少1份
参加教研活动	至少1次
担任见习班主任	每天
撰写教育见习总结	不少于2000字

研究结果

接下来，我们将从教师信念、教师知识和教师实践三个方面报告研究结果。

教师信念。通过教育见习，师范生最大的感受就是“当好教师不易”。60%(39/65)的师范生提到了这一点。例如，女生Q谈到：

以前一直以为当老师很简单，很轻松。每周只要上那么几节课，重复上那么多年，简单得很。见习之后才发现，老师是多么的不容易。当老师并不是自己会这个知识就行了，她还要能够把知识教给学生，而这个教学过程是老师在上课前花了大量的时间准备的。

大约19%(12/65)的师范生对那些“既风趣又严谨”的教师印象深刻。大约17%(11/65)的师范生认识到：作为一名教师，要做到“既教书又育人”。经过教育见习，大约17%(11/65)的师范生表达了“努力成为教师”的愿望。

教师知识。从教师知识角度看，职前教师在教育见习期间更关注教师的学科教学知识和一般教学知识，而对学科知识的关注相对较少。

从学科教学知识角度看，师范生在教育见习过程中主要关注了在职教师的如下课堂教学实践：(1)精讲例题习题(19人，29.2%)；(2)合理使用技术(16人，24.6%)；(3)关注学生理解(16人，24.6%)；(4)渗透思想方法(9人，13.8%)；(5)做好归纳总结(8人，12.3%)。例如，女生X在谈到教师讲评习题的策略时写道：

有的老师，习题讲解得很精彩，通过与之前类似的习题进行对比讲解或者讲解完一类习题后做一个归纳总结或者每讲解完一道习题后就给同学们类似的题目进行课堂训练，或者对于不同的题型提供不同的解题方法，如填空、选择题可以有一般的解法也有特殊的解法。

从一般教学知识角度看，师范生在教育见习过程中主要关注了在职教师的如下课堂教学实践：(1)书写板书板画(21 人，32.3%)；(2)活跃课堂气氛(17 人，26.2%)；(3)做好课堂管理(9 人，13.8%)；(4)优化教学语言(7 人，10.8%)。例如，女生 C 针对教师的板书板画技能指出：

为人师表，以身作则。一周的见习，差不多所有的数学老师的课都听过，我发现有一个共同点，那就是板书都特别的整齐、规范、有力。而现在的同学之间似乎没有一个板书特别好的……所以练就好板书显得刻不容缓。

虽然大多数师范生都只关注了教师的学科教学知识和一般教学知识，也有少数师范生(6 人，9.2%)谈到了掌握学科内容知识的重要性。例如，女生 W 这样写道：

通过听课，我认识到了专业知识的重要性，只有拥有牢固的专业基础，才能在课堂上收放自如……我应该好好补补我的专业课知识。

学生学习。除了听课以外，师范生在教育见习期间印象最深的事情是“批改学生作业”。大约 50%(32/65)的师范生提到了这一点。例如，女生 M 谈到：

接下来的几天，我听了不少课，改了不少作业，发现学生的水平真是参差不齐，而我所在的那个中等班也难得见到比较优秀一些的……大部分人都错得一塌糊涂。OMG(我的天)，这是个一级达标学校，然而学生是这种水平！我这才发现自己之前的许多想法都是错的。就拿我的第一次模拟讲课来说，我下意识地把学生想象得太聪明了，所以很多学生或许会疑惑、会不明白的地方都是草草跳过。于是我想我应该重新把整个学情分析放在第一位好好思考一下了。

此外，师范生对于参加主题班会(17 人，26.2%)、参加同课异构活动(16 人，24.6%)、参加集体备课(14 人，21.5%)和参加课后评课(5 人，7.7%)也有较深的印象和体会。他们认为教师只有确保充分备课(10 人，15.4%)才能把课上好。一些师范生能够将教育见习期间的见闻与自己的微格教学实践联系起来(7 人，10.8%)。在观摩在职教师的课堂教学过程中，师范生也发现了上课教师的一些不足之处(12 人，18.5%)。

小结

通过教育见习，许多职前教师都认识到成为一名好教师很困难，但是他们还是愿意面对这种挑战。他们注意到了拥有扎实的学科内容知识、丰富的学科教学知识和一般教学知识的重要性，他们也认识到批改作业在理解学生学习方面的价值。教育见习经历为微格教学和教育实习奠定了基础。

微格教学

研究背景

微格教学是在训练职前和在职教师的时候所使用的一种小规模的、模拟的教学方法。自从斯坦福大学的德瓦埃特·爱伦及其同事在上世纪60年代发明这种教学方法以来（德瓦埃特·爱伦、王维平，1996），微格教学得到了广泛的应用。中国教育部于1994年印发了《高等师范学校学生的教师职业技能训练大纲（试行）》，要求师范生接受包括课堂教学技能在内的几种类型的专业技能训练。许多师范大学按照这个要求为师范生提供了如下课堂教学技能方面的微格教学法训练：导入技能、板书板画技能、演示技能、讲解技能、提问技能、反馈和强化技能、结束技能、组织教学技能、变化技能（中国教育部，1994）。

然而，课堂是一个复杂系统（Ricks，2007），课堂教学不仅仅是一些教学技能的集合。许多师范大学在训练师范生的这些课堂教学技能时采用了综合的方法。例如，他们可能会让师范生选择一个课题，然后模拟教学整节课。根据班级规模的大小，每个师范生可能会有一次或多次机会进行模拟课堂教学法训练，其他同伴则扮演学生的角色。还有的大学可能会要求师范生在微格教学过程中进行“说课”训练（Peng，2007）。

过程和方法

我们将基于在旗山大学开展的两项实证研究（Yuan & Li，2012；Yuan & Li，2015）来介绍数学微格教学的过程和方法。通常来说，微格教学被安排在第5个学期。每个数学教育教师负责一个或两个小班（每个小班的人数少于15人）。每个小班每周安排两节45分钟的课。在本章第一作者的微格教学课中，通常使用如下的训练过程和方法：在微格教学法训练过程中，每个师范生都有两次模拟教学的机会。第一次模拟教学以“同课异构”活动的方式进行（Yuan & Li, 2015）。同一小组（少于15人）的所有师范生在模拟教学过程中都讲授同一个课题，例如“正态分布”（Yuan & Li, 2012）或“对数函数及其性质”（Yuan & Li, 2015）。指导教师根据内容的重要性和代表性来选择这些课题。

在这一轮同课异构活动中，每个师范生都要经历五个步骤：（1）独立备课、撰写教案；（2）模拟教学、同伴观摩；（3）现场说课、集体评课；（4）观摩录像、撰写反思；（5）修改教案、稳步提高。通过第一轮的模拟教学活动，师范生预计已经掌握了备课和教学的基本方法（由于时间的限制，有的时候并不是所有的师范生都参与这一轮同课异构活动的模拟教学）。

在第二轮模拟教学过程中，不同的师范生可以选择不同的课题进行教学。原则上，师范生能够根据个人的兴趣选择任何年级的课题进行教学。出于为教育实习做准备的目的，很多时候会选择教育实习相应年级的教科书中的课题。经过第二轮模拟教学法训练以后，师范生预计熟悉了不同年级的多个数学课题，这将有助于他们的教育实习和教师招聘。

研究结果

在我们通过“学习TPACK课程，参加同课异构活动”的途径发展职前教师整合技术的学科教学知识（TPACK, Mishra & Koehler, 2006）的研究中，13名（2男，11女）数学师范生学习了一门整合了技术（Fathom动态数据软件）、教学法和学科内容（统计分布）知识的数学教育课程（10次课），经历了以同课异构活动形式开展的三次模拟课堂教学和一次真实课堂教学。三名重点关注的师范生T1、T2和T3都取得了积极的发展。（1）三名师范生的信息技术与数学教学整合目的的统领性观念发生了明显的变化。师范生T1从强调兴趣为主转变为关注理解为主；师范生T2从关心教师为主转变为关心教师和学生并重；师范生T3从比较模糊的关心兴趣和理解，到更加清晰地关心兴趣和理解。（2）三名师范生的信息技术与数学教学整合的课程资源和课程组织知识发生了明显的变化。师范生T1、T2和T3都从使用各科通用信息技术（例如PowerPoint）为主，转变为使用学科专用信息技术（例如Fathom动态数据软件）为主。其中，师范生T1和T2能够通过现实情境将课程内容有机地组织起来。(3)三名师范生的信息技术与数学教学整合的教学策略和教学表征知识发生了明显的变化。师范生 T1、T2 和 T3 都能采用更加符合学生认知规律的教学策略,并且都能够更加合理地运用图形图像和现实情境的教学表征。(4)三名师范生的信息技术与数学教学整合的学生理解和学生误解知识也发生了一些变化,但是这种变化不够明显。师范生 T1、T2 和 T3 都能够认识到理解学生的想法在教学中的重要作用,但是对于学生具体存在哪些典型的理解和误解则了解不多(Yuan & Li, 2012)。虽然基于同课异构活动的微格教学只是这项实验研究的一部分,但它是研究取得成功的关键部分。

小结

我们发现,由于花了很长的时间反反复复打磨同一个课题,职前教师能够在第一轮模拟教学中学会教学。这种教师学习模式既有合作性也有反思性。在指导教师的提示下,职前教师能够很容易地比较他们在教学策略和教学表征之间的差别。第二轮模拟教学给他们实践从第一轮同课异构模拟教学活动中学到的知识提供了机会。这些经历帮助职前教师形成了好的数学教学的观念,也帮助他们发展了课程知识、教学法知识和学习者知识。

教育实习

研究背景

根据《教师教育课程标准(试行)》(中国教育部,2011),教育实习要求包括:(1)在有指导的情况下,根据学生的特点,设计与实施教学方案,获得对学科教学的真实感受和初步经验;(2)在有指导的情况下,参与指导学习、管理班级和组织活动,获得与家庭、社区联系的经历;(3)参与各种教研活动,获得与其他教师直接对话或交流的机会。教育实践(含教育见习和教育实习)的累计时间不少于18周。

过程和方法

作为一个例子,我们将介绍旗山大学对于教育实习的日程安排和具体要求。

所有的师范生都在 4 年制本科的第 7 个学期进行教育实习。通常来说，他们在 9 月的第二周进入实习学校，在 11 月的最后一周离开，持续时间大约 12 周。在 9 月的第一周，他们将经历另外一轮微格教学法训练。在教育实习结束以后，他们有四周的时间进行总结与经验交流。教育实践的累计时间恰好是 18 周(含第 5 个学期为期 1 周的教育见习)。

根据旗山大学的教育实习安排，师范生在符合《教师教育课程标准(试行)》(中国教育部，2011)有关规定的前提下，需要完成一些具体的任务和要求(详见表 2)。

表 2　教育实习的任务和要求

任务	要求
填写听课记录	不少于 6 节
填写教师行为观察表	3 份
填写学生行为观察表	3 份
写教案、上课	至少 8 节
批改学生作业	每天
参与教研活动	每周
上公开课	每队至少 1 人
实习班主任	每天
组织、指导学生主题班会或班级活动	至少 3 次
撰写教育行政实习报告	至少 2000 字
撰写教育调查研究报告	至少 3000 字
撰写教育实习总结报告	至少 1500 字

在教育实习期间，有两位指导老师共同负责数学师范生的专业发展，其中一位来自大学，另外一位来自当地的实习学校。师范生将主要观摩其中的中学一线教师的课堂教学，并且在该教师所在班级上课。由于教研活动在中国的中小学里司空见惯，师范生也有机会参与各种教研活动，包括集体备课、公开课的听课和评

课等。通常来说，会有一个或两个优秀的师范生代表所在学校的实习队开设公开课，其他师范生和在职教师参与听课。

为了保证公开课的质量并且通过上课促进师范生的专业学习，我们开发了一个六环节的同课异构活动模式：(1)独立备课、撰写教案；(2)同课异构、同行观摩；(3)现场说课、集体评课；(4)访谈学生、了解效果；(5)观摩录像、撰写反思；(6)修改教案、稳步提高(Yuan & Li, 2015)。

研究结果

在我们通过同课异构活动促进数学职前教师专业发展的实证研究中(Yuan & Li, 2015)，两名数学师范生在教育实习期间与一名在职教师一起参与了一次同课异构活动。我们发现师范生娜丁(化名)在知识和信念方面都得到了提高。

从学科内容知识的角度看，娜丁形成了关于对数函数及其性质的更加具体和清晰的结构化网络。从学科教学知识的角度看，她使用了这种网络来指导其个人的教学以及学生的探索活动。娜丁也更多地运用现实生活情境来介绍核心概念和性质，并且在学习过程中给学生提供了更多的机会来讨论和解释他们的想法。在此过程中，她充分考虑了学生的学习，并且在学生已有的和正在学习的知识和技能之间建立起了很强的联系。

从教师信念的角度看，娜丁认识到学生的学习是一个渐进的过程。课堂教学的目的并不是像填鸭一样在一节课中把所有的知识都传授给学生，而是通过课堂上的互动，教会学生如何学习。

讨论与结论

讨论

教育见习、微格教学和教育实习是中国职前教师经历的三种常规教学法训练。在本章中，我们描述了这些临场经验的一般目的和要求。同时，我们也从数学教师知识和信念的角度考察了它们对于职前教师专业发展的影响。结果表明，这三种教学法训练相互联系但功能各异。教育见习帮助职前教师初步了解教师职业的一些特性：富有挑战，需要在学科内容知识、学科教学知识和一般教学知识方面做好充分的准备,需要特别关注学生的学习。微格教学帮助职前教师获得更多具体的经验。通过同课异构的方法,他们发展了具体的教学技能,可以设计出完整的一节课。他们也进一步发展了数学教学的信念、学科教学知识和一般教学知识。教育实习让职前教师有机会深度参与听课、批改作业、学校教研活动以及公开课。这些经历提供了多种学会教学的途径。个案研究的结果表明,职前教师获得了一个联系更加紧密的知识结构。通过聚焦核心数学内容,发展学生的概念性理解和关注学生学习的进展,该职前教师转向了改革倡导的教学方法。

本研究表明,有限的临场经历能够给职前教师提供宝贵的经验,使他们熟悉教师环境(教育见习)、掌握教学技能(微格教学)、体验课堂教学(教育实习)。当这三种教学经历放在一起时,职前教师能够发展一种关于教师的愿景——关于教师和好的教学实践的特征。通过微格教学和教育实习,他们能够发展有效教学所需要的相关知识,包括课程知识、教学法知识、学科内容知识和学习者知识等。他们也能够发展可供进一步测试、提炼和丰富的有效教学所需要的相关技能。因此,基于哈莫尼斯等人(2005)提出的框架,这三种类型的教学法训练能够给职前教师学习教学提供十分宝贵的经验。特别是,同课异构的方法对于职前教师的学习所起的作用应该引起重视。

本研究表明,在中国数学教师准备过程中,除了有很充分的内容知识准备以外(Huang, 2014; Li 等,2008),有限的教学法训练经历为职前教师成长为合格的教师提供了宝贵的教学知识和技能的准备。正如许多研究所示,中国有一个系统的、多层次的教师专业发展体系,它帮助一线教师从新手教师成长为熟手教师再到专家教师(例如,Han & Paine, 2010; Huang, Peng, Wong, & Li, 2010; Huang 等,2011)。

越来越多的教师教育专业开始重视这些教学法训练,但是还存在着几个问题。例如,职前教师缺乏观摩课堂和开展教学实践的机会,从事教师教育的教师指导职前教师的能力不足,职前教师在教育实习之前准备不够充分(童莉,2013)。为了应对这些问题,我们需要一个详细而系统的日程安排。对于教育见习,我们需要提供一个详细的清单来提高师范生观摩课堂教学的能力。对于微格教学和教育实习,我们应该为师范生提供更多的准备工作,同课异构活动或许是一种有效的准备方式。

结论

本章检查了教育见习、微格教学和教育实习三种主要的教学法训练方式，介绍了它们的过程、要求和对职前教师专业发展的影响。这些教学法训练为职前教师提供了有限但是宝贵的学会如何教学的经验。他们能够明白成为一名教师意味着什么，他们能够获得教学知识，初步形成对教师教学和学生学习的印象。对这些教学法训练进行系统的质量监控和培养合格的教育实习指导教师是两个需要进一步探讨的问题。

参考文献

德瓦埃特·爱伦，王维平(1996). 微格教学[M]. 北京：新华出版社.

Hammerness, K., Darling-Hammond, L., Bransford, J., Berliner, D. Cochran-Smith, M., Mcdonald, M., & Zeichner, K. (2005), How teachers learn and develop. In L. Darling-Hammond & J. Bransford (Eds.), *Preparing teachers for a changing world: What teachers should learn and be able to do* pp. 358 - 389). San Francisco, CA: Jossey-Bass.

Han, X. (2012). Improving classroom instruction with apprenticeship practices and public lesson development as contexts. In Y. Li, & R. Huang (Eds.), *How Chinese teach mathematics and improve teaching* (pp. 171 - 185). New York: Routledge.

Han, X., & Paine, L. (2010). Teaching mathematics as deliberate practice through public lessons. *Elementary School Journal*, *110*(4), 519 - 541.

Hart, L. C., Alston, A. S., & Murata, A. (2011). *Lesson study research and practice in mathematics education: learning together*. New York: Springer.

Hiebert, J., Gallimore, R., Garnier, H., Givvin, K. B., Hollingsworth, H., Jacobs, J. et al. (2003). *Teaching mathematics in seven countries: Results from the TIMSS 1999 Video Study*. Washington, DC: National Center for Education Statistics.

Hsieh, F., Lin, P., & Wang, T. (2012). Mathematics-related teaching competence of Taiwanese primary future teachers: Evidence from TEDS-M. *ZDM: The International Journal on Mathematics Education*, *44*, 277 - 292.

Huang, R. (2014). *Prospective mathematics teachers' knowledge of algebra: A comparative study in China and the Untied States of America*. Wiesbaden: Springer

Spektrum.
Huang, R., & Li, Y. (2009). Pursuing excellence in mathematics classroom instruction through exemplary lesson development in China: A case study. *ZDM: The International Journal on Mathematics Education*, *41*, 297 - 309.
Huang, R., Li, Y., Zhang, J., & Li, X. (2011). Improving teachers' expertise in mathematics instruction through exemplary lesson development. *ZDM: The International Journal on Mathematics Education*, *43*, 805 - 817.
Huang, R., Peng, S., Wang, L., & Li, Y. (2010). Secondary mathematics teacher professional development in China. In F. K. S. Leung, & Y. Li (Eds.), *Reforms and issues in school mathematics in East Asia* (pp. 129 - 152). Rotterdam, The Netherlands: Sense Publiser.
Huang, R., Su, H., & Xu, S. (2014). Developing teachers' and teaching researchers' professional competence in mathematics through Chinese Lesson Study. *ZDM: The International Journal on Mathematics Education*, *46*, 239 - 251.
Kieran, C., Krainer, K., & Shaughnessy, J. M. (2013). Linking research to practice: Teachers as key stakeholders in mathematics education research. In M. A. Clements, A. J. Bishop, C. Keitel, J. Kilpatrick & F. K. S. Leung (Eds.), *Third international handbook of mathematics education* (pp. 361 - 392). New York: Springer.
Lewis, C. C., Perry, R., & Hurd, J. (2009). Improving mathematic instruction through lesson study: A theoretical model and North American case. *Journal of Mathematics Teacher Education*, *12*, 285 - 304.
Li, S., Huang, R., & Shin, H. (2008). Discipline knowledge preparation for prospective secondary mathematics teachers: An East Asian perspective. In P. Sullivan & T. Wood (Eds.), *Knowledge and beliefs in mathematics teaching and teaching development* (pp. 63 - 86). Rotterdam, The Netherlands: Sense Publishers.
李孝诚,李伯春(2008).关于数学教育实习中几个问题的思考——兼谈高师数学教育类课程与教法改革[J].数学教育学报,17(3),41 - 44.
Li, Y., & Li, J. (2009). Mathematics classroom instruction excellence through the platform of teaching contests. *ZDM: The International Journal on Mathematics Education*, *41*, 263 - 277.
Li, Y., & Qi, C. (2011). Online study collaboration to improve teachers' expertise in instructional design in mathematics. *ZDM: The International Journal on Mathematics Education*, *43*, 833 - 845.
Li, Y., Ma, Y., & Pang, J. (2008). Mathematical preparation of prospective elementary teachers: Practices in selected education systems in Asia. In P. Sullivan & T. Wood (Eds.), *Knowledge and beliefs in mathematics teaching and teaching development* (pp. 37 - 62). Rotterdam, The Netherlands: Sense Publishers.
Li, Y., Tang, C., & Gong, Z. (2011). Improving teacher expertise through master

teacher work stations：A case study. *ZDM：The International Journal on Mathematics Education*，*32*，763－776.

Li，Y.，Zhao，D.，Huang，R.，& Ma，Y.（2008）. Mathematical preparation of elementary teachers in China：Changes and issues. *Journal of Mathematics Teacher Education*，*11*，417－430.

Lin，P.（2005）. Using research-based video-cases to help pre-service primary teachers conceptualize a contemporary view of mathematics the teaching. *International Journal of Science and Mathematics Education*，*3*，351－377.

中国教育部(1994). 高等师范学校学生的教师职业技能训练大纲(试行). 2014 年 6 月 9 日从以下网址获取：http://jsxl. hue. edu. cn/c010. htm.

中国教育部(1999). 中小学教师继续教育规定. 2014 年 4 月 2 日从以下网址获取：http://www. moe. edu. cn/publicfiles/business/htmlfiles/moe/moe_621/201005/88484. html.

中国教育部(2011). 教师教育课程标准(试行). 2014 年 4 月 3 日从以下网址获取：http://www. moe. edu. cn/ewebeditor/uploadfile/2011/10/19/20111019100845630. doc.

Mishra，P.，& Koehler，M. J.（2006）. Technological pedagogical content knowledge：A framework for teacher knowledge. *Teachers College Record*，*108*（6），1017－1054.

Peng，A.（2007）. Knowledge growth of mathematics teachers during professional activity based on the task of lesson explaining. *Journal of Mathematics Teacher Education*，*10*，289－299.

Ricks，T.（2007）. *The mathematics class as a complex system*. Unpublished doctoral dissertation，University of Georgia，Athens

Schmidt，W. H.，Tatto，M. T.，Bankov，K.，Blömeke，S.，Cedillo，T.，Cogan，L.，et al.（2007）. *The preparation gap：Teacher education for middle school mathematics in six countries*. East Lansing：Michigan State University.

Stevenson，H. W.，& Stigler，J. W.（1992）. *The learning gap：why our schools are failing and what we can learning from Japanese and Chinese education*. New York，NY：Summit Books.

Tatto，M. T.，Schwille，J.，Senk，S.，Ingvarson，L.，Peck，R.，& Rowley，G.（2008）. *Teacher education and development study in mathematics（TEDS-M）：Policy，practice，and readiness to teach primary and secondary mathematics. Conceptual framework*. East Lansing，MI：Teacher Education and Development International Study Center，College of Education，Michigan State University.

童莉(2013). 关于"数学与应用数学"专业实践性教学的调查与分析[J]. 重庆师范大学学报(自然科学版)，30(3)，130－133.

Yang，Y.（2009）. How a Chinese teacher improve classroom teaching in Teaching Research Group：A case study on Pythagoras theorem teaching in Shanghai. *ZDM：The International Journal of Mathematics Education*，*41*（3），279－296.

Yuan，Z.，& Li，S.（2012）. Developing prospective mathematics teachers' technological pedagogical content knowledge (TPACK): A case of normal distribution. In Cho, S. J. (Ed.), *Proceedings of the 12th International Congress on Mathematical Education* (pp. 5804 - 5813), July 8 - 15, 2012, Seoul, Korea.

Yuan, Z., & Li, X. (2015). "Same content different designs" activities and their impact on prospective mathematics teachers' professional development: The case of Nadine. In L. Fan, N. Y. Wong, J. Cai, & S. Li (Eds.), *How Chinese teach mathematics: Perspectives from insiders* (pp. 565 - 588). Hackensack, NJ: World Scientific.

8. 中国的数学教师培养：我们可以学到什么

德斯皮娜・波塔瑞[①]

引言

报告世界各地数学教师培养情况一直是许多研究和调查的重点，比如，由塔托(Tatto)等人(Tatto, Lerman, & Novotna, 2010)报告的在17个国家进行调查的国际数学教育委员会(ICMI)研究15，他们使用一个理论框架从系统性维度(如制度安排和规定、教师招聘程序结构)和具体内容维度(课程的结构和内容)来研究成为在学校教数学的老师的过程。这项研究显示参与国之间有很大的差异，并指出有必要进行比较研究，以考虑：(1)教师教育制度对教师知识、教学实践和学生学习的影响；(2)界定和改进教师在数学上的准备所需的条件。数学教师教育与发展研究(TEDS-M)也报告了类似的发现(见Li, 2012年发表在ZDM特刊《测量教师知识——从跨国研究的视角看方法与结果》中的文章)，李业平强调，教师面向教学的数学知识与教育制度有关，例如，和美国相比，中国有集中统一的教育制度，其教材在发展教师教学所需的知识方面起着重要作用。他还指出，数学教师的培养及其素质的提高还需要在国际背景下进一步探讨。我所阅读和评论的本书这一部分中的各章有助于我们理解中国的教师教育实践。

自TIMSS录像研究(Stigler & Hiebert, 2009)开展以来，中国一直是学校数学教学备受关注的国家之一，而且最近人们了解到中国在教师教育和专业发展结构中具有的特色。在《数学教师教育杂志》上搜索一下的话，可以看到许多关于小学(Li, Zhao, Huang, & Ma, 2008)和中学(Liang, Glaz, DeFranco, Vinsonhaler, Grenier, & Cardetti, 2013)数学教师培养的研究。此外，通过比较

① 德斯皮娜・波塔瑞，希腊雅典大学数学系。

研究，我们可以看到在数学教师培养工作中出现了各种各样很有挑战性的问题，例如 Norton 和 Zhang(2017)的研究引起我对小学教师培养过程中发展起来的数学知识的本质的质疑，中国教师教育中培养的牢固的数学知识和数学熟练性，是否比澳大利亚等西方国家培养的问题解决和推理等数学过程更重要？数学的熟练性和数学基本过程真的是高水平的问题解决与数学创造力的基础吗？除了这些本体论和认识论的思考之外，我也开始思索文化和教育问题，例如，在中国，有着大学入学考试等结构性的教育体制，在行业中有小学数学专任教师和以教师为中心的教学法，这些都不同于澳大利亚更加开放的教育体制，如考试较少、教师教很多科目、教学方式以学生为中心等。数学教育研究对这两种完全不同的制度给出了相当矛盾的回答，因此，努力将这些研究结果综合起来可能是改变教学和教师教育活动的一条出路。

本书这一部分第 5、6、7 章分别介绍了中国中小学数学教师培养改革的现状，并以国际眼光对教师教育的质量提出了他们的见解。教师知识是这些教师教育课程产生影响的一个重要方面，它以这种方式弥补了研究有关未来数学教师知识发展过程的文献所揭示的可能存在的不足(Potari & da Ponte，2017)。我将简要介绍一下每一章所讨论的与教师教育实践相关的重要问题，以及它们对发展未来教师知识的影响。

小学数学教师的培养

第 5 章描述了在中国 16 个与未来小学数学教师知识发展相关的教师培训计划的方式方法，该研究旨在探讨未来小学数学教师面向教学的数学知识(MKT)、获得 MKT 的渠道以及在教师教育背景下如何提高 MKT。通过分析教师教育中使用的文件和资料的内容、采访教师教育工作者以了解他们对教师教育发展 MKT 的基本理念和原则，作者向我们呈现了教师教育课程的内容并给出了两个不同培训计划模式(基于学科培养专任教师的模式和培养跨学科教师的综合模式)下 MKT 知识的来源。最后，通过分析未来教师对他们设计的一份问卷的回答，报告了未来教师 MKT 的情况及其对教师教育培训方案的看法。

教师教育的原则与内容

数学知识(MCK)的发展无论在学科模式课程还是在综合模式课程中都是一个重要的教育目标,通过与数学教学、教育理论和实践经验相关课程的配合,它补充了教师知识的其他方面,如教学内容知识(PCK)或一般教育学知识(GPK)。数学课程(尤其对学科模式来说),有的是内容(如数学分析、空间解析几何、概率论、非欧几何),有的重过程(如数学建模、数学思想方法),有的也讲数学故事(数学史)。教育课程尤其是实践经验课程的总体目标支持未来教师将课程中提倡的理论知识与课堂数学教学实践和学校情境联系起来,加强理论与实践的联系以及大力增进与数学教学有关的数学知识,这些也是该研究探讨的教师教育课程的原则。然而,正如作者所指出的,这很难实现,因为传统的教师教育方法没能让未来的教师以更积极的方式将不同的知识来源与学校的数学教学联系起来。

未来教师眼中的教师教育

未来的教师似乎更重视与实践相关的课程,尤其是那些来自教师教育综合模式的教师似乎不喜欢大学数学课程,特别是那些由数学家讲授的课程。他们觉得大学数学课程往往太难,与小学数学教学脱节。数学知识与未来数学教师教学的相关性是一个在其他研究(Adler, Hossain, Stevenson, Clarke, Archer, & Grantham, 2014)中也探讨过的问题,它是数学教师教育中的一个重要问题。文献中报道过不同的教师教育方法以显化这种相关性,但是这与教师教育更为困难的一个目标即发展 PCK 有关(Aguirre, Zaval, & Katanoutanant, 2012),数学和教育学的融合似乎是未来教师最看重的观点,这也是该章研究的背景。

未来小学教师面向教学的数学知识

该研究还表明,在教师教育过程中,未来教师的 MCK,尤其是 PCK 仍然较弱。教师教育者认为,MCK 还应包括对数学本质的理解,发展 PCK 也是教师教育的一个重要目标;教师教育者也认为将教师知识的各个方面与数学教学实践相结合很重要,认为在课程中将理论问题与实践问题联系起来,将有助于未来教师的专业成长,支持 MKT 发展的途径是开发融合研究、让未来教师参与探究性学习和任务型活动、促进对课堂事件的反思这样的教师教育资源。这些观点在国际教师教育领域中也被认为是重要的(Ponte & Chapman, 2016)。

教师培养的制度与政策问题

大学培养未来小学教师的教师教育计划是由中国教育部颁布的《教师教育课程标准》确定的。这些标准指明了以下方向:(1)改善学科内容课程,确保未来的教师很好地理解数学,为课堂有效教学打下基础;(2)PCK 是有效教学的关键因素,教师教育者需要考虑如何有效地教 PCK;(3)通过综合理论和实践知识走实践导向之路是重要的;(4)与小学数学专家教师合作,高校间共享教学资源(MOOC,大规模在线开放课程);(5)关注小学生的学习及其认知发展;(6)终身学习和反思能力,培养未来教师成为具有理论基础和研究能力的反思性实践者。

挑战

下面这些中国小学数学教师培养所面临的挑战也是国际层面上的挑战以及研究的焦点:小学教师培养方案如何平衡教师知识的不同方面及其与教学的关系?教师教育实践如何才能满足未来教师的专业需求和期望?教师教育标准和教育政策的实施情况如何,它们又是如何改变数学教师教育的?

中学数学教师培养

第 6 章通过对中国官方政策文件的分析,探讨了中学数学教师培养与招聘的教育政策问题。作者指出,研究表明中国的未来中学数学教师具有扎实的学科知识,但从国内外研究成果来看,他们对数学的教与学的相关知识却相对贫乏。借助对代数教学所做的调查,他们考察了未来数学教师的知识,并将其与教师教育政策联系起来。

教师教育的原则和内容

对中国一所著名大学中学数学教师教育计划的分析也可以看出,它非常强调数学知识。通过对《教师教育课程标准》(第 5 章也有提及)的分析,得出教师教育的基本教育理念是育人为本、实践取向、终身学习。在这些理念的指引下,教师教育的重点是培养对学生、教师和教育的信念和积极态度，培养教育学生需要的知识和技能以及自我发展，发展强大的数学知识也是中学数学教师教育的一个核心期望。这一标准还描述了教师教育方案可以依据的结构，在这种结构中，一般教育学比特定学科的教育学更受重视，数学教学知识的发展被低估。此外，教育实习经验在教师教育计划中也越来越受到重视(预期达到18周)。

教师招聘

中学数学教师要通过竞争激烈的全国教师资格考试才能进入中学任教。该考试包括三个笔试和一个口试，笔试科目一考查教师的教育法律法规和职业规范知识以及在书面交流中使用语言的能力，笔试科目二的重点是评估教师的教育和教学法知识以及课堂管理知识，笔试科目三考的是关于大学和中学数学的基本知识以及通过分析教学场景和制订备课计划将这些知识应用到数学教学中。口试是为笔试合格的申请人而设的，重点是职业情感和道德、沟通能力和教学技能，在口试中，教师还会就一个给定的内容进行10分钟的教学，并回答评委提出的问题。从教师资格的不同阶段的描述来看，教师知识的多个方面及其与备课、课堂教学的联系似乎是教师招聘的核心。

未来中学教师面向教学的数学知识

从围绕代数教学知识开展的一个调查结果来看，未来的数学教师在代数教学方面，特别是在代数表达式、方程、不等式、二次函数等较为传统的领域，具有很强的知识和技能，他们对自己的解法给出解释，能熟练地处理二次方程和函数问题，也能灵活地使用多种表征，但是，他们在数形结合、对现实生活情境进行建模以及对代数概念的不同方面进行概念化方面存在困难。

挑战

总体而言，该研究表明，在中国的教师教育培养计划中，学科知识是重点，未来的中学数学教师也具有较强的数学知识。改革的目标是要将以实践为本的做法融入数学教师教育中去，如何发展PCK是一个挑战。另一方面，中国的专业发展体制为教师提供了丰富的专业成长机会，而数学知识无疑是基础。如何在发展

PCK的同时保证教师在离开教师教育培养计划时能具有较强的数学知识，看来这是其教师教育所面临的困境。最后，本着国家提出的原则和标准的精神，在教师教育中实施课程标准，也是高校和数学教师教育者面临的挑战。

未来数学教师教育学知识的发展

第7章关注的是中国未来中学数学教师与实践经验相关的教学活动的结构和内容，特别地，它强调了以下内容：(1)中国东南沿海城市某教师教育机构组织三种主要活动(教育见习、微格教学和教育实习)的方式；(2)这三种活动对中学未来教师知识、教学实践和信念发展的影响。

教学活动

教育见习包括听课、批改学生作业、编写教案、担任见习班主任、参加教研活动、撰写见习总结。微格教学是基于同课异构(SCDD)方式的活动，所有未来的教师一起在模拟教室中讲授一个相同的课题，它要求未来的教师积极从事以下工作：(1)独立备课和编写教案；(2)模拟教学和同伴观摩；(3)说课与评课；(4)看自己的录像写教学反思；(5)修改教案。微格教学为未来的教师创造了比较同一课题不同教学设计的机会。学生教育实习持续12周，时间上介于微格教学和4周实习经验交流之间。教育实习时，准教师也要参与教研活动、集体备课、公开课的听课与评课，他们中很少的人会开公开课。总的来说，该章所述的教学活动遵循课例研究和课例原则(Huang & Bao, 2006)，注意了数学与教学之间的平衡。一个似乎仍然存在的问题是，有多少与学生学习相关的问题会引起未来教师的注意，它们又能否成为未来教师备课和反思报告中的一个重要方面。

未来数学教师的教学知识与专业实践

该章报告了三个案例研究，表明教师教育的教育学部分对未来教师知识产生了积极影响，特别是未来的教师发展了更多与教学相关的知识、采用了更多以学生学习过程为重点的改革导向的教学实践。作者认为，这三种主要活动或实践经验对未来教师的专业发展有重要贡献。这些教师在以后教师职业生涯中会拥有后续的专业发展经验，将会补充和扩展他们最初的教学经验。中国教师教育体系中的同课异构做法为未来教师的关注和反思提供了经验。总而言之，通过识别教学和学习过程中的关键时刻，提高未来教师对他人和自身教学的关注，将是帮助他们看到教学复杂性的一种途径，这是对研究文献中关于数学教师教育如何构建以促进未来教师达到更深层次的注意并发展他们知识（McDuffie 等，2014）的一个延伸问题。

挑战

作者告诉我们，通过听课、备课、教学和反思的循环过程，所建议的教师教育结构（教育见习、微格教学和教育实习）对教师的知识和教学都有积极的影响，不过，作者也提出了其中存在的一些问题，包括对这些教师教育实践做法进行系统的质量控制，以及中学和大学之间的信息沟通，尤其是关于导师工作质量方面的信息沟通。其他的挑战还包括在实地经验的背景下建立研究或理论与教学之间的联系，以便未来的教师学会对现有的教学实践提出问题，并用批判的眼光把理论与他们的新教学经验协调起来（Jaworski，2006）。另一个挑战是将这些教学经验与教师职业生涯中参加的专业发展活动联系起来。在中国，在职继续教育是一个重要任务，这为职初教师提供了机会，让他们能够将自己的职前教师教育经历与之联系起来，并将其视作自己成长为教师过程的起点。

讨论

中国文化背景下的中国中小学数学职前教师教育具有一些独特的地方，这在本书第一部分的不同研究中也有体现。本书第二部分的 3 章主要讲述了如何培养未来中小学教师牢固的数学知识，同时也展示了当前中国教师教育改革中教师教学能力的发展已成为一个重要问题。个人活动（如个人档案集）和集体活动（如集体备课以及对研究课的集体反思）都是教师培养中的举措，以促进未来的教师在大学和中小学获得的不同经验之间建立起联系。此外，我们还看到了教师教育是如何与国家推行的国家教师资格考试、教师教育课程标准以及教师职业生涯中所提供的职业发展机会等制度结构相联系的。这些章节的作者特别强调教师教育对未来的中学教师其面向教学的数学知识有积极的影响。近十年对初中数学教师教育的研究(Potari & da Ponte, 2017)表明,未来教师积极的数学和教学参与对他们的学习有积极的影响:

> 对教师教育实践的影响以及职前数学教师的知识在教师教育计划中如何发展的研究表明,参与者在做数学和讨论策略和结果方面的积极参与对他们的数学学习有积极的影响。此外,职前数学教师在准备任务、分析学生工作、给学生反馈、与同事和教师教育者讨论等方面的积极参与,也会对他们的数学教学知识产生积极的影响。(第15页)

中国的数学教师教育也提供了类似的未来教师积极参与的例子。然而,将与教师教育相关的微观和宏观问题与中小学的现实联系起来(见 Jaworski & Potari, 2009)会帮助研究人员更好地理解教师教育互动的实际情况(微观层面),以及在教育政策和中国文化下是如何形成的(宏观层面)。这种联系可以为其他国家的研究者和实践者提供与中国现有教育制度和文化相关的数学教师教育的具体行动和互动。我并不是说这些教师教育实践可以"出口"到其他环境和传统中,但是这些教师教育实践、教育政策结构和未来教师学习之间的联系可能可以为我们在其他国家和文化中寻找"有效的"东西提供答案。

参考文献

Adler, J., Hossain, S., Stevenson, M., Clarke, J., Archer, R., & Grantham, B. (2014). Mathematics for teaching and deep subject knowledge: Voices of mathematics enhancement course students in England. *Journal of Mathematics Teacher Education*, *17*, 129 - 148.

Aguirre, J. M., Zaval, M. R., & Katanoutanant, T. (2012). Developing robust forms of pre-service teachers' pedagogical content knowledge through culturally responsive mathematics teaching analysis. *Mathematics Teacher Education and Development*, *14*,

113 - 136.

Huang, R., & Bao, J. (2006). Towards a model for teacher professional development in China: Introducing keli. *Journal of Mathematics Teacher Education*, *9*,279 - 298.

Jaworski, B. (2006). Theory and practice in mathematics teaching development: Critical inquiry as a mode of learning in teaching. *Journal of Mathematics Teacher Education*, *9*,187 - 211.

Jaworski, B., & Potari, D. (2009). Bridging the macro and micro divide: Using an activity theory model to capture sociocultural complexity in mathematics teaching and its development. *Educational Studied in Mathematics*, *72*,219 - 236.

Li, Y. (2012). Mathematics teacher preparation examined in an international context: Learning fromthe Teacher Education and Development Study in Mathematics (TEDS-M) and beyond. *ZDM: The International Journal on Mathematics Education*, *44*,367 - 370.

Li, Y., Zhao, D., Huang, R., & Ma, Y. (2008). Mathematical preparation of elementary teachers in China: Changes and issues. *Journal of Mathematics Teacher Education*, *11*,417 - 430.

Liang, S., Glaz, S., DeFranco, T., Vinsonhaler, C., Grenier, R., & Cardetti, F. (2013). An examination of the preparation and practice of grades 7 - 12 mathematics teachers from the Shandong Province in China. *Journal of Mathematics Teacher Education*, *16*,149 - 160.

McDuffie, A. R., Foote, M. Q., Bolson, C., Turner, E. E., Aguirre, J. M., Bartell, T. G., Drake, C., & Land, T. (2014). Using video analysis to support prospective K-8 teachers' noticing of students' multiple mathematical knowledge bases. *Journal of Mathematics Teacher Education*, *17*,245 - 270.

Norton, S., & Zhang, Q. (2017). Primary mathematics teacher education in Australia and China: What might we learn from each other? *Journal of Mathematics Teacher Education*. doi: 10.1007/s10857-016-9359-6 (online first)

Ponte, J. P., & Chapman, O. (2016). Prospective mathematics teachers' learning and knowledge for teaching. In L. English & D. Kirshner (Eds.), *Handbook of international research in mathematics education* (3rd ed.). New York, NY: Taylor & Francis.

Potari, D., & da Ponte, J. P. (2017). Current research on prospective secondary mathematics teachers' knowledge. In *The mathematics education of prospective secondary teachers around the world* (pp. 3 - 15). Cham: Springer International Publishing.

Stigler, J. W., & Hiebert, J. (2009). *The teaching gap: Best ideas from the world's teachers for improving education in the classroom*. New York, NY: Simon and Schuster.

Tatto, M. T., Lerman, S., & Novotna, J. (2010). The organization of the mathematics preparation and development of teachers: A report from the ICMI study 15. *Journal of Mathematics Teacher Education*, *13*,313 - 324.

/第三部分/

通过教学实践和专业发展获得和提高面向教学的数学知识

9. 中国教师如何通过深入研究教科书获得和提高知识

蒲淑萍[①]　孙旭花[②]　李业平[③]

引言

教科书是世界各国学校教育易获取且通用的教学材料，然而，教科书的形式和作用在不同的教育体系和学校环境中则有较大差异(Li & Lappan, 2014)。尽管如此，人们普遍认同它们的重要性，称教科书连接了期望课程和实施课程(Howson, 1995; Schmidt, Wang, & McKnight, 2005)，是体现课程标准的主要材料(例如：中国教育部，2011; NCTM, 2000)。教科书通常被教师和学生当作内容资源(Li, 2007，2008; Reys, Reys, & Chavez, 2004; Sun, 2011)，也常被用作构建教学活动的指南(Li, 2007，2008; Reys, Reys, & Chavez, 2004; Shield & Dole, 2013)，作为描述教学内容和教学方法的主要来源之一，它们在将学科内容知识的形式转化为学校课程方面发挥着重要作用(Pepin & Haggarty, 2001; Sun, 2011)。同时，教科书体现着文化、政策和教师课程实践之间的重要联系(Pepin, Gueudet, & Trouche, 2013)。马云鹏(2013)认为，数学教科书在满足儿童发展、社会以及数学自身发展的需求方面应起到重要的作用。

教师如何使用教科书进行教学？已有研究表明在不同的教育体系、学校和教师个体之间存在着巨大差异(例如：Li & Lappan, 2014; Remillard, Herbel-Eisenmann, & Lloyd, 2009; Stein, Remillard, & Smith, 2007)。一般而言，在许多西方国家，教科书的使用范围有限，且主要被用作教学任务的来源(如，Randahl, 2012)。与西方许多教育体系不同，在中国，教科书及相关教师用书被推

① 蒲淑萍，重庆师范大学初等教育学院。
② 孙旭花，澳门大学教育学院。
③ 李业平，美国得克萨斯农工大学教育与人类发展学院、上海师范大学。

崇为权威的教学资源(Ma, Zhao, & Tuo, 2004)。作为最基本的教学材料,教科书在指导和构建课堂教学方面发挥着关键作用(例如: Li, Chen, & Kulm, 2009; Li, Zhang, & Ma, 2009)。比起其他国家,在中国的文化中,教科书在教师的专业成长中也发挥着相当重要的作用(Ma, 2010)。

一些研究人员还探讨了职前教师在阅读和使用教科书的过程中怎样与教科书发生相互作用。例如,尼科尔和克雷斯波(Nicol & Crespo, 2006)发现职前教师有多种使用教科书的方法,从忠于教材到解释教材再到创造性地使用教材。灵活使用教材对一个职前教师而言并不是一件容易的事情,他们的教学理念与实践易受教科书呈现方式的直接影响(Nathan, Long, & Alibali, 2002; Vincent & Stacey, 2008)。戴维斯(Davis, 2009)就指数函数内容考察了阅读数学教科书和教学设计对职前教师教学内容知识和内容知识的影响,发现教科书质量是一个重要的影响因素。实际上,人们通常建议教科书应同时包含数学知识和基本的教学思想,并以有意义和连贯的方式呈现它们(例如: 中国教育部,2011; Schmidt, Wang, & McKnight, 2005)。

中国教师对数学教科书的使用与研究

在中国学校教育中,数学教科书有几种重要的使用方式,包括通过研究教科书作为教师专业发展的工具(例如: Ding, Li, Li, & Gu, 2013; Ma, 2010)、作为失学儿童自定进度学习的材料、作为课堂教学的主要资源(Sun, 2011; Sun, Neto, & Ordóñez, 2013)。不论在城市还是乡村,数学教科书以及相关的教学用书是教师教学和备课的重要资源(Ma, Zhao, & Tuo, 2004)。总的来说,与许多其他国家的教师相比,中国教师在教学设计和反思上花费的时间要多得多(Marton, 2008)。

马立平(Ma, 2010)进一步指出:

> 在中国,教科书被认为不仅是学生,也是教师学习他们所教数学的材料。教师非常仔细地研究教科书,他们独自或聚在一起进行探讨,他们讨论教科书的编写意图,一起解决问题,他们还就这些问题进行对话。教师教学用书提供了内容和教学法、学生思维和纵向联系的相关信息。(第 148—149 页)

中国的教科书与教师教学用书不同于美国的，美国教科书手册提供给教师的指导很少（Armstrong & Bezuk，1995；Schmidt，1996），可能因为并不期望教师去阅读它们（Ma，2010）。伯克哈特（Burkhardt，引自 Ma，2010）提到：

> 数学教科书提供了一个剧本（带有舞台指令），以供教师用于阐释主题和导引课程，学生只需阅读并完成章尾的练习即可。除了在硕士课程上，没有人会读“教师指南”。（第 148 页）

在中国，学会研究、分析教科书是对职前和职后教师专业发展的一项基本要求（Ma，Zhao，& Tuo，2004）。在为职前教师开设的课程中，有一门叫做“数学课程与教学论”的课程，这门课程要求职前教师为实现教学目标、增强实践知识和发展技能，必须学会如何分析、使用教科书（吴正宪，2006；徐斌，2006）。对于成熟的在职教师，“深入钻研教科书”是一项逐步提高学科知识和教学内容知识的重要活动（Ding，Li，Li，& Gu，2013；Ma，2010）。

在中国，“集体备课”是一项广泛开展的基本形式的备课活动，这是指同一学科的几位教师聚集在一起讨论和设计课堂教学的群体活动，包括分析学生的学习难点和教师教学面临的挑战，分享观点并相互切磋（Ma，Zhao，& Tuo，2004）。集体备课常被当作教研组（TRG）——这一中国学校中的基本单位的一项常规教学活动。教研组的主要职责是推动课程与教学计划、合作开展专业活动、帮助教师彼此解决教学实际问题，并在公开课开发和指导方面进行合作（如，Yang & Ricks，2013）。在中国大陆，每一所学校都有数学教研组，三级教学研究网络（即省级教研室、市级或县级教研室，以及学校层面的教研室）已经实施了 50 多年（Yang，2009）。研究教科书活动主要由校本的教研组组织，作为一项例行活动，在促进中国教师对教科书的理解方面发挥了作用。

鉴于教研组在中国学校制度中的重要性，一些研究人员已经研究了中国教师是如何通过教研组共同开发和实施公开课的（华应龙，2009；Sun，2015；Yang，2009）。然而，教师如何在教研组中一起研究教科书以进行教学设计和知识提高仍有待研究。本研究的目标是探明教师在教研组中通过深入钻研教科书如何以及在哪些方面提高知识和教学设计能力，特别地，我们聚焦一个校本教研组就“圆的认识”这一主题的教师活动进行个案研究。应该指出的是，现有关于教科书的研究通常侧重于教科书的内容、作用和使用，然而针对在职教师如何通过深入研究教科书提高自身知识和技能的研究相对较少。教科书很容易被看作学生的学习材料，而不是教师的学习材料，教师如何通过钻研教科书来提高知识水平被忽视了。通过这项研究，我们意在分享一种利用教科书促进教师专业发展的有意义的方式。在学校层面，这项研究提供了在实际教学环境中教研组深入研究教科书以提升教师知识的具体应用的证据，它可以为教科书研究、教师教育和如何增进教师知识提供信息，这些也是中国以及其他许多教育制度中教师和教师教育者的重要课题。

研究问题

本研究我们聚焦两个主要问题：

(1) 中国数学教师在教研组内如何使用教科书进行教学设计？

(2) 教研组的数学教师们通过深入研究教科书学到了什么？

研究方法

研究设计

本研究采用个案研究的方法，通过聚焦“圆的认识”这一主题，我们意在刻画在一个教研组里的中国数学教师如何利用教科书为他们的课堂教学做好准备，以及他们通过深入钻研教科书学到了什么。

研究背景与参与者

本项研究是2014年5月在中国西部一所普通小学开展的，该项教学与研究活动持续两周，两周时间里的每周二和周五，所有的参与教师聚集在一起研讨教科书与课堂教学。整个研究过程分为三个阶段：第一阶段是教科书研究的准备阶段，包括研读课程标准和教师教学用书；第二阶段是研究教科书；第三阶段是课堂教学实施与评价。

16 人参加了该项深度钻研教科书的教学研究活动。他们包括：这所小学的10 名数学教师以及校外的 3 名特级教师[1]，1 名大学教师和 2 名教研员[2]。

本研究聚焦于教师甲、乙、丙，因为他们都是 6 年级的数学教师，另外 7 名教师则来自其他年级。教师甲、乙、丙当中，教师丙是 6 年级数学教师的级部主任。表 1 列出了 3 位教师的基本信息。3 位教师有别于早期职业阶段，经验相对丰富。所有 3 位教师均深度参与了整个教学研究活动。

3 位教师均有超过 3 年的工作经验。他们不仅全程参与了研究教科书的活动，而且设计并实施了课堂教学。

表 1　3 位数学教师的信息

教师	年龄	入职时间(年)	教育背景	备注
甲	29	2008	本科	
乙	31	2005	本科	
丙	34	2002	专科	数学教师的级部主任

研究主题：圆的认识

研究主题是“圆的认识”，这是六年级第一学期数学教科书的主题之一，它是人民教育出版社出版的第十一册数学教科书(卢江、杨刚，2006)第四单元的内容，属于中国义务教育阶段数学课程四大领域[3] 之一的“图形与几何”中的内容。下面表 2 列出了人教版教材中“圆”这一内容的基本信息。

表 2　人教版教科书中的“圆”

版本	人教版
标题	认识圆
主要内容	任选工具与方法画圆；圆的定义、圆心、半径与直径；用圆规画圆；圆的对称性
教学目标	探求圆的构成与性质
教学活动	操作、探究的方式

该内容在人教版教科书中呈现与组织如下：章头图(见图 1)→用各种工具与方法画圆(见图 2 的上半部分)→操作发现圆的构成：对折圆几次让学生发现圆

心、直径、半径，它们的定义与对应的字母表达以及它们之间的关系（见图 2 下半部分和图 3 上半部分）→探索利用圆规准确快速画圆的方法→练习（见图 3）。

图 1　章头图

图 2　“用各种工具与方法画圆”（见图上半部分）；“发现圆心、直径、半径，它们的定义与对应的字母表达”（见图下半部分）

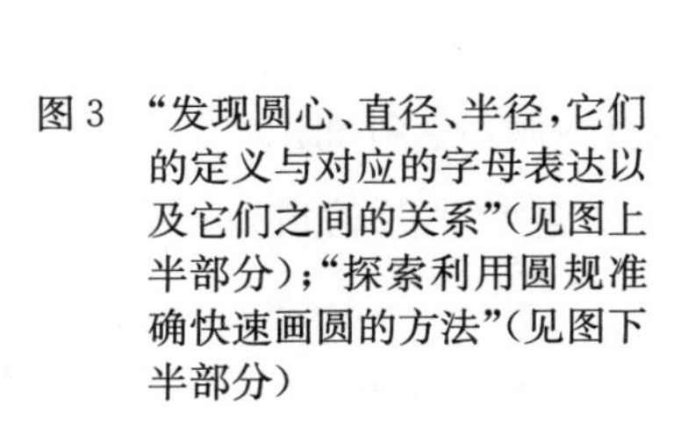

图 3　“发现圆心、直径、半径，它们的定义与对应的字母表达以及它们之间的关系”（见图上半部分）；“探索利用圆规准确快速画圆的方法”（见图下半部分）

数据收集与分析

采用定性研究方法探明数学教师研究教科书的方式方法，以及教科书研究如何提高他们面向教学的数学知识。通过这个过程，我们进行了现场观察、录像和访谈，收集他们研究教科书的相关程序和具体活动的数据。

在"深入研究教科书"活动开始之前，我们也采用访谈方法收集数据，我们就以下问题访谈了选定的3位老师：

"您通常怎样分析教科书？您研究教科书时关注哪些方面？做教学设计时，您如何使用教科书？"

在中国，说课是一项特殊的教学活动，它要求教师解释在本课中内容如何呈现、如何组织，以及所处理的数学挑战的本质(Peng, 2007)，说课是我们了解教师对教学内容最初理解与设计，以及他们对教学设计认识变化的一个窗口。事实上，说课不仅可用来评价教师，也是教师专业成长的一种有效形式，说课是一种可以提升教师个体或团队的教学知识、学科教学知识、学科知识的一项教学活动。在本研究中，我们用说课来收集关于教师知识提升的数据信息，并考察他们就某一课题内容参与教科书研究后的收获。

教师知识的分析框架

在本研究中，我们关注教师的数学知识和教学内容知识两个方面。数学知识主要包括基本概念和它们之间的关系、多元表征和纵向联系(Ma, 1999)，它也包括特定数学概念和主题的历史，比如对特定主题的起源和演变过程的了解(Kats, 1998)。数学知识是数学教学的重要基石。舒尔曼(Shulman, 1986)强调，有效的教师将内容和教学知识融为一体，将这些知识转化为教学特有的知识，舒尔曼将这种转化的知识称为教学内容知识(PCK)。根据舒尔曼的说法，PCK是"教师对学科内容的认知理解以及这种理解与教师为学生提供的教学之间的关系"(第25页)。格罗斯曼(Grossman, 1990)进一步阐述了舒尔曼的PCK模型，并以这些思想为基础，将PCK定义为三个知识领域：学科知识、教学知识和情境知识。格罗斯曼的PCK模型包括以下部分：(1)教学主题的目标理念；(2)学生理解的知识；(3)课程知识；(4)教学策略知识。

根据舒尔曼(1986)和格罗斯曼(1990)的研究成果，我们提供了一个框架，用于分析教师在深入研究教科书之前和之后他们的知识(见表3)。

表3 教师知识分析框架

教师知识	具体方面	教师甲	教师乙	教师丙
数学知识	基本定义			
	关联性			
	多元表征			
	纵向联系			
	数学史			
教学内容知识	教学主题的目标理念			
	学生理解的知识			
	课程知识			
	教学策略知识			

研究结果

在以下部分，我们组织并呈现与每个研究问题相对应的研究结果。

研究问题1：中国数学教师在教研组内如何使用教科书进行教学设计?

“深入研究教科书”的整个活动过程分为三个紧密相连的阶段：准备阶段、研究阶段、实施和评估阶段。

阶段1：准备阶段

1. 研读课程标准

在中国，国家义务教育数学课程标准(中国教育部，2011)是编写教科书和进行数学教学最权威的文件，因此，教师必须要做的第一件也是最重要的事情就是分析课程标准。一般来说，它涉及两个步骤。第一步是从“第二部分课程目标”中找出课程标准提供的对相应学段[4]的一般要求。

第二步是从课程标准的“第三部分课程内容”中找出关于圆的具体要求。在中国义务教育数学课程标准中，圆的学习目标只有如下一句话：

通过观察、操作，认识圆，会用圆规画圆。

一般来说，学习目标需要包含三个方面：知识与能力；过程与方法；情感、态度和价值观。如何平衡一般要求和具体要求，并为此内容制定学习目标的三个维度？教师需要对教师教学用书和教科书内容进行深入分析。

2. 研讨教师教学用书

对于教科书中"圆的认识"的内容，特级教师与小学数学教师们一起研究教师教学用书，阅读、讨论和理解由一系列问题作导引的相关内容：(1)本主题的主要内容是什么？教科书中提供了哪些教学内容和信息？包含每个内容或问题的编写意图是什么？(2)这一内容的相关知识有哪些？这些内容在学习新内容主题方面的具体作用是什么？(3)学习这个内容主题的价值是什么？具体问题包括：在哪里经常用到这些知识？它为后续知识学习提供了怎样的认知基础或学习经验，以及它对学生思维和情感、态度和价值观的发展有何细微的影响？

阶段 2：研究教科书阶段

两位教研员中的一位介绍了钻研教科书内容的方法和步骤：研究教科书包括研究它的结构、内容和习题等。此外，教师还可以从教科书中获取相关的教学信息，如教学设计。

1. 理解章头图

中国教科书中的章头图在提供现实世界的背景、学习指导方面发挥了重要作用。"圆的认识"章头图(见图 1)中，有一些现实世界场景，包含许多圆形物体，如有喷泉、花坛、轮子等的城市广场图。通过研究和分析教科书及教师教学用书，教师意识到章头图的目的和作用是说明圆随处可见并在生活中广泛应用。受到这些想法的启发，教师在教学设计中把章头图作为认识和理解圆的起点和教学线索。

2. 理解提示性语句

提示语句的作用通常包括三个方面：揭示概念、暗示方法，并为课堂活动提供建议。人教版教科书中"圆的认识"的内容中有 15 个提示语句(见图 2 和图 3)，如"什么物体是圆形的"，"为什么轮子都是圆形的"，"折叠几次后，你发现了什么"等等，这些句子通常都是简短而具有启发性的，它们提供了意在引发思考、暗示数学思想方法，并指导教师教学和学生学习的问题。通过阅读和思考，小学教师们开始意识到提示语句对促进学生思维和解决问题能力发展的重要性。

3. 分析内容的重点、难点并绘制概念图

在专家的指导下，教研组确定了教学内容的重点和难点。重点包括：圆的定义、特征、半径、直径，而圆的半径、直径和用圆规画圆，特别是如何引导学生找到圆心，这些都是这个内容的难点。

结合重点和难点分析，他们还分析了学情。这种分析主要基于学生是否具备必要的经验或知识（来自日常生活或以前的数学学习）来学习这些内容。

随后，这些老师在专家的指导下构建概念图。他们首先研究分解了学习行为动词；其次，他们讨论并确定了学习行为的条件；最后，他们咨询并确定学习行为的程度（见图 4）。

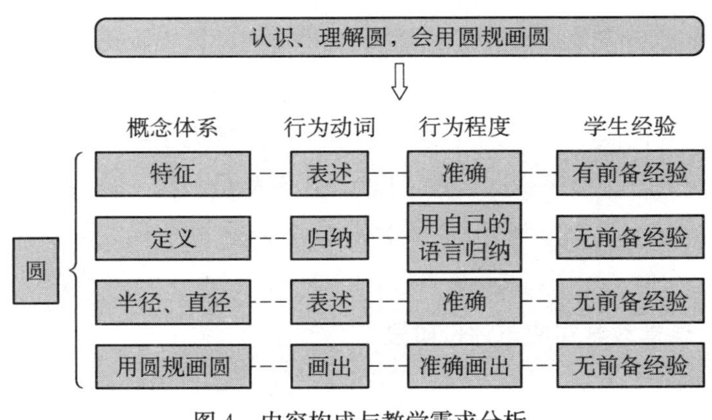

图 4　内容构成与教学需求分析

4. 从分析教科书到制定教学目标

基于以上步骤，教师们总结了学习目标：(1)学生可以准确地表达圆的特征；(2)学生可以准确描述半径和直径的特征；(3)在教师的指导下，通过观察、思考、比较，学生可以系统地总结出圆的定义；(4)根据教师的演示，结合观察和练习，学生可以准确地用圆规画圆。

最终，教师制定了三个维度的学习目标：

- 知识与技能目标：认识圆的各部分名称，理解和掌握圆的基本特征，会用圆规画圆，并能用圆的基本特征解决生活中的实际问题。

- 过程与方法目标：经历观察、发现、创造等数学活动探索圆的特征，培养学生的动手操作、合作与交流的能力，同时发展学生的空间观念。
- 情感态度与价值观目标：培养学生的质疑精神和创新品质，使学生享受数学思维的乐趣。

5. 研究已有的课程计划和教学设计样例

“圆的认识”是中国小学数学课程的一个重要课题。它作为几何图形中的代表性内容主题具有一些典型特征，在它的学习过程中，还包含了各种数学思想和方法等，这也是每个小学数学教师需要教授的主题。多年来，已经开发了许多优秀的教学设计，如张齐华文化视角的教学设计(张齐华，2010)，以及华应龙基于学生的现实生活经验的教学设计(华应龙，2009)等。这些现成的教学设计可为小学教师们课程规划与教学设计提供很好的参考。

本研究中的小学教师研究了包括张齐华(2010)和华应龙(2009)两个教学设计样例，甚至更多的教学设计，然后他们就同一主题进行了个人的教学设计。从这些教学设计的样例中，他们还意识到教学设计无需完全遵循教科书中提供的特定内容材料及其安排顺序。这么做了以后，他们意识到深入彻底地研究教科书的重要性。

阶段 3：课堂教学实施与评价阶段

1. 课堂教学

有了深入研究教科书的坚实基础，接下来就进行课堂教学的设计与实施。通过教学评估，教师们可以展示他们从教科书中学到的知识，并论证他们教学设计的合理性。根据人教版教材提供的内容材料和方法，课堂教学应采用探究式教学方法并尝试动手操作的方法。然而，具体教学方法和内容材料的灵活选择和应用取决于一个重要的基础：深入研究教科书。

2. 通过说课进行评价与反思

说课用于考察他们在参加“深入研究教科书”活动后学到了什么并收集数据。通过对“深入研究教科书”活动之前的访谈，以及活动之后的“说课”活动，6 位专家——3 位特级教师、1 位大学教师和 2 位教研员分别对教师的知识给出了他们的评分。表 4 中的结果是平均成绩（在“之前”这列中，空白表示教师没有或未表现出这样的知识）。该表中 A、B、C 的得分分别为 90～100、75～89、60～74。具体来说，A 优于 B，B 优于 C。

研究问题 2：教研组的数学教师们通过深入研究教科书学到了什么？

从教学研究活动前后教师知识的变化，主要是通过观察、访谈和说课，我们了解到在职教师从教科书中学到什么。分析了不同阶段的数据，结果如下。

1. “深入研究教科书”教研活动前

教师甲是一名初级教师。大约 3 年前，他开始了他的教学生涯，现在为六年级教授数学。他对数学教学的要求比较熟悉。他对访谈问题的回答如下：

通常我会先阅读教科书以熟悉内容。教科书是权威的教学材料，由教育专家编写，也符合数学课程标准等。因此在大多数情况下，我通常根据教科书制定和实施教学。我主要使用教科书进行教学设计，但有时我也会学习他人的做法，例如从互联网或其他人那里下载教学设计和 PPT。

教师乙从一年级教起，已经进入了第 6 个年头。这是她第一次教授“圆的认识”。她已接近完成一到六年级的整个教学过程。在她 5 年多的专业教学生涯中，她基本上学会了如何分析和研究教科书并进行教学设计。她对访谈问题的回答如下：

通常我会阅读教科书，并查找教科书中使用或暗示的内容材料和教学方法。当我进行教学设计时，我一般都会遵守教科书中的内容的顺序、问题、方法等，但有时我会灵活地安排，以满足学生的需求和内容的实际情况。

教师丙是一位经验丰富的老师，这是她教学的第 13 个年头。这是她第二次教授“圆的认识”。作为六年级数学教研组组长，她负责带领所有六年级数学教师开展教研活动。她已经完成了两轮的小学数学教学，在超过 12 年的教学中，她精通各种数学教学。她对访谈问题回答如下：

研究教材需要考虑几个方面，如学生的学习状况、教学难点等。教科书为我们呈现了教学理念、资源材料，甚至教学方法。然而，具体到教学，我们需要综合考虑。一个基本的做法就是掌握学科内容的本质，研究学生的学习和认知。

根据 3 位老师的上述回答，我们可以获知关于他们使用教科书的方法及他们对教科书及其内容的了解情况。初级教师甲将教科书作为“权威”，教师乙认为教科书是“信息库”或需遵循的教学材料仓库，她可以“灵活地”使用教科书。教师丙考虑学生的认知发展和内容特征，对教科书的使用更为先进。这 3 位老师均能用不同的方式研究教科书。

根据上述访谈信息，可以得出结论，不同的教学经验使教师对研究和使用教科书有不同的理解和实践。这 3 位老师都没有给出具体的研究教科书的方法和程序，但是用“阅读”和其他词语进行粗略描述，他们还没有掌握系统而全面的分析和研究教科书的方法。

2. “深入研究教科书”教研活动后

经过两周的教研活动，如何通过“深入研究教科书”来改变 3 名学校教师的知识？通过分析这些教师在“深入研究教科书”活动之前、期间和之后的表现，包括对教师的访谈、他们在确定并得到学习目标等方面的表现，我们就教师通过活动，在知识方面发生的变化获得了一些结果。

a. 促进知识变化的关注和讨论

在活动开始时，从教科书到教学设计，教学中的一些关注点主要出现在以下三个方面：

首先，最初的教学设计更侧重于组织学生进行折纸、测量、比较等活动，以发现圆的特征，而不是通过推理、想象和其他思维活动来概括圆的特征。这样考虑的原因可能与教科书中内容的呈现方式密切相关。然而，若教师只局限于教科书中的内容，他们可能无法发现文本中隐藏的思想和方法，不能将材料、思想和方法与学生的认知特征联系起来，作为最终产品的教学设计只不过是一种形式。这样的设计将无法培养学生的知识和技能、数学思考能力、问题解决能力以及他们的情感态度。

其次，如果指导的重点是帮助学生学习如何用圆规画圆，那么就无法引导学生思考“为什么可以用圆规画圆”这个问题。这促使教师进一步调整和改进他们的教学设计。

最后，如果从历史和文化的角度关注数学教学，它可能会关注历史，但不一定关注关于这一主题的历史和文化思想及其数学本质。这种关注促使这些教师考虑利用历史和文化思想及其数学本质而不是历史本身。

“圆”一直是中国数学史上重要的数学话题，比如古代著名的《周髀算经》中的

"圆容于(出自)方"的思想(赵君卿,1980,第58页)(见图5)。现代社会中的摩天轮实际上是研究和探索圆的绝佳材料。

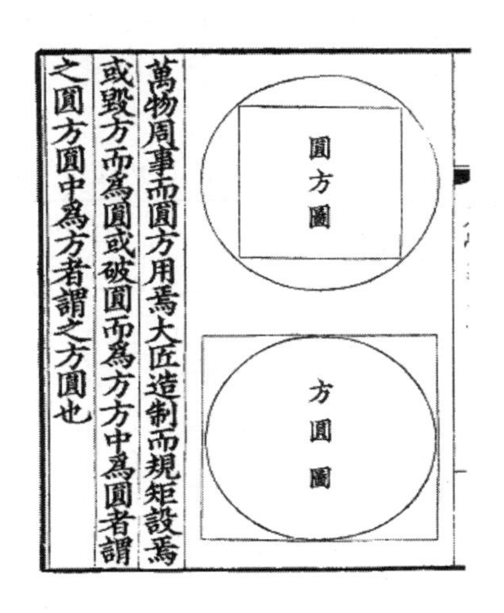

萬物周事而圓方用焉大匠造制而規矩設焉或毀方而爲圓或破圓而爲方方中爲圓者謂之圓方圓中爲方者謂之方圓也

圓方圖

方圓圖

图5　中国《周髀算经》"圆容于(出于)方"的思想

如上所述这三个关注进一步推进了该教研组老师们的深入教学思考。教师应该在"圆的认识"的教学中做些什么？经过讨论,该教研组的老师们就以下两个方面达成了共识:

第一个方面是研究教科书不仅要从明确的成分,如内容材料及其在教科书中和课堂教学中的顺序,而且要在更深层次上找出教科书中包含的方法和思想。我们需要创造性地使用教科书。因此,我们的小学数学教学不仅要关注"什么"和"怎么做",还要引导学生探索"为什么"和"为什么要这样做"。这样的教学才能够突出并反映作为工具的数学的特征,并让学生深入理解数学的本质。

第二个方面是教师应引导学生从探究过程中体验现象的本质,鼓励学生培养研究问题的良好意识。"问题是数学的心脏",数学教师应该为学生提供一个指导他们"知道如何思考"的程序,学生可掌握作为"非言语程序性知识"的思维方式。

b. 教师学科知识和学科教学知识的变化

现在我们重点评估教师通过参加活动对其数学知识发展产生的影响,描述其学科知识和学科教学知识的变化。

面对通过“集中讨论和综合评估”方法获得的数据，6位专家（即3位特级教师、1位大学教师和2位教研员）独立评估了每位教师的数学知识及其教学内容知识。最后，通过取6位专家给分的平均数或众数，我们得到了表4中的结果（见“后”栏）。

表4　3位教师知识的变化

教师知识	具体方面	教师甲		教师乙		教师丙	
		前	后	前	后	前	后
数学知识	基本定义	B	B	B	B	A	A
	关联性		B	B	A	A	A
	多元表征	B	A	B	A	B	A
	纵向联系		B	C	B	B	A
	数学史		B		B		A
教学内容知识	教学主题的目标理念	C	B	B	A	A	A
	学生理解的知识	C	B	B	A	A	A
	课程知识	B	A	B	A	B	A
	教学策略知识	C	B	B	A	B	A

关于教师的数学知识，6位评估专家一致认为，三位教师都知道关于圆的那些基本定义，这类知识并没有明显改变。但是对于“关联性”知识，3位教师之间显然存在差异也有改变。例如，一开始，教师甲只知道圆的组成部分，而不知道这些组成部分之间的关系。所有3位教师对圆的纵向连贯性知识都得到了更大程度的提高，在整个研究过程中，数学知识方面最明显的变化就是数学史知识，在教学和研究活动之前，3位教师都没有什么数学史知识，但在教科书研究活动之后，他们或多或少地了解了圆的历史及其在教学中的作用和用法。

关于教师的教学内容知识，从确定和形成学习目标以及课堂教学的过程中，通过横向（3位教师之间）和纵向（“深入研究教科书”活动之前与之后）比较，6位评估专家对3位教师给出了评价等级，如表4所示，3位教师的教学内容知识显然已经有了相当大的发展和进步。

讨论和结论

根据上述研究结果和研究活动的全过程，我们可以得出以下结论：

通过教研活动深刻理解数学

马力平（Ma，2010）发现，中国数学教师对小学数学有着深刻的理解，他们有更好的数学教学知识。杨玉东（Yang，2009）指出了一个可能原因就是所有数学教师都参与了在校本教学研究网络中进行的各种教研活动。本研究的结果表明，正如马力平（Ma，2010）所论证的那样，研究教科书是一个重要原因。容易看到，参与教研活动的所有教师在数学知识和教学内容知识方面都有不同程度的提高，该活动为增进教师学科和教学知识提供了支持，并为有效使用教科书和辅助材料提供了指导。

如何通过深入研究教科书来改善教师的知识？

在许多中国教师的心目中，研究教科书是关于课程、内容和教学的重要学习过程。如本案例研究所示，教科书的研究和学习的具体过程主要包括“研究→设计→教学→评估和改进”。这一“深入研究教科书”的过程实际上带有普遍实践的性质，因为深入研究教科书和教研组网络在中国大陆是普遍存在的。本研究展示了有组织的教学研究活动的过程，通过该深入研究教科书活动，可以在特定案例中逐步拓展教师的知识。

本研究的结果还有助于人们了解在中国是如何通过校本的教科书研究实施教师培训和拓展教师知识的，对思考其他教育系统中数学教师以及一般教师教育者的专业发展有所贡献。事实上，在学校层面，本研究中深入研究教科书提高教师知识的做法既显示了它的可行性，又展示了如何在实际的学校环境中具体应用它。

注释

1 在中国,“特级教师”是国家为了表彰特别优秀的中小学教师而特设的一种既具先进性,又有专业性的称号。特级教师应是师德的表率、育人的模范、教学的专家。http://baike.baidu.com/view/282390.htm?fr=aladdin

2 在中国,教研员作为学科教学的中坚骨干分子,指导任课教师上课,也是学科教研的带头人,是将课程目标落实到课堂教学中的关键人物。http://baike.baidu.com/view/174988.htm

3 其他三个领域是:“数与代数”、“统计与概率”、“综合与实践”。

4 在中国,九年义务教育被分为三个学段,每一学段为三年,小学阶段包含其中的第一和第二学段。

参考文献

Armstrong, B., & Bezuk, N. (1995). Multiplication and division of fractions: The search for meaning. In J. Sowder & B. Schappelle (Eds.), *Providing a foundation for teaching mathematics in the middle grades* (pp. 85 - 119). Albany, NY: State University of New York Press.

Davis, J. D. (2009). Understanding the influence of two mathematics textbooks on prospective secondary teachers' knowledge. *Journal of Mathematics Teacher Education*, 12(5), 365 - 389.

Ding, M., Li, Y., Li, X., & Gu, J. (2013). Knowing and understanding instructional mathematics content through intensive studies of textbooks. In Y. Li & R. Huang (Eds.), *How Chinese teach mathematics and improve teaching* (pp. 66 - 82). New York, NY: Routledge.

Grossman, P. (1990). *Making of a teacher: Teacher knowledge and teacher education.* New York, NY: Teachers College Press.

顾泠沅,王洁(2003).教师在教育行动中成长——以课例为载体的教师教育模式研究[J].

全球教育展望,3(1)：44－49.

Howson, G. (1995). *Mathematics textbooks: A comparative study of grade 8 textbooks*. Vancouver: Pacific Educational Press.

华应龙(2009). 我这样教数学——华应龙课堂实录[M]. 上海：华东师范大学出版社.

Kats, V. (1998). *A history of mathematics: An introduction* (2nd ed.). Hong Kong: Pearson Education Asia Limited and Higher Education Press.

Li, J. (2004). Thorough understanding of the textbook: A significant feature of Chinese teacher manuals. In L. Fan, N. Wong, J. Cai, & S. Li (Eds.), *How Chinese learn mathematics: Perspectives from insiders* (pp. 262－281). Singapore: World Scientific Publishing.

Li, Y. (2007). Curriculum and culture: An exploratory examination of mathematics curriculum materials in their system and cultural contexts. *The Mathematics Educator*, 10(1), 21－38.

Li, Y. (2008). Transforming curriculum from intended to implemented: What teachers need to do and what they learned in the United States and China. In Z. Usiskin & E. Willmore (Eds.), *Mathematics curriculum in Pacific rim countries: China, Japan, Korea, and Singapore* (pp. 183－195). Charlotte, NC: Information Age.

Li, Y., & Lappan, G. (Eds.). (2014). *Mathematics curriculum in school education*. Dordrecht: Springer.

Li, Y., Chen, X., & Kulm, G. (2009). Mathematics teachers' practices and thinking in lesson plan development: A case of teaching fraction division. *ZDM: The International Journal on Mathematics Education*, 41, 717－731.

Li, Y., Zhang, J., & Ma, T. (2009). Approaches and practices in developing mathematics textbooks in China. *ZDM: The International Journal on Mathematics Education*, 41, 733－748.

卢江,杨刚(2006). 数学(六年级上册)[M]. 北京：人民教育出版社.

Ma, L. (2010). *Knowing and teaching elementary mathematics* (2nd version). New York, NY: Taylor & Francis.

马云鹏(2013). 小学数学教学论[M]. 北京：人民教育出版社.

Ma, Y., Zhao, D., & Tuo, Z. (2004). Differences within communalities: How is mathematics taught in rural and urban regions in Mainland China? In L. Fan, N. Wong, J. Cai, & S. Li (Eds.), *How Chinese learn mathematics: Perspectives from insiders* (pp. 413－442). Singapore: World Scientific Publishing.

中国教育部(2011). 义务教育数学课程标准(2011年版)[M]. 北京：北京师范大学出版社.

Nathan, M., Long, S., & Alibali, M. (2002). The symbol precedence view of mathematical development: A corpus analysis of the rhetorical structure of textbooks. *Discourse Processes*, 33, 1－21.

Nicol, C. C., & Crespo, S. M. (2006). Learning to teach with mathematics textbooks:

How preservice teachers interpret and use curriculum material. *Educational Studies in Mathematics*, 62, 331 - 355.

Peng, A. (2007). Knowledge growth of mathematics teacher during the professional activity based on the task of lesson explaining. *Journal of Mathematics Teacher Education*, 3, 289 - 299.

Pepin, B., & Haggarty, L. (2001). Mathematics textbooks and their use in English, French and German classrooms: A way to understand teaching and learning cultures. *ZDM: The International Journal on Mathematics Education*, 33(5), 158 - 175.

Pepin, B., Gueudet, G., & Trouche, L. (2013). Investigating textbooks as crucial interfaces between culture, policy and teacher curricular practice: Two contrasted case studies in France and Norway. *ZDM: The International Journal on Mathematics Education*, 45, 685 - 698.

Remillard, J., Herbel-Eisenmann, B., & Lloyd, G. (Eds.). (2009). *Mathematics teachers at work: Connecting curriculum materials and classroom instruction*. New York, NY: Routledge.

Reys, B. J., Reys, R. E., & Chavez, O. (2004). Why mathematics textbooks matter. *Educational Leadership*, 61(5), 61 - 66.

Schmidt, W. (Ed.). (1996). *Characterizing pedagogical flow: An investigation of mathematics and science teaching in six countries*. Boston, MA: Kluwer Academic Publishers.

Schmidt, W. H., Wang, H. C., & McKnight, C. C. (2005). Curriculum coherence: An examination of mathematics and science content standards from an international perspective. *Journal of Curriculum Studies*, 37, 525 - 559.

Schoenfeld, A. (1988). When good teaching leads to bad results: The disasters of "well taught" mathematics courses. *Educational Psychologists*, 23(2), 145 - 166.

Shield, M., & Dole, S. (2013). Assessing the potential of mathematics textbooks to promote deep learning. *Educational Studies in Mathematics*, 82, 183 - 199.

Shulman, L. S. (1986). Those who understand: Knowledge growth in teaching. *Educational Researcher*, 15(2), 4 - 14.

Stein, M. K., Remillard, J., & Smith, M. S. (2007). How curriculum influences student learning. In F. K. Lester (Ed.), *Second handbook of research on mathematics teaching and learning* (pp. 319 - 369). Charlotte, NC: Information Age.

Sun, X. (2011). Variation problems and their roles in the topic of fraction division in Chinese mathematics textbook examples. *Educational Studies in Mathematics*, 76(1), 65 - 85.

Sun, X., Neto, T., &Ordóñez, L. (2013). Different features of task design associated with goals and pedagogies in Chinese and Portuguese textbooks: The case of addition and subtraction. In C. Margolinas (Ed.), *Task design in masthematics education*

(Proceedings of ICMI Study 22)(pp. 409 - 418). Oxford: Retrieved February 10, 2013, from https://www.hal.archives-ouvertes.fr/hal-00834054v3.

Vincent, J., & Stacey, K. (2008). Do mathematics textbooks cultivate shallow teaching? Applying the TIMSS video study criteria to Australian Eighth-grade mathematics textbooks. *Mathematics Education Research Journal*, 20(1), 82 - 107

吴正宪(2006).吴正宪与小学数学[M].北京:北京师范大学出版社.

徐斌(2006).走近徐斌[M].福州:福建教育出版社.

Yang, Y. (2009). How a Chinese teacher improved classroom teaching in teaching research group: A case study on Pythagoras theorem. *ZDM: The International Journal on Mathematics Education*, 41(3), 279 - 296.

Yang, Y., & Ricks, T. (2013). Chinese lesson study. In Y. Li & R. Huang (Eds.), *How Chinese teach mathematics and improve teaching* (pp. 51 - 65). New York, NY: Routledge

张齐华(2010).审视课堂:张齐华与小学数学文化[M].北京:北京师范大学出版社.

赵君卿注(1980).周髀算经[M].北京:文物出版社,p. 58.

10. 骨干教师在名师工作室学习的个案研究

黄兴丰[①] 黄荣金[②]

引言

在中国,随着课程改革不断深入,教师的专业发展已然变成了关键的话题。面对这一挑战,许多改革的教师专业发展项目逐渐发展起来,例如大规模的教师培训、教研活动和新教师指导(Huang, Ye, & Prince, 2016)。教师专业发展的最终目的是为了提升教师的课堂教学水平,提高学生的学习成绩(Evan & Ball, 2009)。10年前,顾泠沅、王洁(2003a,2003b)建立了课例研究的模式,即在专家的指导下同伴教师通过合作研究课堂(Huang & Bao, 2006)。实际上,中国各种教研活动的核心就是课堂研究(Huang, Peng, Wang, & Li, 2010)。一般来说,在公开课研究(Han & Paine, 2010)、教学比赛(Li & Li, 2009)、教研活动(Yang & Ricks, 2012)中,教师通过共同合作设计课堂、实施教学、观摩和反思课堂来改进课堂。通过这些合作,教师可以从中发展个人的课堂教学专门技能(Han & Paine, 2010; Huang, Zhang, Li, & Li, 2011; Wang & Paine, 2003; Yang & Ricks, 2012)。在一对一的"师徒结对"中,有经验的教师通过学校组织的教研活动,帮助新教师发展他们的教学技能(Huang 等,2010; Li & Huang, 2008)。为了帮助骨干教师进一步发展成为专家教师,在过去的10年间,全国范围内兴起了众多的名师工作室。尽管这样,人们对于骨干教师在名师工作室中究竟学到了什么,他们又是怎样学习的,知之甚少(Li, Tang, & Gong, 2011)。为此,我们采用一种个案研究的方法,探索作为骨干教师的万老师如何向章老师学习,而章老师是华东地区一个名师工作室的主持人。具体而言,我们将关注这名教师在"师傅"

① 黄兴丰,上海师范大学教育学院。
② 黄荣金,美国中田纳西州立大学数学系。

的帮助下，怎样通过课例研究提高自身教学水平，同时我们还要研究这名骨干教师在探索不同课堂教学的过程中，如何通过扩展个人的学习经历不断发展个人的专业技能。

背景及理论思考

中国的名师工作室(MTW)

名师工作室是一个专业学习共同体，其成员包括由官方授予特级教师称号的教师(领衔人)和多名骨干教师(年轻有前途的教师)。名师工作室是官方认可的组织，而且由当地的教育部门和政府提供经费。他们希望工作室的领衔人，也就是特级教师，能在促进当地骨干教师专业技能的发展上，起到至关重要的作用(全力，2009)，而且也要求他们能制订工作室的具体目标和计划。一般来说，名师工作室会安排教师参加各类活动，例如研讨会、课题研究以及观摩公开课(刘穿石，2010；Yang & Ricks，2013)。每个名师工作室的活动形式和内容都会因当地教育政策和领衔人的风格而不同(陈德前、王文，2013；邵红、朱蕾，2013；张必华，2013)。尽管工作室的活动形式比较多样化，但是对于所有工作室而言，研究课堂教学是它们共同的核心任务。

张华(2012)指出：名师工作室“创造了一种自下而上的，以教师为中心的，由教师发起的教师专业发展模式，同时也创新了一种新的教学研究方法。因此，教学研究也变成了一种常见的实践手段，使教师向卓越成长的发展成为可能”(第52页)。尽管如此，一些学者也发现了名师工作室在管理中存在诸多困难，包括特级教师缺乏有效的指导(Fang 等，2012)，作为领衔人的特级教师和参与学习的骨干教师在学习共同体中缺少平等的互动(张华，2012)。因此，有必要探索特级教师与骨干教师如何通过合作来提升他们的专业能力。

中国通过学校教研体系提升课堂教学水平

教师专业发展的核心任务是研究课堂教学。顾泠沅和王洁(2003)发现教师在准备教学计划和课堂教学之后的研讨环节中，非常乐意接受专家给出关于课堂教学的专业评论和建议。Yang 和 Ricks(2012)发现教研活动能帮助教师通过选择恰当的问题和渗透思想方法等途径关注学生数学学习上的概念性理解。Han和Paine(2010)也同样证实教研活动能提升教师设计数学问题、化解学生学习困难和运用数学语言的能力。另一方面,“师傅”的指导对提升新教师的教学能力也十分重要。Wang和Paine(2001)讲述了上海一位新教师如何在“师傅”的帮助下提升她的课堂教学能力。Li和他的同事(2011)也呈现了两个个案,讲述骨干教师在特级教师的指导下如何改进课堂教学计划。这些研究表明在骨干教师或专家教师的指导下,教师能有效提高自身的课堂教学能力。尽管如此,我们还不是十分清楚,教师在特定课堂教学上的改进是否可以促进他们一般教学能力的发展。

教师学习实践

关于教师的学习主要有建构主义和社会文化这两种观点。从根本上来说,建构主义的观点更多地关注个人的认知发展,而社会文化的观点则更多地强调学习应当是在社会文化情境中的过程参与。尽管如此,许多研究者认为这两种观点是相互补充的(Borko, 2004; Lewis, Perry, & Hurd, 2009; Sfard, 1998)。例如,Broko(2004)提出了一种教师情境学习的观点,另外Lewis等(2009)聚焦如下三个方面对教师的学习展开了研究:教师知识和理念、教学实践和专业学习共同体。

关于教师的成长过程,Clarke和Hollingsworth(2002)提出了一种被高度认可的内在联结模型(Bakkenes, Vermunt, & Wubbels, 2010; Goldsmith, Doerr, & Lewis, 2014; Opfer & Pedder, 2011)。根据Clarke和Hollingsworth(2002)的观点,教师在外在领域、个人领域、实践领域、结果领域四个领域通过反复实施和反思来获得成长。外在领域是指激发和推动教师学习的制度和政策;个人领域是指教师的个性特征,例如态度、理念和知识;实践领域是指教师的教学实践;结果领域是学生的学习以及其他可以被解读成教师专业行为发展的结果。在综述文献的基础上,Goldsmith等(2014)指出了与教师发展相关的八个主要领域:教师身份认同、理念和情感、数学内容知识、教师的教学实践、教师合作与学习共同体、关注学生的思考、课程和专业发展的特征。Bakkenes等(2010)强调了三种学习活动,即教学实验、思考个人实践、借鉴他人想法,以及三种与之相关的学习成果——知识和理念的变化、教学预设的变化,以及实际教学的变化。这些变化关注的是经验教师的学习。

总之，教师在正式或非正式环境下的学习实践可以包括如下的变化：(1)教学的知识、理念和态度；(2)(预设和实际的)教学实践；(3)专业学习共同体。

研究问题

由于本研究探索的是骨干教师在名师工作室中的学习情况，我们更多关注教师关于数学教学理念的改变，以及教学实践的变化。我们采用个案研究的方法来探索如下问题：骨干教师在名师工作室中究竟能学到什么？

方法论

参与者

章老师是一位初中数学特级教师。他有着近20年的教龄，并且从2009年起就在该区领导一个名师工作室。他现在是无锡乡村一所中学的校长，也是无锡教育专家委员会的一名成员。他曾多次在国家级、省级和市级的教学比赛中获奖，并且发表了很多的期刊文章。在2012年，经过了个人申请、学校推荐和专家审查的严格筛选，万老师成为章老师名师工作室中的一员。万老师是锡山区乡村另外一所初中的数学教师，教龄超过15年。他曾被当地教育部门颁发过多种荣誉奖项，并在之后的3年中与其他6位成员一起在章老师的工作室中学习。

章老师为他名师工作室中的每一位成员都制定了一份3年计划。万老师在这个工作室中的发展目标包括加强理论基础、形成个人教学风格、学习教学研究和带教年轻教师。章老师的工作室有一个网站，同时为了给所有的工作室成员创造分享和讨论的机会，章老师建了一个QQ群。后来许多不是工作室成员的老师也加入了这个群聊，到目前为止这个群已经有大约100位成员了。每年章老师的工作室都会组织一系列的活动来促进教师的专业发展，例如公开课的展示活动、编写教学资料和参加学术会议等。

数据的收集与分析

在这个研究中，我们总共收集了四类数据。第一部分的数据由名师工作室的一些背景信息包括计划、评估标准和工作日程安排等组成。这些数据主要来自工作室的网站和QQ群。同时,我们也收集了一些课堂案例以及章老师发表的文章,这样便于我们理解他的教学理念和教学风格。

第二部分的数据主要来自工作室组织的公开课活动。在2014年5月,章老师工作室的成员和其他两位来自附近金坛的名师工作室的成员组织了研讨复习课的公开课展示。公开课的展示和一般教研活动很相似,首先,3名教师分别展示公开课,来自3个名师工作室的总共20名教师听课。这3名教师中其中一名是万老师,其余两名都是来自金坛学校的骨干教师。他们3人上的都是全等三角形的复习课。在课后讨论中,3名教师都简要解释了他们的教学计划和具体实施情况,随后3个工作室的领衔人对这些课进行了点评。我们收集的材料包括教学计划、课程录像(每节课45分钟)和课后讨论的音频(约为120分钟)。我们主要关注万老师的经历,因此仅仅对和他相关的材料进行分析。

第三部分的数据来自万老师的教学设计过程。万老师在上课前一周就已经设计好了教学计划。但实际上,在几年之前,万老师在另外一所乡村学校做了一年的志愿者教师,在那儿他已经上过这节内容的公开课了。万老师把他的教学计划通过QQ群发给了章老师。他们在群内进行了简短的交流,随后万老师修改了他的教学计划。3天之后,万老师在他的学校里试讲了这节公开课。章老师听了这节试讲课并在课后和万老师进行了讨论。之后万老师进一步修改了他的教学计划。在这个过程中,我们收集了许多资料,包括万老师在做志愿者时候的教学计划、公开课录像(大约45分钟)和在学校教学之后的讨论音频(大约60分钟)。

第四部分的数据主要是对万老师的访谈。我们总共对万老师进行了3次电话采访,第一次持续时间约为120分钟,第二次约为50分钟,第三次约为90分钟。除了采访之外,万老师还给了我们几份额外的文档,包括他在区教学比赛中所展示的一节课的教学计划和一份为区教师培训所准备的一节公开课的教学计划。这两节课都是在万老师这节公开课之后一段时间内所展示的公开课。

我们的目的是为了了解万老师在章老师的名师工作室里学到了什么,以及他是怎样学到的。因此我们会更多地关注教师在教学理念和实践上的变化。我们同样也十分关注教师的学习。我们仔细地对比了试讲课和公开课的录像,并分析了其他一些相关的数据:万老师和章老师讨论的音频、3个工作室所有成员的会议录音,还有万老师的教学计划和对他的访谈。从数据分析中得出了四个主题,包括课的结构设计、开放自主的教室环境、化解学生的学习困难和理解学生的学情。我们的研究发现，教师在理念和实践上的所有改变，都与特定课堂活动中学生的问题提出密切相关。我们同时也分析了章老师的课堂教学计划和他发表的关于数学教学的文章，目的同样是为了了解骨干教师在他那里学到什么，又是怎样学到的。

结果

在我们呈现主要的发现之前，我们先叙述“师傅”关于数学教学的理念，以此来了解他的理念会对“徒弟”的理念的改变产生多大的影响。我们的发现主要包括两节课之间的显著变化、导致这些变化的原因，以及万老师在进一步拓展新的教学模式中所做的努力。

章老师的数学教学理念

隐喻：珍珠和项链。章老师一贯主张复习课的教学要有一条主线（知识发展的焦点与进阶），能把散落的珍珠（概念和技能）串成一条美丽的项链（知识网络和结构）。在和万老师讨论复习课的教学原则时，他提供了之前的教学计划来说明这一观点。

章老师提供的案例是《图形的变换》这节复习课（章晓东、徐新，2012）。在教学中，他以正方形的旋转为核心载体，旨在促进学生对旋转变换中“变与不变”的深刻理解。为了达到预设的教学目标，他设计了第一个问题（图1）。在这个问题中，章老师引导学生观察图形中具有相等关系的线段，并启发他们给出必要的说明或证明。然后，在此基础上，再添加条件（例如，给出正方形的边长，或者给出旋转的角度），并要求学生计算出阴影部分的面积。

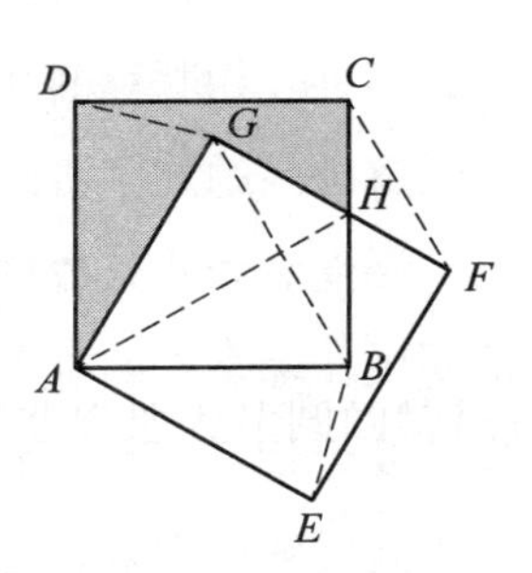

图1　章老师教学计划中的例题1

把正方形 $ABCD$ 绕着点 A 旋转 α（$0^{0} \leqslant \alpha \leqslant 90^{0}$，按顺时针方向旋转），得到一个正方形 $AEFG$，且 BC 和 FG 相交于点 H。

章老师指出，课堂中的每个问题都可以看成是一颗珍珠，我们应当寻找一根丝线把它串起来。在这种教学理念的引导下，他通过不断改变例题 1 中的旋转中心作为主线，来变化出不同的图形(图 2)，即用这条丝线把“珍珠”都串起来。

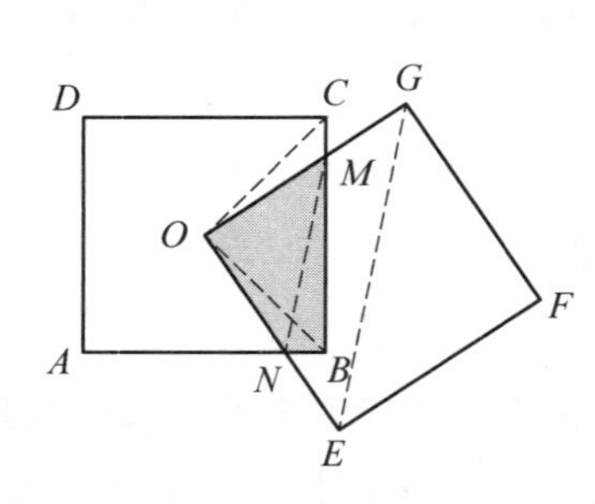

(1) 将原来的旋转中心 A 换成点 O，随后将正方形绕着点 O 旋转

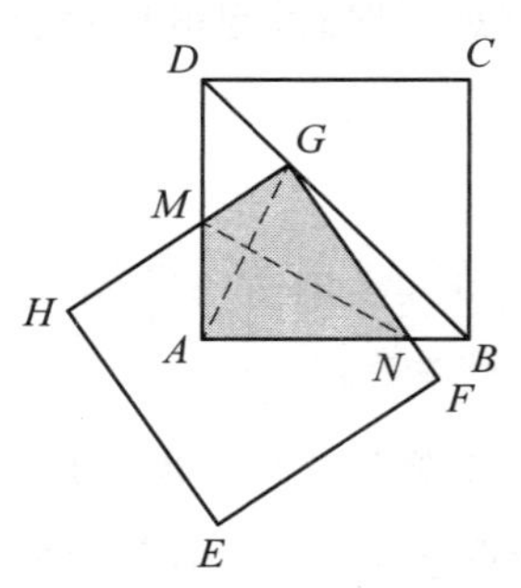

(2) 将原来的旋转中心 A 换成 BD 上的点 G，随后将正方形绕着点 G 旋转

图 2　章老师教学计划中例题 1 的几种变形

章老师一直主张少量但具针对性的例题设计反而会比大量零散的练习更能够带给学生空间，让他们探究数学的本质和进行数学思考。复习课如果坚持这样做，学生就能真正“聪明”起来。

从这个案例中我们可以看出，尽管这节课的最终目的是帮助学生复习关于全等三角形的原理和特性，但主体却是一系列精挑细选的例题：从一个原题(问题 1)到多种互相联系的变式例题。而这样系统的有目的的变式教学，有利于学习者积累解决问题的丰富经验和多种策略(鲍建生、黄荣金、易凌峰、顾泠沅，2003)。

课堂活动的开放性和自主性。章老师强调教师应当关注学生的学习。他坚信学生在课堂中的学习应当是“自觉主动、活泼生动、情智互动”的。换言之，一位教师要组织和设计好课堂的活动，营造轻松活泼的气氛，鼓励学生积极主动地参与到问题解决中来。他曾经在《丰富的图形世界》的教学后记中这样写道：

在这节课中，我为学生设计了一些活动。包括让学生用手来触碰立体图形的物理模型、让学生给立体图形命名。这些活动都符合这个年龄阶段的认知特点。所以我认为学生应在参与各类活动的过程中形成知识，而不是由老师告诉他们这些知识。

章老师说："在复习课中，我常常会让学生自己去编题，然后鼓励他们自己解决他们提出的问题，再引申出去，慢慢深入下去。而且，他们会提出很多你预想不到的问题，有的问题也很有深度。这样课堂完全就开放了，学生的主动性就被激发出来了。"（个人谈话，2014年4月11日）

章老师对于数学教学的理念和他的课堂实践反映出了课程标准中的观念（中国教育部，2011）。有效的数学教学不仅要协调好教师的教和学生的学这两者之间的关系，而且还要关注学生理解能力的发展。课程标准强调了学生作为数学学习的主体，应当通过积极参加学习活动来发展他们的能力。教师应当是学生学习的组织者、指导者和合作者，旨在帮助他们建立一个可以促进所有学生发展的环境。

做好预设和生成之间的平衡。课程标准指出教学计划是教师预设的教学过程，这取决于教师对教材的理解和解释。教学计划的实施是将教师预设转变为课堂实践的过程，这就要考虑课堂的实时生成，比如教师决策的时候应当考虑学生的思考和想法（包括不完整的或者错误的想法）。因此，教师应当利用学生真实的想法，并给予他们恰当的引导，同时为了达到更好的课堂教学效果，教师应当及时调整他们的教学计划。章老师对于教学预设和生成之间的关系有着很深刻的见解，并且提出了一个独到的观点：它们两者之间需要保持相对平衡。正如他在下面的文章（章晓东，2009，第50—51页）中所阐述的那样：

根据新的课程标准，充分利用课堂生成资源已经成为课堂教学的一个重要特征。尽管如此，对于许多老师来说这是一个新的挑战。他们还不能在复杂的课堂情况下恰当运用学生生成的资源。因此，一些老师在上课的时候总是一步一步地按照他们的教学计划，他们控制了课堂教学的整个过程。而有些人更是曲解了新的课程标准，他们认为运用学生的生成资源等同于漫无边际，尊重学生成了迁就学生，注重学生的自主变成了让步学生的自由。因此，课堂会变得一片混乱……新的课程标准强调了课堂生成资源的重要价值，但这并不是说为了使用生成资源而偏离了核心数学内容的教学。我们不应表面地肤浅理解而抛弃了本质……

事实上，并不是所有课堂的生成资源都是有意义的。因此，教师应当有目的地引导学生的思考和想法。对于学生一些不相关或不那么重要的想法，教师应当一掠而过；对于学生重要的有意义的生成资源，教师应当鼓励学生进一步探索。

万老师第一次课的简要介绍

复习和介绍。在课一开始的时候，万老师复习了怎样判定全等三角形。他问了全班一个问题：如果想要判断两个三角形是全等三角形，需要哪些条件呢？4名学生说出了基本定理——SSS(如果三条对应边是相等的，那么这两个三角形全等)、ASA(如果两个对应角相等，且它们的夹边也相等，那么这两个三角形全等)、SAS和AAS。万老师继续说道："如果这是一个直角三角形，还有没有其他方法？"所有的学生都回答是HL定理(如果对应斜边和直角边是相等的，那么这两个直角三角形全等)。万老师最后提醒学生不要使用SSA来证明两个三角形全等，因为这是一个错误的命题。

由两个全等三角形模型所构造的模式。万老师给出指示："请用一张纸剪出两个全等的三角形，并通过平移、对称和旋转，看看两个三角形有一些怎样的特殊位置关系？"他已经预料到学生会在这个活动中发现很多位置关系，随后他们能发现一些基本的模式，这为之后学生们能在复杂的图形中找到全等三角形奠定了基础。在课堂上，学生们开始用三角形纸片拼出了平移、对称、旋转等多种形式的基本图形，万老师选取了几位学生来展示他们的成果(图3)，并在PPT上呈现出了他归纳的八种基本图形。

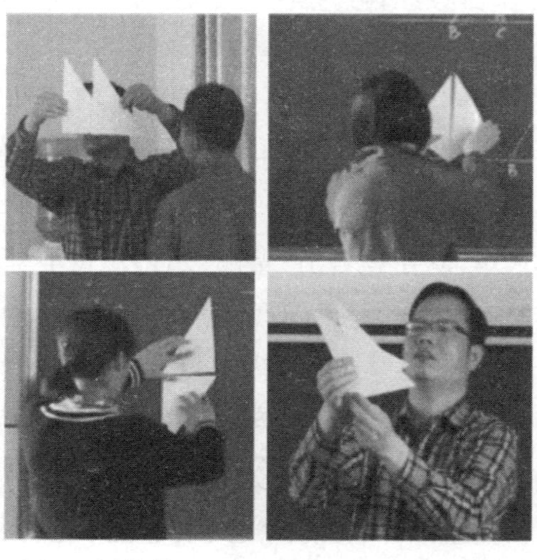

图3　部分学生和万老师在解释他们的想法

例题教学的介绍。第一道例题难度加大，要求学生将一个含有30°角的$Rt\triangle ABC$进行旋转。$\triangle DEC$就是由$\triangle ABC$绕着点C旋转90°得来的，随后沿着BC向左平移得到了$\triangle DEF$(图4)。猜想在平移的过程中，线段AC和DE的位置有何特殊的关系，并请学生证明。然后万老师请学生们增加一些特定条件使得$\triangle APN \cong \triangle DCN$。最后，当给出的条件是$PB=BC$时，万老师又提出了两个问题：(1)请你证明 $\triangle APN \cong \triangle DCN$；(2)请你证明 $\triangle EMP \cong \triangle BMF$。

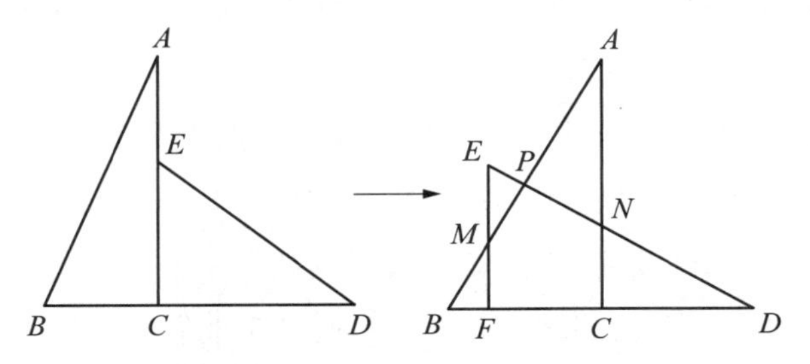

图 4　$\triangle ABC$ 绕着点 C 顺时针旋转 90°得到$\triangle DEC$，再沿着 BC 向左平移得到$\triangle DEF$

万老师继续平移三角形使点 D 和点 B 重合(图5)，然后他又给出了他为这节课准备好的第二个例题。他先连结了 AE，然后让学生们对$\triangle ABE$ 的性质做出猜想并给出证明。再取 AE 的中点 G，连结 GF 和 GC，要求学生们证明$\triangle GFC$ 是等腰直角三角形。

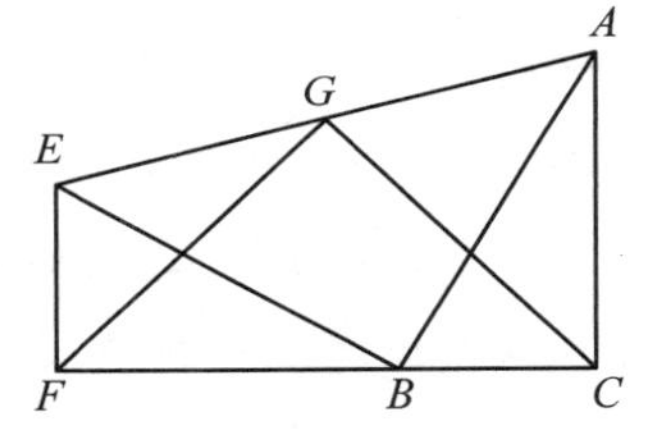

图 5　平移$\triangle EFB$ 使 D 和 B 重合

在第一次课中，万老师先复习了怎样判断两个三角形是全等三角形，然后用了两个全等三角形的纸片通过平移、对称和旋转来构造基本模式。就这样，全等三角形和几何变换就互相联系在了一起。最后，他给出由平移和旋转构成的复杂图形，并要求学生运用他们全等三角形的知识来证明他们的相关猜想。通过这些教学步骤，万老师不仅帮学生复习了关于全等三角形的性质，也将其与几何变换联系在一起了。因此，复习课不再是简单地帮学生们重复一遍所学的知识(张华，2012)，而是一个帮助学生建立不同知识之间的联系的过程，而这一过程能够帮助学生通过复习来获得新的内容。

与此同时，我们也发现万老师设计的一些例题与章老师提出的想法一致。万老师平移了一个直角三角形，然后把它进行不同方向的旋转形成了不同的复杂图形，就这样万老师课上的所有例题都系统化地互相联系在一起了。万老师所采取的策略和之前所提及的章老师的《图形的变化》这节复习课中的策略大致相同。

万老师和章老师的课后讨论

在第一次课后讨论中，章老师指出，从课堂教学的实际效果来看，教学的容量偏大，教师有点在赶教学进度，教师“牵”得过多，学生思考的空间不大。尽管这样，章老师觉得万老师设计的拼图活动很好，一方面把全等三角形和几何变换结合起来了；另一方面，通过使用学具这样的动手操作，激发了学生的主动性。不过，他觉得这样的活动开放度还可以增大，可以把学生拼的图形呈现在黑板上，然后在此基础上鼓励学生自己编题。以下内容摘录于他们的对话：

片段1

章老师：学具是很重要的，学生用的三角形纸片太薄，用模型不太好操作，要换一换……还有，三角形都用含有30°的直角三角形，这样就可以和后面例题中的图形保持一致，可以用来判定直角三角形的全等，还有用HL定理来判定。

万老师：在课上，我们用了两个全等三角形来构造模式。所以我们怎样引导学生通过设计一些例题来证明这两个三角形是不是全等？而且在这节课上我们只用了全等三角形的性质。但是证明三角形的全等也是这一整个单元一节重要的内容。要怎么处理这个问题？

章老师：好的！当三角形经过平移、对称或旋转之后，你会看到一些新的交点、线段和三角形。在这些情况下，我们首先要证明三角形全等，然后再证明对应角和对应线段相等。

万老师：噢！让我明天课上试一试。

在这一段对话中，我们可以看到章老师给出的意见是综合性的。而令人感兴趣的是万老师会在他的第二次课中如何采用这些点子。

第二次课中学生提出问题的改进

在课一开始，万老师就要求学生们用两个已经准备好的全等的直角三角形(有一个30°的角)模板来拼图。他还请了一些学生到黑板上来画，大约比第一次课多出了10种基本图形。随后，万老师邀请学生就这些基本图形进行编题，为了保证课堂的有序和流畅，他先后指定了三个图形要求学生添加或改变条件，并提出问题。

第一个选出的图形是平移型的(图6)。万老师要求学生创造条件，使得

$\triangle ABC \cong \triangle DEF$。学生们给出了如下多种条件：(1) $AD=CF$，$\angle B=\angle E$，$\angle A=\angle EDF$；(2)$\angle B=90°$，$BC=EF$，$AC=DF$，$\angle BCA=\angle F$；(3) $\angle B=\angle E$，$\angle BCA=\angle F$，$AB=DE$；(4) $\angle B=\angle E=90°$，$BC=EF$，$AD=CF$。实际上，如果学生能想出那些能证明这两个三角形全等的条件，他们就已经用了那些相关的概念和定理，也就复习了相关的知识。

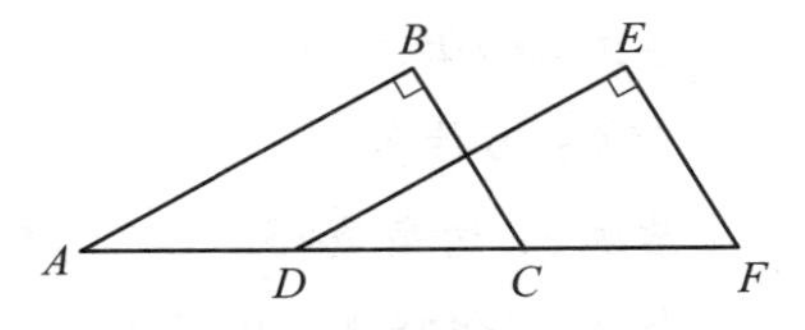

图6 万老师在第二次课上提到的“平移型”图形

第二个是对称型图形(图7)。接下来的对话就表明了师生围绕这个图形进行了互动讨论。

片段2

老师：能否就这张图，大家来编一些题？……前提是$\triangle ABC \cong \triangle ADC$。

学生1：连结BD。BD垂直于AC。

老师：为什么？假设连结BD交AC于O。

学生1：因为$\triangle ABC \cong \triangle ADC$，可得$\angle BAC=\angle DAC$，$AB=AD$，所以$BD$垂直于$AC$。

老师：为什么？

学生1：等腰三角形“三线合一”。

老师：非常好。我们也可以用全等三角形来证明这个结论。还有什么发现……？

学生们(齐)：AC垂直平分BD。

老师：好！如果我们在AC上任取一点O，你会发现什么？……你来说？

学生2：$BO=DO$。

老师：为什么呢？

学生2：因为$\triangle ABO \cong \triangle ADO$。

老师：这个大家都知道吧？刚才已经说过了……其实它是轴对称图形，翻折后一定重合……如果在BC和DC上各取一点E、F，那么有……

学生们(齐)：$AE=AF$。

老师：为了要使$AE=AF$，还要添加哪些条件呢？

学生 3：$BE=DF$。

老师：为什么？

学生 3：边角边(SAS)。

老师：非常好！……

从上面的教学片段中，我们可以发现，学生独立提出了“$BD \perp AC$”的猜想。在教师的引导下，学生们又做出了很多猜想。事实上，这些结论，都是轴对称图形具有的简单性质。尽管学生是在教师的引导下完成其中大多数问题的，但是他们在回答的时候，也都独立地给出了证明。他们大都先用基本事实判定一对三角形全等，然后根据全等三角形的性质，说明对应边相等。

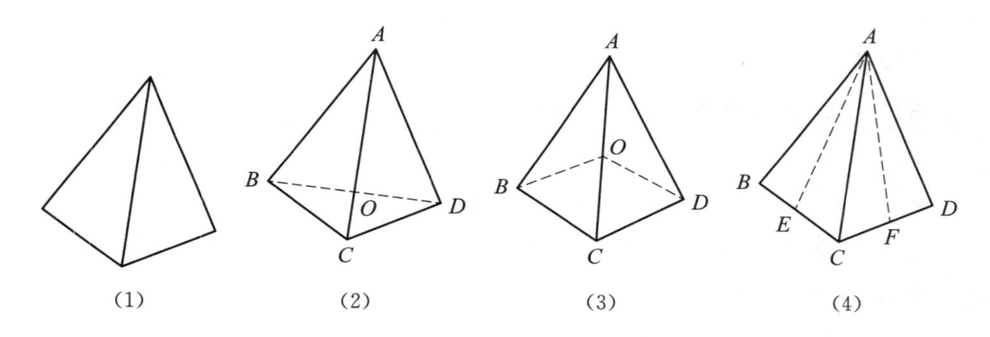

图 7　万老师在第二次课上提到的“对称型”图形

最后一个是旋转型的图形(图 8)。万老师和学生们的讨论如下：

片段 3

老师：你能否在这张图中添加线段，得到相应的结论？

学生 4：过点 C，作线段交 AB、DE 于点 F、G，就有 $CF=CG$。

老师：这个发现很伟大，任意作一条线，产生两个交点，就有线段相等，为什么？

学生们(齐)：这两个三角形是全等三角形。

老师：(万老师把刚刚学生们提到的两个三角形标了出来)全等的依据是什么？

学生 4：对顶角。

老师：对顶角。(万老师在图上标出了这两个对顶角)……还有吗？

学生 4：$\angle B = \angle E$。

老师：嗯，通过原来的这两个三角形全等得到的。还有吗？

学生 4：$EC = BC$。

老师：很好。大家有没有听懂？还有什么发现吗？

学生 5：$AE = BD$。

老师：如果连结 AE 和 BD，就有 $AE = BD$。这个四边形是什么形？

学生们(齐)：菱形。

老师：好的。现在我做一些改动，我把 BE 擦掉，然后在边 AD 上取了 G 点和 F 点。你发现了什么？如果你添加一些条件，你可以得到什么结论？

学生 6：如果 $AF = DG$，那么 $EF = BG$。

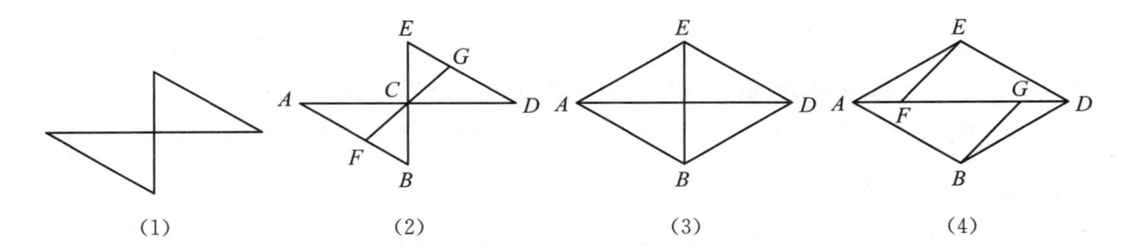

图 8 万老师在第二次课上提到的“旋转型”图形

在这个片段中，我们可以看到，前两个问题是学生自己提出来的，第三个问题是学生在教师的引导下提出的。我们回忆一下在片段 2 里，学生结合特殊的图形，自己添加条件，提出问题，完成证明。可以说，教师激发了学生的思维，营造了课堂师生互动的氛围，而学生在教师的引导下积极参与课堂的教学活动。

在第二次课中，我们可以看到万老师把学生提问作为一种建立全等三角形与几何变换之间关系的策略。在每一个由平移形成的图形中，学生都会增加或更改一些条件，从而提出不同的问题。通过这种方法，学生不仅复习了如何证明两个三角形全等，而且也利用这些基本图形进一步探究了全等三角形。

建立一个以提出问题为基础的复习课教学模式

在分析了对万老师的采访后，我们确定了他在探索如何运用提出问题和解决问题来上好复习课的过程中主要涵盖四个方面：(1)反思和激活已有的经验；(2)在章老师指导下开展教学试验，并向工作室中的其他教师学习；(3)进一步探索和建立一个复习课教学模式；(4)迁移到其他类型的课上。

反思和激活已有的经验。在第二次课中，学生们提出的问题对于能否让这节课达到教学目标起着重要作用。万老师对这样的教学方法是怎么想的呢？他在访谈中告诉了我们他的故事：

万老师：上次章老师说把散落的珍珠串成项链，我认为他的意思可能是创设一个问题情境，然后以这个问题情境作为基础，让学生增减条件，不断地拓展延伸，开枝散叶，把一些零散的题型串连在一起……后来他提出了“主线”一说，我才重新考虑。实际上，灵动的复习课就该这么上，把重要的习题通过学生有机的生成(让学生提条件，让学生回答)组织起来。

万老师把“主线”这种想法和学生的提问联系在一起了。他相信老师应该在课上创设一个问题情境，然后为学生更改条件以创造多种多样的问题。

实际上，万老师在访谈中说道，在几年以前，他曾要求学生自己出一张复习课的测验卷，或者根据不同的类别挑选题目。

万老师：几年以前，我试过让学生自己出一张试卷。我发现这是一个好方法。后来，我当了志愿者教师，我上过这节课的公开课。那时，我在课前给学生布置的回家作业就是挑选一些数学问题并把它们根据全等三角形的不同应用进行分类。在那节课上，学生以小组为单位讨论了他们之前准备好的问题。对于那些比较难的或者是有价值的问题，每一个小组都可以把它推荐给全班同学共同讨论。

那节课给万老师留下的印象很深，以至于他相信这种方法不仅能够激发学生们学习的自主性，而且能帮助他们找到一个“通法”来解决一系列问题。

万老师：学生们都准备得非常好，课堂氛围也非常活跃，每一个学生都会关注其他同学的提问和证明，学生完全成为课堂的主人。一旦他们的自主性被激发了，他们收获到的就不再是知道怎样解决一个或两个问题，而是找到解决一系列问题的方法。

在章老师指导下开展教学试验，并向工作室中的其他教师学习。根据我们的访谈，我们知道几年以前万老师就在复习课上采用了学生提出问题和解决问题的教学方式，那么为什么他在第一次课上不采用这种方法呢？万老师和我们分享了他的想法。

万老师：因为之前的公开课，有一个年轻的老师上了同样的内容，然后章老师说教学要体现出同课异构，所以这次我做了一些调整和改变……我以前有过这个想法，但是这只是表面上的想法，在听章老师解释的时候我突然有了些领悟。

尽管万老师意识到学生在课堂上提出问题对于他们本身来说是有益的，但他最初并没有把这种教学方式用在他的课堂上。但和章老师讨论过之后，万老师注意到要有目标地把这一策略应用在课堂上，启发学生通过改变条件来提出新问题。他说："这样的设计让课堂主体内容更为集中且教学也会更为连贯。"在第二次课的课后讨论中，金坛区名师工作室的第二名成员——吴老师，也给出了一个积极的评价。

吴老师：万老师使用了基本图形。学生们在课上当场更改条件，然后形成了新的问题并解决了这些问题。这有助于学生的数学思考。但为了采用万老师的教学方法，教师可能需要掌握一些特定的基本技能。

尽管如此，万老师也告诉了我们他所担心的事情。

万老师：因为学生已经习惯听老师讲了，他们希望去解决那些由老师给出的问题。学生可能不适应这样的教学方法，而且不知道该怎么表达他们的想法。所以我们需要耐心指导他们……此外，他们可能不知道所提的问题难在哪里。有些问题可能过难了，而一些问题过于简单。

万老师意识到在他的课堂上，当他要求学生提出问题时，教师给出的指导十分重要。尽管如此，如果在学生的探究过程中教师给了他们过多的指导，那么课堂学习的自主性就会受到阻碍。他也同样担心在课堂中实施提出问题的教学会影响课的顺利进行。金坛区名师工作室的另一名成员——陆老师则指出了一些相关问题。

陆老师：你通过全等三角形的平移、对称和旋转得到了很多的基本图形，所以说这个方法非常好，但在简单的课堂讨论和解释中重复太多次了。比如说，对称是一个简单的操作，学生应该了解。但是这节课在对称上花的时间太多，所以后面用来解决难题的时间就非常有限。

正如陆老师所提及的关于基本图形的学习，让学生来提问是一个非常好的实践，尽管如此，万一学生提出的问题很简单或者问题被重复提出，教师就需要做出恰当的选择。同样教师需要忽略一些不适宜的问题,这样就有足够的时间来解决有意义的数学问题。所以对万老师而言,让学生们在课堂上提问是一个很大的挑战。万老师和章老师也对此进行了讨论。如果一个学生提出简单又是重复过的问题,教师应该怎么处理这种情况?为了确保能达到预计的教学目标,教师应该怎样引导学生从简单到复杂地提出不同的变式问题?章老师认为,这些问题不能简单回答,关键是要在预设的教学目标和学生生成的课堂学习资源之间做好平衡。

进一步探索问题提出,建立一个复习课教学模式。万老师一直在探索如何在复习课上运用学生提问这种教学模式,同时也要寻求一些有效的策略来维持相对的平衡。最后他形成了一种针对复习课的问题提出的教学模式。

万老师:我后来参加区领航杯大赛上了平行四边形复习课,得了第一名,就是尝试让学生在四边形的基础上自己添加条件,变成平行四边形,然后在平行四边形的基础上让学生增加点、线,把问题延伸开来。

我们都对万老师如何处理预设的教学目标和学生形成的课堂学习资源之间的关系十分感兴趣。万老师举了一个课例向我们解释。

万老师:首先我给了学生一个$\square ABCD$(图 9),然后启发他们通过添加条件从而提出问题。一个学生说如果在边 AB 和边 CD 上同时取点 E 和点 F 使 $AE=CF$,那么就能证明 $\triangle ADF \cong \triangle CBE$,同样也能证明四边形 $AECF$ 是一个平行四边形。我认为这个问题比较简单,所以我没有给学生讲解。我要求学生提一些更深入的问题。另一个学生说如果 AF 和 CE 分别平分 $\angle A$ 和 $\angle C$,那么刚才的结论也是正确的。我认为这个问题和之前的那个问题大致相同。我想证明其中一个生成的四边形是平行四边形的结论,因为我有一些担忧。后来,第三名学生说如果在对角线上取点能使 $AE=CF$,那么就会得到一些结论,例如 $\triangle ADE \cong \triangle CBF$,$\triangle ABE \cong \triangle CDF$,以及四边形 $DEBF$ 是平行四边形。这个问题中的图形会比之前的图形更为复杂,同样也会有不同的方法可以用来证明。因此,我花了一点时间和全班同学来讨论这些方法。第四名学生在四条边上各取了一个点。他说如果 $AE=CF$,$AH=CG$,那么就会在 $ABCD$ 的内部形成一个新的平行四边形。基于之前的讨论,学生们就能够很容易地理解这个问题,所以这个问题也不需要有更进一步的证明。通过这些问题的讨论,怎样判断四边形是平行四边形的所有知识点都联系在一起了。因此这节课的教学目标也就达到了。

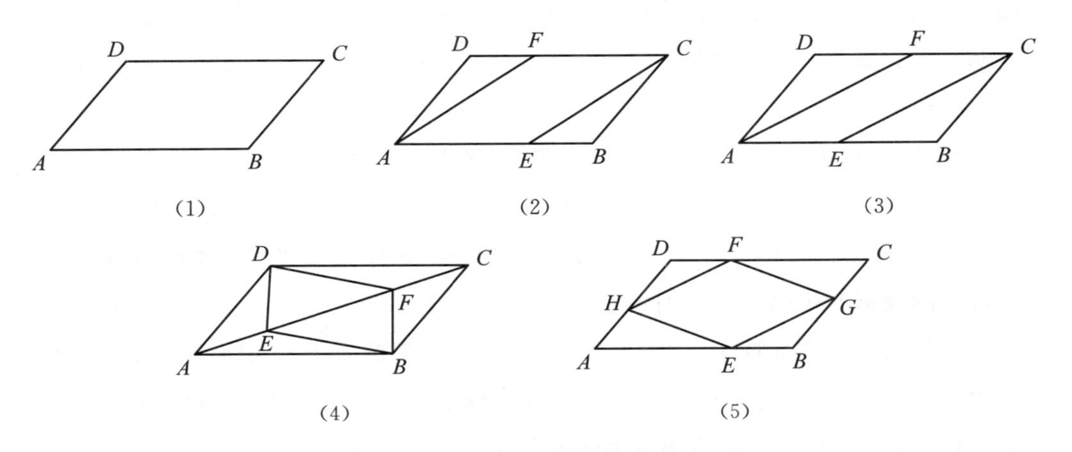

图 9　万老师课上学生提出的问题

万老师调整了他在课堂上使用学生提问的策略。他在学生提问的时候不再给他们过多的引导，并给了学生更多的探究空间。在他的平行四边形这节公开课上，万老师是如何控制时间和上课节奏的？他调整了教学策略，例如，必须小心谨慎地选择哪些学生提出的问题来进行全班讨论。根据万老师的访谈，我们发现他的课堂决策取决于以下的标准：(1)提出问题的难度；(2)问题的多种解法；(3)这个问题涉及多个知识点。万老师采取这些标准来决定是否要将学生提出的问题拿到课堂上来进行深入探讨。如果一个问题能满足以上的所有条件，那么万老师就会和全班一起深入探讨这个问题。否则他就会简单地处理一下，然后继续进行教学。因此，万老师探索出的挑选和利用学生提出问题的策略，确保了课堂的开放性，同时也鼓励了学生积极参与课堂活动。这样就能确保课堂根据教学目标顺利推进。

迁移到其他类型的课上。教学是一门艺术，没有最好只有更好。尽管万老师已经在教学上获得了很高的荣誉，但他从未停止教学探索的步伐。他逐渐把学生提问的复习课教学方式应用到其他类型的课堂。他曾经给区教师进修学校展示了一节《认识一元二次方程》的公开课，万老师就具体采用了这个方法。在课后交流中，他向教师们解释了他的教学方法。

万老师：我坚信在每一个孩子的心里都有成为发现者、研究者和探险家的渴望。孩子们对于未知的世界和知识都有极大的好奇心和渴望。只要教师巧设情境、合理引导,他们就会对探索知识的过程产生兴趣,并提出很好的问题。也许,单从一节课来说,学生掌握的知识是有限的,但其他的收获也许是我们难以估量的,也许远比知识本身更重要,也更有利于学生的终生发展……我们教学的本质和最终目标,应该是培养学生学会自己学习、独立学习。

万老师坚信问题提出的教学方法能为学生创造自主探究的学习空间,能提高学生的学习能力。这些数据分析表明,万老师对问题提出这种教学方式已经形成了深刻的理解和认识。

在访谈中,万老师认为,相比于复习课,在其他类型的课上实施问题提出和问题解决的教学方法会更难一些,但他会继续探索这种有效的教学策略,因为对他而言这样的探索在他的教师生涯中极富意义。

结论和启发

在这一章节中,我们调查了一位骨干教师在特级教师所指导的名师工作室和多层次的教研体系的支持下,如何不断提高他的教学能力。我们发现这名骨干教师不仅受到了特级教师的指导而得到启发(一般的教学准则和具体的教学策略),并从小组成员的评价中获得了帮助。他在已有教学经验的基础之上,结合从名师工作室中所获得的感悟,引起了他对复习课上运用问题提出这种教学方法的关注。他反复多次地在课堂上尝试这种教学方法,最终成功地总结了一些有效的实施策略。除此之外,这名骨干教师也开始探索如何将学生提问这种教学方式用到其他类型的课上。万老师自参加名师工作室以来,他取得的成绩包括在传统的复习课中建立了一种创新的教学方式,并有意识地把这种方式迁移到其他类型的课堂。此外,万老师在探究如何实施复习课教学的基础上,开发了相关的教学参考资料,同时也在许多教学比赛中屡屡获奖。

正如其他研究所表明的那样,问题提出这种特殊的教学方式会改变教师对学生自主学习的教学观念(Goldsmith 等,2014; Opfer & Pedder, 2011)。教师也能从特级教师的指导和同伴教师的评价中受益(Bakkenes 等,2010)。教师可以在不断实施和反思教学实践的努力中改进自己的教学实践(Clarke & Hollingsworth,

2002；Goldsmith 等，2014）。

中国课例研究表明在中国特定的专业发展体系里，教师拥有很多机会通过合作的方式设计课堂、观摩课堂、反思和改进课堂，并从中学习（Huang 等，2010；Li & Li，2009）。在这样的情况下，该研究为理解骨干教师的学习做了独特的贡献。一般来说，骨干教师都有丰富的教学经验，并且已经掌握了基本的教学策略和技能。特级教师已经形成了鲜明的教学风格，并且具有一定的专业研究能力，能帮助教师提高教学实践能力（Li，Huang，Bao，& Fan，2011）。本研究表明名师工作室的机制有可能是骨干教师进一步成长为特级教师的一条途径。这些教师拥有深厚的数学教学知识、丰富的教学经验和熟练的教学技能，这些为他们将来进一步发展奠定了扎实的基础（Huang，2014；Li，Huang，& Shin，2008；Ma，1999）。在名师工作室中，特级教师的指导、学习同伴的交流，都会给骨干教师反思个人实践和寻找未来发展方向带来思考和启发。正如本个案所显示的那样，万老师在复习课中努力探索问题提出的教学方法，这让他受到了鼓舞，并成为他以后探索的新方向。除了名师工作室之外，学校的教研体系也给教师提供了广阔的平台，极大地支持了教师开展教学实验、探索新的教学方式。在这个过程中，骨干教师也可以从实践中持续获得学习和专业能力的发展。

在中国系统化的教师专业发展体制下，名师工作室提供了一种补充性的平台，有效地保证了骨干教师专业能力的持续发展，鼓励他们为跻身特级教师的行列而不断进步。这种机制的主要目的就是为骨干教师提供一个专业发展的平台，让他们能与更多睿智的同行讨论教学，并能在相互分享的过程中获得启发。正如 Wong(2004)所强调的那样，反思是华人教学法的核心。教师的主要任务就是“要让学生处于一种不满足和困惑的状态，从而激发学生的反思”(第 519 页)。Wong 用学习中国功夫“入法”来隐喻“师傅”怎么帮助新教师掌握基本知识和技能；用“出法”来形容有能力的老师最终成长为新一代的“师傅”。除了反复实践和反思“出法”的重要意义之外，Wong(2006，2009)又进一步指出在教学和学习中精心设计的变式，也有助于学习者在基本技能和高层次的思考之间建立联系（Huang & Li，2017）。对于骨干教师的学习，我们也同样认为反复上同一节课，不断自我反思，并从专家那里得到即时反馈，也是促进教师向“师傅”学习的一条有效途径（Ericsson，2008）。在名师工作室的机制下，中国的课例研究也为骨干教师提供了类似的学习机会(Huang, Fang, & Chen, 2017; Huang, Li, & Su, 2013)。

致谢

我们非常感谢匿名评论者为这篇论文的校订提供了宝贵意见。我们非常感谢来自美国中田纳西州立大学的克莉丝汀·哈特兰女士对这篇文章进行了修正。我们也非常感谢所有参与的教师尤其是特级教师们投入到这个研究中并对数据收集的支持。

参考文献

Bakkenes, I., Vermunt, J. D., & Wubbels, T. (2010). Teacher learning in the context of educational innovations: Learning activities and learning outcomes of experienced teachers. *Learning and Instruction*, *20*, 533 - 548.

Ball, D. L., & Even, R. (2009). Strengthening practice in and research on the professional education and development of teachers of mathematics: Next steps. In R. Even & D. L. Ball (Eds.), *The professional education and development of teachers of mathematics: The 15th ICMI study* (pp. 255 - 260). New York, NY: Springer.

鲍建生,黄荣金,易凌峰,顾泠沅. 变式教学研究[J]. 数学教学,2003(2),2 - 6.

Borko, H. (2004). Professional development and teacher learning: Mapping the terrain. *Educational Researcher*, *33*(8), 3 - 15.

陈德前,王文. 对名师工作室的认识和实践[J]. 中学数学,2013(7),71 - 73.

Clarke, D., & Hollingsworth, H. (2002). Elaborating a model of teacher professional growth. *Teaching and Teacher Education*, *18*, 947 - 967.

Ericsson, K. A. (2008). Deliberate practice and acquisition of expert performance: A general overview. *Academic Emergency Medicine*, *15*, 988 - 994.

Fang, Y., Lee, K. E. C., & Yang, Y. (2012). Developing curriculum and pedagogical resources for teacher learning —— A lesson study video case of "Division with remainder" from Singapore. *International Journal for Lesson and Learning Studies*, *1*(*1*): 48 - 65.

Goldsmith, L. T., Doerr, H. M., & Lewis, C. C. (2014). Mathematics teachers' learning: A conceptual framework and synthesis of research. *Journal of Mathematics*

Teacher Education, *17*,5 - 36.

顾泠沅,王洁.教师在教育行动中成长——以课例为载体的教师教育模式研究(上)[J].课程·教材·教法,2003(1),9 - 15.

顾泠沅,王洁.教师在教育行动中成长——以课例为载体的教师教育模式研究(下)[J].课程·教材·教法,2003(2),14 - 19.

Han, X., & Paine, L. (2010). Teaching mathematics as deliberate practice through public lessons. *The Elementary School Journal*, *110*,519 - 541.

Huang, R. (2014). *Prospective mathematics teachers' knowledge of algebra: A comparative study in China and the Untied States of America*. Wiesbaden: Springer Spekturm.

Huang, R., & Bao, J. (2006). Towards a model for teacher professional development in China: Introducing Keli. *Journal of Mathematics Teacher Education*, *9*,279 - 298.

Huang, R., Fang, Y., & Chen, X. (2017). Chinese lesson study: An improvement science, a deliberate practice, and a research methodology. *International Journal for Lesson and Learning Studies*, *6*(4),270 - 282.

Huang, R., & Li, Y. (2017). *Teaching and learning mathematics through variations: Confucian heritage meets western theories*. Rotterdam: Sense Publishers.

Huang, R., Li, Y., & Su, H. (2013). Improving mathematics instruction through exemplary lesson development in China. In Y. Li & R. Huang (Eds.), *How Chinese teach mathematics and improve teaching* (pp. 186 - 203). New York, NY: Routledge.

Huang, R., Li, Y., Zhang, J., & Li, X. (2011). Developing teachers' expertise in teaching through exemplary lesson development and collaboration. *ZDM: The International Journal on Mathematics Education*, *43*(6 - 7),805 - 817.

Huang, R., Peng, S., Wang, L., & Li, Y. (2010). Secondary mathematics teacher professional development in China. In F. K. S. Leung & Y. Li (Eds.), *Reforms and issues in school mathematics in East Asia* (pp. 129 - 152). Rotterdam, The Netherlands: Sense Publishers.

Huang, R., Ye, L., & Prince, K. (2016). Professional development system and practices of mathematics teachers in Mainland China. In B. Kaur & K. O. Nam (Eds.), *Professional development of mathematics teachers: An Asian perspective* (pp. 17 - 32). New York, NY: Springer.

Lewis, C., Perry, R., & Hurd, J. (2009). Improving mathematics instruction through lesson study: A theoretical model and North American case. *Journal of Mathematics Teacher Education*, *12*,285 - 304.

Li, S., Huang, R., & Shin, Y. (2008). Mathematical discipline knowledge requirements for prospective secondary teachers from East Asian perspective. In P. Sullivan & T. Wood (Eds.), *Knowledge and beliefs in mathematics teaching and teaching development* (pp. 63 - 86). Rotterdam, The Netherlands: Sense Publishers.

Li, Y., & Huang, R. (2008, June 22 - 27). *Developing mathematics teachers' expertise with apprenticeship practices and professional promotion system as contexts*. Paper presented at US —— Sino Workshop on Mathematics and Science Education: Common Priorities that Promote Collaborative Research, Murfreesboro, TN.

Li, Y., & Li, J. (2009). Mathematics classroom instruction excellence through the platform of teaching contests. *ZDM: International Journal on Mathematics Education*, *41*, 263 - 277.

Li, Y., Huang, R., Bao, J., & Fan, Y. (2011). Facilitating mathematics teachers' professional development through ranking and promotion practices in the Chinese Mainland. In N. Bednarz, D. Fiorentini, & R. Huang (Eds.), *International approaches to professional development of mathematics teachers* (pp. 72 - 87). Ottawa: Ottawa University Press.

Li, Y., Tang, C., & Gong, Z. (2011). Improving teacher expertise through master teacher workstations: A case study. *ZDM: International Journal on Mathematics Education*, *43*, 763 - 776.

刘穿石. 名师工作室的解读与理性反思[J]. 江苏教育研究,2010(10),4 - 7.

Ma, L. (1999). *Knowing and teaching elementary mathematics: Teachers' understanding of fundamental mathematics in China and the United States*. Mahwah, NJ: Lawrence Erlbaum Associates.

中国教育部. 义务教育数学课程标准[M]. 北京：北京师范大学出版社,2011.

Opfer, V. D., & Pedder, D. (2011). Conceptualizing teacher professional learning. *Review of Educational Research*, *81*(3), 376 - 407.

全力. 名师工作室环境中的教师专业成长——一种专业共同体的视角[J]. 当代教育科学,2009(13),31 - 34.

邵虹,朱蕾. 这些年我们追求的导师——记朱乐平小学数学名师工作室培训历程[J]. 河南教育,2013(3),41 - 42.

王芳. 名师工作室的有效策略——以大连市中山区名师工作室为例[J]. 辽宁教育,2012(7),14 - 16.

Wang, J., & Paine, L. (2003). Learning to teach with mandated curriculum and public examination of teaching as contexts. *Teaching and Teacher Education*, *19*, 75 - 94.

Wong, N. Y. (2004). The CHC learner's phenomenon: its implications on mathematics education. In L. Fan, N. Y. Wong, J. Cai, & S. Li (Eds.), *How Chinese learn mathematics: Perspectives from insiders* (pp. 503 - 534). Singapore: World Scientific.

Wong, N. Y. (2006). From "entering the way" to "exiting the way": In search of a bridge to span "basic skills" and "process abilities." In F. K. S. Leung, G. -D. Graf, & F. J. Lopez-Real (Eds.), *Mathematics education in different cultural traditions: The 13th ICMI study* (pp. 111 - 128). New York, NY: Springer.

Wong, N. Y. (2007). Confucian heritage culture learner's phenomenon: From "exploring the middle zone" to "constructing a bridge." *ZDM: International Journal on Mathematics Education*, *7*(2), 363 - 382.

杨曙明. 如歌行板唱攀登——南通市名师工作室透视[J]. 江苏教育研究, 2010(10), 3 - 16.

Yang, Y., & Ricks, T. E. (2013). Chinese lesson study: Developing classroom instruction through collaborations in school-based teaching research group activities. In Y. Li & R. Huang (Eds.), *How Chinese teach mathematics and improve teaching* (pp. 51 - 65). New York, NY: Routledge.

张必华. 中学数学名师工作室建设措施的探讨[J]. 中学数学月刊, 2013(8), 61 - 63.

张华. 名师工作室：困境与出路[J]. 江苏教育, 2012(3), 52 - 53.

章晓东. 在精心预设和驾驭生成中追求实效[J]. 江西教育, 2009(1), 50 - 51.

章晓东, 徐新. 图形的变换——以"双正方形"的旋转为例[J]. 中学数学教学参考, 2012(1), 110 - 113.

11. 教研组活动中的在职数学教师专业学习
——来自中国的一个案例研究

杨玉东[1] 张波[2]

中国教研组及其实践取向

与西方同行相比,中国的数学教师虽然没有接受同等量的正规高等教育,但研究表明,中国数学教师对基础数学知识有更深刻的理解,对教学内容知识(PCK)的掌握程度也更好,并且他们在教学中可以更加连贯地使用这些知识(An等,2004; Li & Huang, 2008; Ma, 1999)。中国数学教师虽然缺乏正规的培训,但是他们实践能力的发展可能源于其所在学校教研组开展的各类教研活动。在教研组中,教师通常会针对课堂教学的改进开展讨论,这类知识的形成与舒尔曼(Shulman, 1987)解释的教学内容知识非常相似,即当一位教师进行某一特定主题教学的组织和呈现时,会根据学生的兴趣和能力来进行教学任务设计。国内外对 PCK 的研究很多(Leinhardt, 1989; Wineburg, 1991; Lampert, 1990; Ball, 1993; Grossman, 1995 等),研究者如 Carter(1990)和 Gudmundsdottir(1991)还对 PCK 在不同研究中所赋予的不同内涵进行了比较。PCK 被视为应用在特定学科主题教学中的一种实践知识。独特的 PCK 使学科教师成为一名教师,而不需要他/她成为一位学科专家或教育专家。"与学科知识和一般教学知识不同,PCK还包括用不同方法表征学科内容、知道学生对某一主题的理解以及特定的学习困难。"(Appleton, 2003)

自中国通过行政力量在学校设立教研组(TRG)以来(中国教育部,1952,1957),中国的教育工作者已经从事教研组活动几十年了。教研组活动中有类似

① 杨玉东,上海市教育科学研究院。
② 张波,扬州大学数学科学学院。

于课例研究的形式，但不如日本的课例研究（Stigler & Hiebert，1999）一样为国际同行所知晓。中国的学校和西方一样按年龄分为小学、初中和高中，所有年级都学习三门相同的核心科目：语文、数学、英语。与西方不同的是，中国学生以班级为单位，他们全天都在同一个教室里学习，由不同的任课老师走班教学[1]。因为大多数语、数、外教师每天只教授一门科目两到三次，这些核心科目的教师易于组成特定的学科教研组，并有省级和市级的教研员负责指导其领域内的学科专业教学和研究。在这个多层级的教学研究网络体系中，省级教研室指导市级教研室，市级教研室指导校级教研组（Yang，2009）。校级教研组是该网络体系的基本组成单位，其主要职责是开展教学研究、解决教师的教学实际问题。

教研组为一线教师提供学习机会。一个教研组中，一般既有经验丰富的教师也有新手型教师，他们对数学学习和教学有不同的理解。经验型教师在实践知识方面通常优于新手型教师，但每位教师都有平等的权利来决定如何组织自己的课堂，因此教研组教研活动中的意见对于课堂教学实施者来说不是强制性的。因此，无论一位教师是新手型教师还是经验型教师，都不需要被迫遵循别人的意见或模仿经验型老师的教学，而是依靠其自身的知识和判断力进行课堂教学。因此，本研究假设是，一旦教师在课堂中改变了他/她的教学行为或在课后教研组教研活动中表现出不同以往的理解，就表明他/她已经获得或理解了某类知识。

在过去的60年里，中国教师发展出了一个很有聚焦性的被称作"三点"的框架用于思考教学准备、课堂观察和课后反思等。这三点是：(1)教学重点；(2)教学难点；(3)教学关键点（Yang，2009b）。有时候这三点可能不会明确地被表述在教学设计中，但对于这三点的讨论有助于教研组对教学进行设计，并影响后续的课后讨论。目前，西方教育者经常援引舒尔曼（Shulman，1986，1987）的PCK理论来描述某一特定学科教师必须掌握的特殊学科教学知识，以此有效地指导学生学习特定的主题。教师需要将自己拥有的学科知识转化为易于学生理解的表征形式。教育研究者一直在努力描述、定义和研究学科教学知识。实际上，在中国教师利用教学"三点"框架来进行教学改进过程中，他们一直在用实践的方式去思考PCK的各个子成分。在本文中，我们将展示教研组活动的一个案例，以探索如何使用这种教学框架，以及在此过程中教师究竟学到了什么。

研究方法

本文选择案例研究方法，关注教师在教研组活动中的参与是如何帮助他们改善教学并进一步获取实践知识或 PCK 的。案例研究可以深入分析教师合作，有助于发展理论。本文选择了中国浙江省省会杭州一所学校的一个特定教研组进行案例研究。研究对象的选取基于以下几点原因：

(1)研究者作为指导专家参与了培训计划，易于收集所需的数据。(2)杭州地区该普通学校(不是重点或示范学校)的数学教研组可以作为华东地区主要城市学校教研组的典型代表。(3)该教研组共有 10 名小学数学教师，且年龄结构也具有典型性，不同教学经验水平的教师分布几乎相等：有 3 位教龄不到 5 年的教师；有 3 位教龄大约 10 年的教师；有 3 位教龄超过 15 年但不足 20 年的教师；还有一位特级教师是教龄近 30 年的教师。

本研究中用编号 T1 到 T10 来依次指代教龄由少到多的每位教师。该教研组活动是围绕六年级两个平行班的《位置》一课教学内容，进行两次独立的重复教学。经验最少的教师(T1)将该课内容分别讲授给她任教的两个平行班级。所有教研组成员都参与了课堂观察和课后讨论。

我们收集了三个主要类别的数据，反映了杭州教研组活动的三个主要阶段：(1)备课活动；(2)课堂实施；(3)课后讨论。教师 T1 根据反馈进行教学设计，并多次重新构建教学设计。因此，我们收集了最终的教学设计作为第一组数据。其次，我们从两次教学视频中收集所需的信息。接着由 10 位教师对每节课教学“三点”以及学习效果进行讨论，为了捕捉这些快速而丰富的观点碰撞，我们收集了课后讨论的现场笔记。最后，我们在教研组活动之后再利用个人访谈收集需要的信息。由于教研组活动的核心是课堂改进，我们认为教师 T1 设计的教学计划，以及其开展的两次相同内容的教学实践应当作为研究分析的重点。

结果：教研组活动中是如何讨论这节课的

教师 T1 与经验丰富的教师 T8 合作制订了教学计划，教师 T8 在教师 T1 教学的前3年期间担任其教学导师(即师徒制)。在中国大陆的教研组中,几乎每个新手教师都会有一名导师,从他们作为教师进入学校时起,导师将协助指导他们的一般教学技能,这个模型也体现了西方比较流行的"思考——合作——分享"教学法。由教师T1首先独立思考《位置》这一专题的教学内容,并自主设计教学计划。然后,基于来自教研组其他成员的反馈意见,她与导师T8合作来进一步完善其教学设计。小学六年级《位置》的教学内容主要是用一个有序数对来表示对象所处的位置,这是初中数学课程中学习坐标系的基础。该教研组使用的教材是人民教育出版社出版的教科书。

两次教学

第一次教学

教师T1根据教科书内容为课程设计了网格纸,以下面这样一个问题开始课堂教学:

"在本课中,我们将学习如何表达一个位置。如果我告诉大家,张亮坐在第二列和第三排,你们能知道他在哪里吗?请使用网格纸并指出张亮的座位。"(如图1所示)

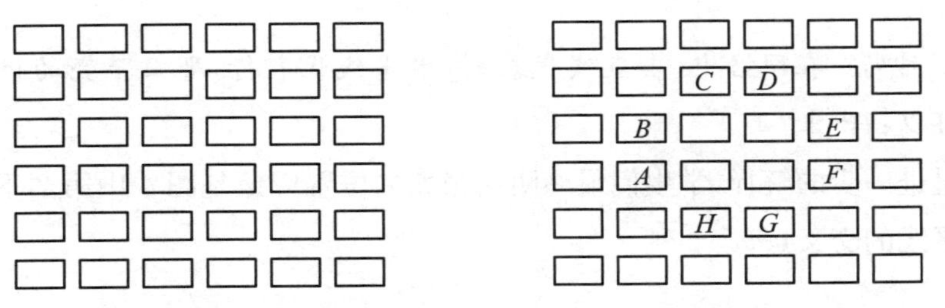

图1　学生使用的网格纸座位表　　图2　张亮在座位表上所有可能的座位

学生独立完成任务后,他们发现网格纸中张亮的座位有所不同。因此,教师T1在图2中标记了张亮所有可能的八个座位,并告诉学生这些座位对应于行或列不同的数的方式。然后教师T1强调了表示一个位置时规则的重要性,并向学生介绍了在座位表中如何定义行或列。

通过定义行的顺序(从下到上为第1、第2……)和列(从左到右为第1、第2……),教师T1询问学生如何表示$B/C/D/E/F$。她用括号和两个数字来表示位置A为(2,3),在学生正确地表示B,……,H为(2,4),……,(4,2)之后,教师

T1 总结了数字对，如(2,3)，可以用来表示一个确定的位置。

接下来，教师 T1 让学生完成下一个任务。

T1：如果我知道张亮的位置为(2,3)，你能在网格纸上标出他的座位吗？

生：(有些学生举手)我知道，我知道！

T1：谁可以帮我指出张亮的位置？(她示意邀请一名学生走到教室前面)

生：就在这里。(他将手指放在图 3 中的矩形内侧)

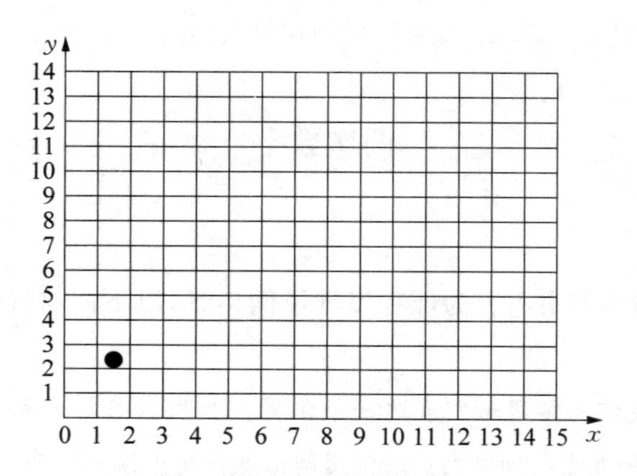

图 3 学生表示的张亮位置

T1：对吗？在网格中，垂直线代表列，水平线代表行，那么张亮的位置在哪里？谁可以指出来？

通过进一步的解释，学生们最终明白张亮的位置应该是图 4 中第 2 垂直线和第 3 水平线的交叉点。

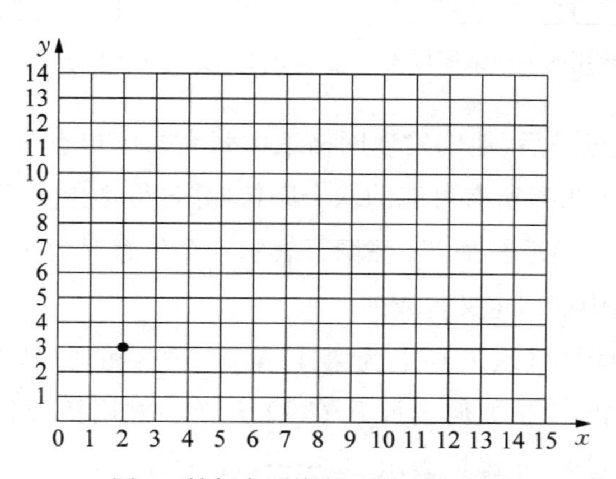

图 4 教师在网格纸上的正确表示

之后，教师T1将教室座位图与坐标网格纸建立关联，按照以下步骤要求学生用有序数对表示位置：(1)教师T1要求所有数对中第一个数字为5的学生站起来告诉其他人自己的位置所对应的数对；(2)教师T1在黑板上的坐标网格纸上画出相应的点，并要求学生在对应的网格纸上寻找这些点的共同特征；(3)教师T1要求学生想象一个如(a, a)形式的数字对，其中第一个数字与第二个数字相同，然后在网格纸中表示出这些位置，并让学生思考如果用线把它们连起来，这些点有什么特征。

在本节课最后，教师T1介绍了笛卡尔如何发明在坐标系中用有序数对来表示位置的历史故事，以及生活中用有序数对来表示位置的一些生动实例。

这节课持续了约44分钟。

第一次教学课后讨论

教师T9作为数学教研组组长，组织了课后讨论。他首先邀请教师T1陈述她的教学设计意图。

教师T1说："这是我第一次教授《位置》一课。教学目标是让学生理解使用有序数对来表示位置的意义，并应用数对来表示网格中的位置……教学重点是让学生掌握用有序数对来表示位置的方法……教学难点在于培养他们的空间感……从课堂实施过程中学生的学习结果来看，我认为他们已经学会使用有序数对来表示位置的方法，并且关注到数对中数字的顺序……但是我没预料到这节课会持续这么久，我原以为可以在正常课时(35分钟)内完成教学任务……"

然后教师T9邀请其他老师对本次教学进行自由讨论，并给教师T1提供一些建议，以便她在另一个平行班级中进行下一次相同内容的教学。

拥有9年教学经验的教师T5非常肯定地指出，本次教学的优点在于教师T1构建了教室里学生座位图与网格纸之间的联系，这让学生体会了从座位到数对的对应关系。但她指出，由于座位和桌子的位置更像是一个矩形，而配对的数字是网格纸上的一个点，学生很难将座位表示为交叉点，这就是为什么有学生将张亮座位的位置表示成一个矩形区域的原因(如图3所示)。

教师T3、教师T7和教师T8也谈到了学生从矩形区域到交叉点转换的困难。教师T8指出："教学难点不是教师T1所提到空间感的培养，而是从平面中现实的生活位置到数对的转换过程,这对学生来说是很抽象的……”

正在教小学一年级数学的教师T2分享了她的想法:“几周前,我在一年级上了关于位置的内容。课上我只讲了一些概念,比如前后、左右、上下……学生只需理解位置是相对的即可,这是我的这一节课的教学重点。那么六年级《位置》的教学重点是什么呢?”教小学四年级的教师T4也提出了类似的问题:“……四年级学生将在《位置》一课中学习东、南、西、北,教学重点在于让他们理解方向和距离这两个元素,以此准确地表示平面中的位置……那么六年级课程中《位置》教学重点是什么呢?我认为六年级的学生应该能理解两个数字可以准确地表示平面上的一个位置,所以教学重点应该放在两个数字的顺序上,也就是数字之间配对的规则……”

教师T10拥有近30年的小学数学教学经验,她也关注了数学内容的一致性。她提到:“……小学一年级、四年级和六年级的数学课程中,螺旋式地教授了《位置》,不同年级的教学重点不同。我们需要知道,小学阶段的位置内容是学生在初中阶段八年级时学习坐标系的基础。初中阶段,学生需要在坐标系中创建几何图形或在笛卡尔坐标系中写出相应点的坐标值。因此,六年级的课堂教学中,我们只要求学生将具体位置表示为网格纸中的一个点并写下数对,六年级教学重点是应用数对来表示对象在网格纸中的位置。而对于学生来说,学习难点是抽象过程中的障碍——从图形位置到网格纸中的点,然后找到相应的一对有顺序的数字。在我看来,教学的关键联系是帮助学生将对象的位置转换到网格区域中,然后转换为标明行列坐标的网格纸上的点(交叉点)……”

本次教学课后讨论持续约1小时,教师T9总结了关于本次教学的所有观点,并概括了数学是一门语言,教师应该帮助学生经历从用自然语言描述位置到用数学符号语言代表位置的过程。

第二次教学

根据第一次教学的课后讨论,教师T1与她的导师T8重新设计了在另一个平行班中实施的教学计划,教学分为以下几个环节。

首先,教师T1请一些学生按照行和列排列的座位表来介绍自己坐在哪里,并如图5所示。学生们发现他们有不同的方式告诉别人自己的座位位置。于是,为了能准确地表达位置，并让其他人也快速知道他们的座位在哪里，教师 T1 引导学生对于描述位置时共同规则的重要性进行讨论。

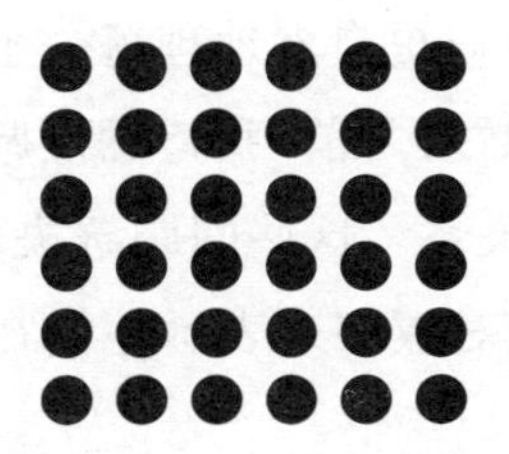

图 5　教师 T1 用的座位表

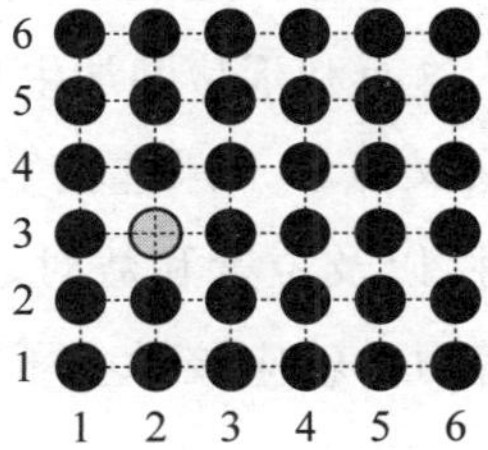

图 6　张亮的座位在座位表中的位置

第二步，当学生认识到他们必须用共同的规则来表示座位位置时，教师 T1 建议学生可以先告诉别人列所在数字，然后再说行所在数字。同时，教师 T1 在座位表上标记了数字，并用虚线做辅助，来帮助学生更容易数列数和行数(图 6)。当学生认识到这样可以快速方便地表示座位所在位置时，教师 T1 向学生解释配对的数字可以用于表示数学中的位置，但使用一对数字时，数字的顺序非常重要。然后教师 T1 提问学生："如果我告诉你张亮的配对号码是(2,3)，他坐在哪里？"学生们轻松地指出座位图中的相应位置(浅色点)(图 6)。

第三步，教师 T1 介绍了笛卡尔通过观察蜘蛛网来创建坐标系统的故事。然后，她将座位图转换为带坐标的网格纸，与第一次课中的图 4 相同。

第四步，教师 T1 要求学生找出网格纸中与(3,4)共享一个数字(和位置)的交叉点。当学生找到所有配对编号为(3,…)或(…,4)的位置时，教师 T1 将其概括为(3，Y)和(X，4)，学生通过观察，发现网格纸中(3，Y)或(X，4)所在位置分别在同一直线上。

第五步，教师 T1 带领学生玩一个"闭上眼睛想一想"的游戏。她给学生们一些配好对的数字，让他们闭上眼睛，想象这些数字对在网格纸中对应的位置。然后，学生们可以举手指出网格纸上的可能图案。

最后，教师 T1 总结道，在表示位置的规则建立后，平面中的位置可以表示为一个有序数对，而一对有序数字可以转换为网格纸上的一个交叉点。

本次课持续了大约 42 分钟。

第二次课后讨论

课后讨论中，首先由教师T1分享自己的教学想法。她先向教师T8对她新教学设计的协助表示感谢。她说道："在教师T8的帮助下，我用小黑点代表教室座位图……我认为这有利于帮助学生克服障碍，可以更自然地理解一个位置可以简化为数学中的交叉点……课堂教学中，在学习数对之前，我特意强调配对数字顺序规则的重要性，以及位置和数对之间的对应关系。这些问题解决好了，我认为学生们在操作练习中就应该学会了如何使用配对数字来表示他们在网格纸上的位置。"

教师T2和教师T3认为第二次课与学生的现实生活密切相关。教师T3说："在上次课中，教师T1先告诉学生张亮的位置，并让学生在座位表上直接进行标记。但在本次课中，她首先要求学生介绍自己的座位，让学生意识到他们有不同的表示方式……当学生对不同的表述感到困惑后，他们就意识到规定数字顺序一致的重要性了……在现实生活中，一个位置是有大小的，但是在数学中，位置仅是一个点，我们不关心它的大小。这样就巧妙地克服了教学难点……"教师T6进一步指出，在现实生活中，学生看到的一行或一列也是有大小的，但在数学中它们都是没有宽度的线。他还称赞教师T1在图6中使用的辅助虚线，他认为这是一种非常有效的教学策略，有利于学生从现实生活中抽象出数学对象。

教师T8分享了她与教师T1一起重新设计教学时的想法："本节课的教学重点是让学生能应用数字对来表示网格纸上的位置。当我们着重强调用相同的顺序规则来表示一个位置时，我们不仅关注列或行、左到右或上到下的顺序，而且也强调一个有序数对是先写列数再写行数。因此，最终是以数学规则为基础，再用有序数对来表示一个具体位置……"

教师T7对游戏"闭上眼睛想一想"评价很高。他还将这个游戏与第一次课中使用的练习进行了比较。他说："在第一次课中，练习主要集中在将位置表示为数对……但在本节课中，教师T1在游戏里给出了成对的数字组，让学生在游戏中想象对应的位置，学生除了需要应用所学的知识之外，还要调用空间想象能力……"教师T7还建议，在游戏前，教师可以根据网格纸上的成对数字组添加一些画图练习，比如矩形。在绘制图形过程中，学生可以领会并理解同一行上点的位置的数对有一个共同数字。

特级教师 T10 从学生的学习效果角度表达自己的观点。她建议教师 T1 应该对两个班学生的作业情况进行比较,她认为第二个班级的学生应该会比第一个班级的学生有更好的理解表现。她指出:"……一年级的学生在学习了前后、左右或者上下概念后,能在具体情境中描述位置。四年级的学生开始理解一个平面相对的位置至少要用两个元素进行刻画,比如角度和距离,但在二维的平面中,学生刻画的位置是相对于自己的位置情况……一直要到六年级,建立了一个描述位置的共同规则,就是配对的行列顺序。这时学生不需要依赖任何人位置,他们利用这样数字对的规则来研究平面中的位置……自此,学生们真正摆脱了以自我为中心进行的位置描述,这为后续中学正式学习坐标系铺好了路……"教师 T10 总结认为,六年级《位置》强调配对数的规则和顺序的重要性,为学生将来坐标系的学习建立了稳定的基础。

最后,教师 T9 对讨论进行了总结,并建议教师 T1 撰写一份教学反思,从义务教育阶段整体的知识体系视角来考虑六年级《位置》一课的教学。

讨论:教师在教研组活动中发展了什么

尽管教研组活动中的教师对话是基于作者的研究意图摘录的,但我们可以发现他们在课后会议中谈到的内容与 PCK 密切相关,可以看作实践知识。我们将在本节来讨论教师在教研组活动中学到了什么。在这里,有一个基本假设,只要教师教学行为发生了改变,那么暗示着他/她的教学化的或情境化的知识就已经获得或者提升了。

来自格罗斯曼的 PCK 视角

舒尔曼(Shulman, 1986)将教学内容知识 PCK 描述为教师将自己区分于学科专家的"专业知识"。这类知识如果缺少特定的教学主题作为支撑是不存在的。一些研究者进一步探讨了 PCK 的本质。格罗斯曼(Grossman, 1990)进一步阐述了 PCK 的内涵,将其描述为"教学决策的概念图,作为判断教科书、课堂目标、作业和学生评价的基础"(第 86 页)。在解释这个概念图的含义时,她合并了舒尔曼 PCK 模型中的原始类别。以科学学科教师为例,她认为 PCK 的发展受到四个因素影响：(1)教学目的的知识和信念；(2)学生已有知识；(3)课程知识；(4)教学策略的知识。如果我们从格罗斯曼陈述的角度来回顾上面教研组中教师的讨论，我们可以发现教师的 PCK 在教研组活动中获得了发展。

教师关于教学目的的知识和信念。这与教师关于数学教学的信念有关，即教师自身对数学学科、数学课程的教学目标以及什么对学生学习很重要的理解。教师 T1 在其第一次教学的课后反思中提到了“教学目标”和“教学重点”。教师 T2 和教师 T4 通过反思他们自己在小学一年级和四年级的教学，提出了“什么对六年级学生学习最重要”的问题。教师 T10 给出了她对这个问题的看法，并表达了她对教学中“重点”的理解。教师 T9 在第一次课后讨论的总结中提到数学是一种语言，这些通常与数学信念有关。

教师关于学生已有知识的认识。这与学生的先前经历或者其预备知识有关，先前的学习或日常的经验可能有利于学生学习新知识，但也可能阻碍学生学习新知识而成为学习难点。从第一次课后讨论中，我们可以看到教师对学生的先前经验或者已掌握的基础知识持有不同的理解。这里，教师 T1、教师 T3、教师 T7、教师 T8 和教师 T10 更喜欢使用“教学难点”来描述学生已有的预备知识。在第二次教学的课后讨论中，他们更是反复谈到了“教学难点”。

教师关于课程的知识。这与教科书或其他资源的知识有关，包括教师对课程主题的理解、该主题内容如何与该学科中的其他课程主题联系起来等等。教师 T10 的谈话很典型地体现了教师关于课程的知识。可以发现，她在两次教学之后的讨论中，都谈到了从小学阶段到初中阶段关于《位置》的学习，她自身关于《位置》这一专题有连续的课程知识系统。教师 T1 和教师 T4 也注意到教科书中与该专题相关的内容，并提出了自己的看法。教师 T9 最后建议教师 T1 从整个课程知识系统的视角对教学进行反思说明。

教师关于教学策略的知识。教师很少直接讨论教学策略，通常将其看作是一种隐性的、潜在的实践知识。但是，在第二次教学的课后讨论时，我们可以从教师 T1 和教师 T8 的分享中领会到他们用小黑点来代表学生座位图的设计意图，以及他们采用虚线来辅助学生数行列数的教学策略。此外，教师 T7 针对两次教学中设计的游戏和练习进行了评论并给出了教学建议，这些都展现了教师 T7 关于教学策略的知识。

以上从格罗斯曼的PCK视角，很容易看出教师的PCK在教研组的讨论活动中是如何发展起来的，教研组的讨论中也体现了PCK的共享和课的改进过程。格罗斯曼(1990)定义的PCK四个组成部分可以更好地解释教师在教研组的教研活动中更容易获得什么样的知识。当然，教学的“三点”不能简单地与格罗斯曼(1990)对PCK的解释完全相对应，它们有时候是彼此交叉的，但通过上述分析，我们试图解释两点内容：一是PCK和教学的“三点”之间存在联系；二是教师在教研组活动中获得了什么样的知识。

从格罗斯曼视角看中国教师的教学“三点”

在两次课后讨论中，我们可以找到经常提到的三个术语，称为“三点”，这是一个非常有效的教学分析框架，在过去60年的教研组活动中常被用来思考教学的课前准备、课堂观察和课后反思。这三点就是：(1)教学重点；(2)教学难点；(3)教学关键点(Yang & Ricks, 2012)。

教学重点是这节课为何要这样展开的中心目标。教学的成功取决于学生学到这一核心数学内容主题的程度。教学重点描述了教师必须强调即投入的重心和学生必须掌握的学习要点。重点还关乎对学科本质的反思。一些美国研究者将此描述为重要的数学观念(Big Mathematical Idea)。在第一次教学的课后讨论中，教师T1和教师T10明确地谈到了教学重点，教师T8也在第二次教学的课后讨论中清楚地提到了教学重点。

教学难点是学生在尝试学习数学的重点时可能遇到的认知困难。如果教学重点是教学的目标，那么难点就是学生潜在的心理障碍。能够清楚地陈述并预见学生的学习难点有助于中国教师进行教学设计、进行主动教学并最大限度地提高学生的学习能力，而不是以一种预先确定的方式向学生传授知识。在第一次教学的课后讨论中，教师T1、教师T3、教师T5、教师T7、教师T8和教师T10在他们的谈话中都使用了教学难点这一术语。

教学关键点是课堂教学的核心，它决定了使用何种教学方法。如果说教学重点是教学的内容目标，那么教学关键点就是强调如何实现这一教学目标。教学关键点是关于教师如何帮助学生驾驭数学领域、最终达到教学目标的思考，同时教师在教学中还要避免或克服可能出现的教学难点。虽然在两次教学的课后讨论中教师很少直接用教学关键点这一术语，但是他们对教学中使用的策略和方法进行了评价，可以看出他们对教学关键点有相应的认知。教师 T2、教师 T3 和教师 T7 在第二次教学的课后讨论中对教学的评价都体现了这一点。教师 T10 在第一次课后讨论中谈到的“关键联系”是对教学关键点更确切的表述。

如果仔细审视中国教师的教学设计(教案)，可以发现他们经常在教案中明确地写出了教学重点和难点。但是教学关键点通常不直接呈现在教学计划中，而是以其他形式出现，如教学的关键环节、关键部分、关键节点或者就是关键点本身。实际上在教师进行课堂教学讨论时，这三点也帮助教师创建了教研组讨论的框架。同时，这三点还提供了帮助教师在教研组活动中积累数学教学知识的有效框架。

我们可以找到格罗斯曼的 PCK 理论和教学“三点”之间的联系。教师关于教学目的的知识和信念以及课程知识，与教学重点密切相关。教师对于学生已有知识基础的认识与教学难点相对应。最后，教师关于教学策略的认知主要与教学的关键点相关。通过教研组的活动以及对教学“三点”的研究，中国在职教师逐步提升对教学内容和过程的分析能力。他们通过这种结构化的方式进行教学设计、实施与反思，这也成为教师提高专业知识水平的重要工具。

结论

通过杭州教师教研组教研活动的案例研究，我们想要展示中国数学教师如何在教研组活动中发展他们的教学能力，以及教师在教研活动中可以学到什么样的知识。本案例研究可以提供一种理解，即教师可以在实践导向的专业活动中获取学科教学的知识，当然学科教学的知识也可以在理论培训中获得。朴和奥利弗(Park & Oliver, 2008)的研究指出，PCK 是教师在具体的教学情境下，通过行动中的反思以及行动后的反思发展起来的，属于情感领域的教师效能感也会伴随着 PCK 而产生。

从格罗斯曼的 PCK 理论和中国的教学“三点”视角来看，PCK 是一种让教师之所以能成为教师的专业知识，但是这种知识离不开特定情境，比如数学的某一具体主题以及教学面向的特定学生。为了使教师快速积累教学内容知识，必须重视以实践为导向的专业活动，建立教师专业学习共同体，例如中国的教研组或者日本的“教授—教师合作组”。

作为数学教育研究者，我们希望本文可以阐明教师教研组活动具有的优点，也希望让这种隐性知识更容易被识别，以帮助更多的教师提高教学分析能力。我们期望在这一领域继续开展研究，去检验一些假设，通过归纳去研究那些优秀的教学实践。

注释

1 自2014年中国推进高考新政改革举措以来，目前中国的学校中也开始出现了学生的“选课走班”。

参考文献

An, S., Kulm, G., & Wu, Z. (2004). The pedagogical content knowledge of middle school mathematics teachers in China and the US. *Journal of Mathematics Teacher Education*, *7*, 145 - 172.

Appleton, K. (2003). How do beginning primary school teachers cope with science? Toward an understanding of science teaching practice. *Research in Science Education*, *33*, 1 - 25.

Argyris, C., & Schon, D. A. (1974). *Theory in practice: Increasing professional effectiveness*. San Francisco, CA: Jossey-Bass.

Ball, D. L. (1993). With an eye on the mathematical horizon: Dilemmas of teaching elementary school mathematical. *Elementary School Journal*, *93*(4), 373 - 397.

Carter, K. (1990). Teachers' knowledge and learning to teach. In W. R. Houston, M. Haberman, & J. Kikula (Eds.), *Handbook of research on teacher education* (pp. 192 - 310). New York, NY: Macmillan.

Grossman, P. L. (1990). *The making of a teacher: Teacher knowledge and teacher education*. New York, NY: Teachers College Press.

Grossman, P. L. (1991). Overcoming the apprenticeship of observation in teacher education coursework. *Teaching and Teacher Education*, *7*, 345 - 357.

Gudmundsdottir, S. (1991). *The narrative nature of pedagogical content knowledge*. Paper presented at the annual meeting of the American Educational Research Association, Chicago, IL.

Kagan, D. M. (1990). Ways of evaluation teacher cognition: Inferences concerning the Goldilocks principle. *Review of Educational Research*, *60*, 419 - 469.

Lampert, M. (1990). Connecting inventions with conventions. In L. P. Steffe & T. Wood (Eds.), *Transforming children's mathematics education: International perspectives* (pp. 253 - 265). Hillsdale, NJ: Lawrence Erlbaum Associates.

Leinhardt, G. (1989). Math lessons: A contrast of novice and expert competence. *Journal for Research in Mathematics Education*, *20*(1), 52 - 75.

Li, Y., & Huang, R. (2008), Chinese elementary mathematics teachers' knowledge in mathematics and pedagogy for teaching: The case of fraction division. *ZDM: Mathematics Education*, *40*, 845 - 859.

Ma, L. (1999). *Knowing and teaching elementary mathematics*. Mahwah, NJ: Lawrence Erlbaum Associates.

中国教育部,1952. 中学暂行章程. 政府文件.

中国教育部,1957. 中学教育条例(草案). 政府文件.

Park, S., & Oliver, J. S. (2008). Revisiting the conceptualisation of Pedagogical Content Knowledge (PCK): PCK as a conceptual tool to understand teachers as professionals. *Research in Science Education*, *38*(3), 261 - 284.

Polanyi, M. (1966). *The tacit dimension*. Chicago, IL: University of Chicago Press.

Shulman, L. (1986). Those who understand: Knowledge growth in teaching. *Educational Researcher*, *15*(2), 4 - 14.

Shulman, L. (1987). Knowledge and teaching: Foundations of the new reform. *Harvard Educational Review*, *57*(1), 1 - 22.

Stigler, J., & Hiebert, J. (1999). *The teaching gap*. New York, NY: The Free Press.

Wineburg, S. S. (1991). On the reading of historical texts: Notes on the breach between school and academy. *American Educational Research Journal*, *28*, 495 - 519

杨玉东(2009). 教研要抓住教学中的关键事件[J]. 人民教育. 第 1 期.

Yang, Y. (2009). How a Chinese teacher improved classroom teaching in Teaching Research Group, *ZDM: The International Journal on Mathematics Education*, *41*(3), 279 - 296.

Yang, Y. & Ricks, T. (2012). How crucial incidents analysis support Chinese lesson study. *International Journal for Lesson and Learning Studies*, *1*(1), 41 - 48.

12. 在设计和观摩公开课中学习

梁甦①

引言

在过去的30年中，中国建立了一套严格的从幼儿园到十二年级教师持续专业发展制度。多方面的专业发展活动帮助在职教师获取和积累了教学知识。教师一旦开始其教学生涯，就必须积极不断地参与各种必须参与的专业发展活动，包括与一位有经验的在同一年级任教的导师结对、参与教师集体钻研教材和备课、为同事和管理人员开设公开课等教研组活动(Liang 等，2012)。专业发展活动具有连续性、实践导向性、关联性和整体性，是教师整个教学职业生涯的重要组成部分。除非离开教师职业，否则教师永远不会停止从事专业发展活动。

作为具有中国特色的一种教师专业发展活动方式，设计公开课是中小学教师获取教学知识的一个重要方面，而且人们也普遍认为，在中国它是教师专业发展的一种有力手段。它最初是在20世纪50年代中期作为一种职前培训手段而被使用的，师范院校邀请中小学特级教师来为学生们进行示范性教学(邓佳，2010)。1980年代，在职教师培训也开始使用公开课的形式(裴娣娜，2006)，此后，它成为在职教师培训中非常重要的活动。从2001年开始，中国颁布了与始于1999年的教育改革相配套的新的数学课程标准，该新课程强调数学与现实生活的联系，培养学生对数学的兴趣和创造力(Liu & Li, 2010; Wang & Cai, 2007)，公开课被用来帮助教师理解新课程，了解如何在课堂教学中有效地实施(Liang 等，2012)。从中国现有的数学教育研究文献来看，公开课已经被认为是促进教师专业成长最有效的途径了。胡定荣(2006)在对36名特级教师专业成长过程的研究中发现，

---

① 梁甦，美国得克萨斯大学圣安东尼奥分校数学系。

他们提到最多的影响其专业发展的因素就是公开课。在全国四家网站开展的一项关于公开课的调查显示，没有一票希望在教师专业发展活动中取消公开课（于晓静，2008）。

在对目前发表在中国知网上的数据资源，以及笔者在对 2009 年和 2010 年间收集的数据的研究和分析的基础上，本章描述了中国中小学数学教师是如何设计公开课的，在设计公开课的过程中，相关教师是如何学习成长的，这个过程是如何影响相关教师的学习和课堂教学的，公开课是如何作为教师专业发展的资源供教师学习和反思的，以及教师对上公开课经历的反思是什么。有证据表明，让教师参与公开课设计确实是帮助教师获得和积累数学教学可操作知识的一种有效方法（Kersting, Givvin, Sotelo, & Stigler, 2010）。这种开展教师专业发展活动的方式为其他国家的教师教育工作者在设计教师专业发展项目时提供了一种新思路，以帮助教师系统地构建数学教学知识，提高教学质量。

公开课

公开课也被称为开放课，即“由一位老师教学但向一组校内或校外教师和行政人员开放供观摩的课”（Liang, 2011，第 1 页）。不同于普通的常规课，公开课是提供给其他老师和相关人员观摩、听课、评定和分析的一种特殊的教学活动（顾明远，1999）。开展公开课的目的是研究教学的内容、形式和方法，促进创新教学理念和策略，提高教师教学质量（Liang, 2011；于晓静，2008）。

公开课的分类

公开课按目标和参与者，可分为评价课、访问交流课、研究课、示范课和比赛课。下面将详细介绍这五种类型的公开课。

评价课。评价课是一种用于对教师进行评定的公开课。中国的中小学要求每位教师每学年上一到两节公开课，以证明其教学能力，其他教师和管理人员来听课，评定该教师的教学能力是否达到标准。中国有一个针对中小学教师的职称制度，从低到高，专业职称分为三级：二级、一级和高级。具有 3 年以上教学经验的职初教师，可以申请晋升为二级教师，具有 5 年二级教师资格的，可以申请晋升至一级，具有5年一级教师资格的，可以申请晋升为高级教师（Liang等，2012）。学校对教师在评价课上的表现进行评价，并将评价结果作为升职指标之一记录在案。职称升高，工资也相应增加。专家教师还有一种荣誉称号，称为特级教师，它不在职称制度内，但它是教师最高的荣誉称号。为了在在职教师培训中为教师树立良好的教学实践榜样，通常会邀请特级教师上示范课（见下文示范课部分的介绍）。

访问交流课。在中国，为了互相学习教学知识、共同成长，教师互相听课，然后讨论教学思路和策略是很常见的（Liang等，2012；Ma，1999）。它可能发生在一个新老师和一个有经验的老师之间，让新老师和有经验的老师组成一对一的师徒是中国的另一种常见做法，新教师会尽可能多地听导师的课，学习如何教学；指导教师也会听新教师的课，对听课中发现的问题提出意见和建议。同一年级同一备课组的老师之间也可以开展访问交流课，学校要求在同一年级教学的教师组成备课组，他们每周开一两次会，准备下周的教学计划，同一备课组的教师共同努力，探寻教学知识，共同获得专业成长。

研究课。研究课是为了完成一个教学研究项目而进行的。中国鼓励中小学教师参与教学科研项目。对一节研究课，所有参与科研项目的教师共同协助，寻找最有效的和可行的策略和方法来实现一些教学理念、策略、方法或模式，项目组中的一位教师将在当地几所学校上课，如果该研究课受到广泛好评，还会去其他城市的学校上课。

示范课。示范课也称为模范课（Wang & Cai，2007）。它是由特级教师或其他公认的优秀教师展示好的教学实践（如一堂好的研究课），供许多教师观摩和学习。示范课通常为教师们提供新的教学思路和策略，例如，自2001年新课程实施以来，参与新课程开发的专家在全国范围内为教师们上了示范课，让教师了解新课程的内容，并恰当地实施新课程。教学比赛的获奖课也作为示范课提供给教师们（参见下面的比赛课部分），获奖教师常常会被邀请去上示范课，供其他教师学习。经济发达地区的教师有时会到偏远地区的学校去给那里的教师上示范课。

比赛课。比赛课是在教学比赛中上的课。通常，参赛选手先准备好几个课题，然后抽签决定要教的题目。除校级比赛外，参赛选手在上课前并不认识课堂里分配来的学生。教学比赛有不同层级的，如学校、区、市、省、国家级别的，从学校级别开始，优胜者将参加区级比赛，区级比赛的优胜者将参加市级比赛，市级比赛优胜者将参加省级比赛，最终，省级比赛优胜者将参加全国比赛（Liang 等，2012；Li & Huang，2013）。

鼓励青年教师（30岁以下）参加教学比赛，因为准备一节比赛课是一个学习的过程，所以一些教师称教学比赛为“我们中国培养新教师的方式”。准备一节比赛课不仅是上课老师的事，也是学校里教同一年级所有其他老师的事，从设计到教学的整个准备过程中，每位教师都在讨论和试讲中贡献自己的想法，比赛前，一节课要反复“打磨”，教师们反映，磨课的过程帮助他们学到了数学教学可用的知识，使他们快速成长（Liang 等，2012）。

公开课的特点

公开课不同于常规课，它具有以下特点：

• 精心准备：上公开课的教师会事先得到通知，从准备到实际教学，一节课在公开呈现之前要经过试讲反复打磨。

• 协作：公开课是教师们共同努力和集体智慧的结晶，准备过程凝聚了一群教师的共同努力。

• 分享：无论是准备过程还是课后讨论，参与者都要分享教学的理念、知识和策略。

• 反思：在准备公开课的过程中，为了打磨这节课，有关教师必须不断地对试讲进行反思，而且，课后讨论也要求参与者对所呈现的课进行反思（Liang 等，2012）。

这些特点使公开课成为中国教师喜爱的一种独特的教师专业发展活动。

公开课与教师学习

通过分析10名获奖数学教师专业发展的成长道路，梁甦等（Liang 等，2012）发现这些教师积极参与了各种教师专业发展活动，包括新教师的一对一辅导、公开课、教学研究、专业培训（工作坊）等。据参加我们研究的教师反映，开公开课是一种不可替代的教师专业发展活动，它对构建教师的教学知识、形成具有自身风格的良好教学质量有显著帮助。在中国,大家普遍认为,公开课总体上有助于教师的专业成长,但对新教师获取和积累可操作的教学知识更有帮助(邓佳,2010;胡定荣,2006; Liang 等, 2012;于晓静,2008)。现有的研究和文献资料表明,公开课不断地为教师提供机会,让他们在专业成长的道路上获得有用的数学教学知识。在本节中,我们将以前面提到的公开课的五种类型为主线,说明中国教师是如何通过公开课来获取数学教学知识的。

评价课对新教师的意义

一名全新的教师可能具备了来自大学的数学学科知识,但教授数学仅仅拥有数学知识是不够的。在一项关于教师专业成长的叙事研究中,Z 老师回忆起了她刚开始教书时的经历:

> 原来以为我上了 4 年的数学本科还能教不了一个初中,可当我登上讲台时才意识到原来在大学里书本上学到的那些理论性的东西根本不灵了。看到别的老师上课很轻松,而自己的课学生反映讲得太生涩!这让我很苦恼!其实,现在回想起来,刚开始工作时,不知如何备课,不知如何写教学设计,也不知道用什么教学方法,更别提去注意学生了。那时候还不知如何组织讲课,书上怎么写的就怎么讲。备课也就按照教参,那时候也没有集体备课,就是自己看一看,一般就是教参上说讲什么就讲什么,说怎么讲就怎么讲,就是照本宣科。(引自于晓静,2008,第 16 页)

新教师通常无法从教材中区分出重点或难点,也无法看出所教知识之间的前后联系。缺乏教师知识(Shulman, 1986)使得新教师只能生硬地讲述"是什么",而不能展示"为什么"或者数学概念之间有意义的联系。此外,中国的教科书内容不多,课堂教学中使用的大量材料是需要教师根据自己的经验一点一点添加的。新教师教学经验不足,不知道添加什么,他们必须向有经验的老师学习,正如笔者在 2009 年采访过的一位老师所描述的:

> 通过观摩有经验的教师的教学,新教师知道了教学的基本程序,比如如

何达到课的教学目标、教学的方法和语言的使用等等。通过听课和试讲，新教师建立了自信，增强了处理教学的能力。说实话，当我上第一节课的时候，我的声音是抖的，我很紧张，我不知道先做什么，后做什么。新老师在听经验丰富老师讲课时，会做笔记并反思。从一开始模仿(有经验的老师的教学)到创造新的教学方法，新老师会逐渐学会并获得自信，知道如何处理课堂上的一些意外事件。

评价课能激励新教师努力学习，提高教学质量。在于晓静(2008)的研究中，一位老师回忆起她第一次给学生上关于有理方程的一堂评价课的情境。当时，她从教学设计、教学过程、技术运用、课堂效果预期等多个层面认真备课，与她平时的课相比，这节评价课花费了她大量的时间，备课也非常仔细。在这节课之后，她才知道教授类似的课时应该怎么做。上这节评价课对她的日常教学产生了积极的影响。还是这位老师，在描述她的第二次评价课时是这样说的：

第二学期做达标课时讲了一节几何课。这节课主要探究的是平行线间的三角形面积相等，再由面积相等推出平行。开始时感觉自己的教学设计挺不错的，但经当时的学科主任Z主任指点后才恍然大悟，我的设计是一道题一道题的，比较散。Z主任说应该把题目放在同一个背景下学习，用一根线串联起来，形成一个系列，这样难度虽然提高了，但学生学起来不是孤立的。用一个思想、一个方法贯穿始终，可以让学生达到举一反三的目的。我回来后就投入了选题的过程中，找题、做题、比较，当时不知道找了多少道题，做了多少道题，到最后才选定了几个经典题目。按Z主任给我的指导，我对几道题背后隐藏的数学规律和数学思想进行了挖掘，上课时不是就题论题，而是注意每道题知识之间联系的讲解……总起来说，这节达标课比我第一学期讲的达标课又前进了一大步，对习题课的讲解可以说到现在都在影响着我的教学。(于晓静，2008，第21页)

评价课为新教师的成长设定了一个期望的起点。由于这是一节评价课，教学评价的记录是为了晋升的目的，因此老师们非常努力地备课，并得到一对一的导师的帮助。在新老师上评价课之前,新老师与导师有许多面对面的讨论。导师具有丰富的教学经验,在很多情况下,他们都是学校里知识渊博的教学专家,这些经验丰富的教师帮助和指导新教师建构数学教学知识,包括原理知识(数学知识、一般教育学知识)、特殊案例知识(个人经验)和策略知识(利用原理知识和特殊案例知识并基于反思性思维形成的策略)(张宗玲,2005)。在他们的帮助下,新教师完成了从设计教案到实际教学的全过程。此外,在课后讨论中,其他经验丰富的教师会对新教师提出有价值的意见和建议,帮助新教师认识到自己存在的问题;新教师也会反思自己的教学,以供日后改进。整个过程本身为新教师构建和丰富教学知识提供了宝贵机会,如认识到数学概念之间的联系、注意到学生的错误认知、选择有价值的任务(National Council of Teachers of Mathenatics, 2000)和适当的课堂活动、连贯地组织教材(Chen & Li, 2009; Liang, 2013)。开展评价课有助于新教师达到成为合格数学教师的基本要求。

访问交流课在教师学习中的作用

在中国的学校里,教师互相听课是很普遍的做法。新教师听经验丰富的教师的课、老教师听新教师的课、有经验的老师之间互相听课,这种公开课不是为了评价,而是为了学习和分享。一位专家教师回忆说,当他刚开始教学时,他努力尝试对一个数学概念多解释几遍,但学生仍然听不懂。后来,他看到一位有经验的老师只用几句话就让学生理解了这个概念,一位学生还非常兴奋地说:“太好懂了!太好懂了!好简单哦!”这位老师对此留下了深刻印象,也看到了自己在教学中的不足,获得了要做得更好的动力(雷玲,2008,第210页)。访问交流课为教师提供了为改进教学向同事学习和分享有价值的资源的良好机会。

听课后还有课后讨论,其目的是帮助教师反思所教的课,分享各自的改进意见。对于新手教师来说,他们可以随时听导师或其他经验丰富的教师的课,每次听完课后,新手老师都可以问问题,请教有经验的老师为什么选择以这种方式来教授这个特定的内容,这种交流和经验分享将有助于新手教师不断地积累教学知识。通常师傅与徒弟在同一个年级任教,便于新手教师将所见所闻与自己的课堂教学联系起来,并将学到的知识应用到自己的教学中。

学校要求导师听新教师的课,如有的学校要求导师每周至少听一次新教师的课。在听完一位新教师的课后，导师会帮助新教师反思所教的课，指出课的优缺点，并提出改进建议（Liang 等，2012）。2009 年笔者采访的一位获奖教师说道："听课和面对面的讨论对新教师的影响是巨大的，它们缩短了新教师的成长时间，每周、每月我都能看到新教师在进步。"

值得一提的是，有经验的老师也意识到他们也可以向新教师学习。一些数学的专家教师指出："青年教师也有我们值得学习的方法和思路"；"新教师有他们自己的长处。例如，他们通常擅长新的教学技术，从大学带来一些新鲜的想法。我想说我们互相帮助以提高教学质量"。(Liang, Glaz, & Defranco, 2012)

访问交流课可以使教师形成一个专业学习共同体，教师在其中相互支持、讨论所教的数学内容、分享教学策略和资源，互相帮助，获取和积累教学知识，从而提高教学质量。对于新教师来说，他们无需单打独斗，感到孤独和失落，有人引导他们学习、成长，不断地改进教学。

研究课——把教育理论与教学联系起来

鼓励教师开设研究课以求专业成长。中国的教师认为，一位高水平的教师应该不仅是一名教师，还是一位学者。通常，教师会自愿组成一个团队一起工作，将某种学习理论应用到课堂教学之中。教师们很重视他们参与开展一节研究课所获得的经验，认为在这一过程中所学到的东西从总体上极大地改变了他们的教学理念和教学知识结构。一位获奖教师意识到他参与的"数学方法论"研究课题改变了他的数学教学观，让他看到培养学生的学习兴趣以及创造一个鼓励学生探索、研究和发现数学的模式、规则和原理的学习环境是多么重要。另一位获奖教师参与了一项名为"参与和发现"的研究课题，研究如何让学生积极地参与到教与学的过程中，他是上研究课的老师。该团队开发的研究课得到了所在省的认可，成为向大家展示如何激发学生参与、如何引导学生自主发现数学知识的示范课。这位老师非常感谢能有机会参与到这个项目中来并上了这些研究课，他从中获得了自信、知识和经验，这些都对他的日常教学产生了显著的影响。研究表明，获奖教师利用教学研究拓展了他们的职业机会(Liang, Glaz, & DeFranco, 2012)。研究课确实是一种非常有效的教师专业发展活动，可以帮助教师发展教学的专业知识和领导力（张宗玲，2005）。

研究课通常是与某个教学研究项目紧密联系的，该项目能引领教师的专业发展超越最低要求。上研究课为教师创设了机会去参与学习教育理论、将这些理论与自己的教学实践联系起来、学习如何在课堂教学中实施创新的教学方法。一位老师在反思自己参与上一节数学研究课时，他用了三个词来描述他的这段经历：领悟、理解、提高。那节研究课上了三次，第一次，那个教师自己和另一位教师在不同的班级教了同一内容（用二分法求一个方程的根），所有参与老师听了这两节课后聚在一起，分析这两种不同的教学方法，提供他们的反馈意见，交换看法，决定如何重新设计这节课的教案。为避免学生的思维受到限制，重新设计的教案取消了复习旧知的环节，强调了知识的应用，并将技术（Excel）融入课的教学中。按照重新设计的教案，这位教师又上了课，在这一轮教学中，增加了更多的应用问题让学生思考，并使用Excel来帮助学生研究求方程根的过程。这节课的教学设计更加丰富了，总的效果不错。第二次授课后，这位教师反映，他第一次授课时对内容理解不深，这次他在把握课本的重点和理解其数学思想上有了突破，他意识到他的教学应该让学生同时经历构建数学方法、应用技术、利用计算方法的发展过程，并从整体到部分、从定性到定量、从精确到近似、从计算到技巧、从技巧到算法全面地去理解数学思想的形成过程。多位专家教师以及一位大学教授受邀听了第二轮的课，以便根据这些教学专家的意见反馈对研究课再作调整。第三轮教学是面向全省教师的，展示了新课程标准下如何教二分法的一个好课例（王尚志、张思明，2008）。

上示范课是一种关注教师反思和备课过程的一种教学研究模式，所有参与的教师在这个过程中都在一定程度上学到知识、有所收获。在中国，许多中小学教师通过教学研究发表了大量的研究论文或著作（Liang，Glaz，& DeFranco，2012；于晓静，2008），他们为自己不仅是好老师还是教学研究的学者而自豪。

示范课——示范优秀的教学实践

示范课是一种展示高质量教学的公开课，它可以由特级教师、有经验的老师或教学比赛优胜者来教，学校、区、市、省各级管理部门经常组织示范课以展示有效的教学实践、树立高质量的教学标准，供广大教师观摩、讨论和反思。教学比赛课也被认为是示范课，它通常都是教师们共同努力，通过反复磨课精心准备的课。

上示范课的目的是帮助教师获得教学知识。参与备课的教师能够深入了解教学设计，观课的教师能够看到和学到好的教学模式(Liang, 2011；于晓静，2008)。

在同一个区里，学校通常轮流地向区里所有学校的教师提供示范课，频率可以是一周一次，也可以是一月一次。会挑选那些被公认为教学效果好的教师来上示范课，虽然备课可以有一群教师参加。

有时也会派遣发达地区的教师到教育薄弱的偏远地区学校进行示范性授课，以展示边远地区教师没有机会观摩到的优良的教学实践(Liang, 2011)。

通过示范课，教师们可以看到一个有效的数学教学应该是怎样的，它又是如何进行的。在一项针对浙江省636名小学教师的调查中发现，示范课以及和同伴教师合作是教师获取教学知识最常见的方式(吴卫东等，2005)。一方面，示范课起着示范教学的主导作用；另一方面，通过对示范课不断打磨的过程，帮助参与示范课的教师提高教学水平，拓展专业能力。

示范课通常会被录像提供给无法亲自观课的教师，许多学校组织教师观看示范课的录像并在观看后进行反思讨论，这也是教师专业发展活动的一部分。

比赛课——职业生涯蜕变的经历

教学比赛的选手通常是30岁以下的青年教师，大多数的专家教师或特级教师都曾经在不同层次的教学比赛中得过奖，他们可能经历过多次这样的过程：(1)为教学比赛备课；(2)在不熟悉的学生、评委(专家教师)和其他参与教师面前授课；(3)听取评委的意见；(4)反思所上的课。全国教学比赛的获胜者必须经过学校、区、市、省的层层选拔，最终达到全国水平，并战胜其他各省的获奖教师。如果一名教师赢得了全国水平的比赛，那么他/她真的是获得了高度认可，会被誉为一名优秀的教师，而这项荣誉对其教学成就会是一个重要的标志。科研文献和发表的教师反思文章都一致认为，参与教学比赛是青年教师成长和提高教学水平的重要途径(邓佳，2010；Liang等，2012；王尚志、张思明，2008；于晓静，2008)。

当专家教师或特级教师回顾他们的专业成长时，他们经常会在他们成功的故事中提起比赛课对他们产生的巨大影响。例如，一位特级教师回忆说，当他刚开始教数学时，他很难让他的学生明白所学的内容。由于校长的支持，派他去观摩全国教学比赛这一重大赛事，使他有机会见到来自全国各地最好的教学，并向专家教师请教了许多问题。活动结束后，他像准备比赛课那样开始准备每一节课。后来，他自己也参加了教学比赛，从学校到区、从区到市、从市到省、从省到国家，他在两年的时间里赢得了各级比赛的第一名。他这样描述了他的经历：

> 那真是一段难忘的岁月！一次次备课，一遍遍试讲，一次次修改，我仿佛是一只蚕，在经历着人生的蜕变，痛苦并快乐是我当时真实的心情写照！多少个夜晚，我独自面对空旷的教室认真讲解，反复揣摩；多少次在路上，我骑车冥思苦想却不得其解时差点被人撞倒；我的脑海中塞满了教学的内容，几乎所有圆形的东西都让我联想到我的课——圆的周长。（雷玲，2008，第211－212页）

他的职业发展道路和积极参与教学比赛密不可分，他曾数百次地受邀上示范课，在省级和国家级刊物上发表论文100多篇，由于他的卓越成就，他被评为特级教师。

许多教学比赛优胜者都很看重准备比赛课的过程，他们发现自己在与其他教师作为一个团队合作的过程中，通过反复磨课和不断反思，收获很大。就像另一位曾四次获奖的老师所说的，在教学比赛中，他收获最大的时候不是在上课时，也不在课后接受点评时，而是在与帮助他设计课给建议的团队一起准备课的过程中（《参加全国数学教学比赛反思》，2009年3月24日）。一些获奖教师还指出，教学比赛课是教师共同努力和集体智慧的结晶，所有参与的教师都在这个过程中获益。正如一位教师所说：

> 准备教学比赛的过程提高了所有教师的教学水平。如果我自己准备一节常规课，我可能不会想那么多，也不能涵盖每一个细节。当所有老师一起来研究一节课时，每个人都为高质量的课贡献自己的好主意。虽然只有一位老师得了奖，但是所有参与准备的老师都从这个过程中受益。（Liang，2011，第19页）

教学比赛为教师，尤其是青年教师，提供了一个从普通教师成长为优秀教师的学习平台，教学比赛活动产生了许多示范课。

结论

要在课堂上进行有效的数学教学，教师需要具备数学知识（过程性知识和概念性知识）、一般教育学知识（如教学目标、适当的任务和活动、学生的参与）和教学内容知识（如帮助学生建构数学观念、纠正学生的错误观念、培养学生的数学思维）(Hill, Schiing, & Ball, 2004; Huang, Kulm, Li, Smith, & Bao, 2011)。并非所有这些对数学教学有用的知识都能从大学的职前教师培训计划中学到，很多教学知识确实需要通过教学实习和不断反思教学来获得。在中国，人们普遍认为高师院校有责任培养具有扎实的数学知识和教育学知识的师范生，但仅仅靠教师培养计划本身并不能培养出合格的教师，教师的教学专门知识是在教的同时，在不断学习如何教的过程中逐渐养成的，教学专长不是几天甚至几年就能形成的，而要经过多年的教学逐步发展而形成，只有教学经验本身是不足以让教师获得教学知识的。研究发现，中国中小学数学教师的教学知识是通过积极参与公开课活动而获得和发展的，公开课活动使教师参与到从课的设计到课的细化再到课后反思这些集体协同工作的过程中。

公开课使教师可以从不同的角度参与到学习和研究如何有效地进行教学中来：(1)从观摩其他教师的教学中学习；(2)合作学习；(3)从反复磨课中学习；(4)从专家教师的建议中学习；(5)在反思中学习；(6)从共享的教学资源中学习。不同于其他教师专业发展活动（如工作坊、大学课程、教学会议等），公开课让教师既当观察员又当参与者，教师可以直观地看到在其他教师的教学中究竟发生了什么，并进行反思，直接联系到自己的课堂教学。通过这个过程，教师获得了教学知识。随着公开课经验的增加，教师会积累越来越多的教学知识。

研究表明，虽然具体学到哪些内容是因人而异的，但是公开课可以帮助中国教师获得面向教学的数学知识，它可以分为两类：数学知识和数学教学知识。对访谈数据和教师反思笔记文档的分析显示，它们支持以下分类，即数学知识包括：(1)深刻理解一些有联系的数学概念；(2)学习一种新方法来解决一类数学问题；(3)从不同的角度解释一些数学观念；(4)识别一些数学概念之间的联系。数学教学知识包括：(1)课的设计技术；(2)帮助学生理解某些困难概念的有效方法；

(3)提出问题的技能;(4)问题的选择和安排;(5)有效的课堂交流技巧;(6)吸引学生做数学的策略;(7)解决学生常见错误或误解的有效方法;(8)设计一节连贯的数学课的方法;(9)在数学教学中应用技术。教师从公开课中获得的益处还有很多,随着研究成果的不断涌现,我们还可以列出更多。

公开课激励教师不断学习,提高教学质量。正如一位获奖教师所言:

> 公开课可以激励我,鼓舞我,迫使我尽可能地使用好教材,设计最好的例子,激发学生的学习兴趣。公开课中暴露的问题以及其他教师的批评建议,让我可以不断提高自己,向前迈进。(Liang 等,2012,第 9 页)

公开课帮助学校、区、市、省、全国建立起健康的专业学习共同体,分享教学智慧已经成为一种文化,教师在教学中共同面对困难、解决教学中的问题,而不是独自面对有限的资源来处理问题,感到孤立无援。公开课使整个教学群体和教师个人的专业不断成长和提高。

参考文献

Chen, X, & Li, Y. (2009). Instructional coherence in Chinese mathematics classroom: A case study of lessons on fraction division. *International Journal of Science and Mathematics Education*, *8*,711 - 735.

邓佳.公开课对教师专业成长影响的叙事探究[D].南京:南京师范大学,2010.

顾明远.教育大辞典[M].上海:上海教育出版社.1999.

Hill, H. C., Schilling, S. G., & Ball, D. L. (2004). Developing measures of teachers' mathematics knowledge for teaching. *The Elementary School Journal*, *105*,12 - 30.

胡定荣.影响优秀教师的成长因素——对特级教师人生经历的样本分析[J].教师教育研究,2006(4):65 - 70.

Huang, R., Kulm, G., Li, Y., Smith, D., & Bao, J. (2011). Impact of Video Case Studies on Elementary Mathematics Teachers' ways of Evaluating Lessons: An Exploratory Study. *The Mathematics Educator*, *13(1)*,53 - 71.

Kersting, N. B., Givvin, K. B., Sotelo, F. L., & Stigler, J. W. (2010). Teachers' analyses of classroom video predict student learning of mathematics: Further explorations of a novel measure of teacher knowledge. *Journal of Teacher Education*, *61*(1-2),172-181.

雷玲.小学数学名师教学艺术[M].上海:华东师范大学出版社.2008.

Li, Y. & Huang, R. (2013). *How Chinese Teach Mathematics and Improve Teaching*. New York, NY: Routledge.

Liang, S. (2011). Open Class —— an Important Component of Teachers' in-Service Training in China. *Education*, *1* (1),17-22.

Liang, S., Glaz, S., & DeFranco, T. (2012). Investigating Characteristics of Award-Winning Grades 7-12 Mathematics Teachers from the Shandong Province in China. *Current Issues in Education*, *15*(*3*), p. 1-11.

Liang, S. (2013). An Example of Coherent Mathematics Lesson. *Universal Journal of Educational Research*, *1*(*2*), 57-64.

Liang, S., Glaz, S., DeFranco, T., Vinsonhaler, C., Grenier, R, & Cardetti, F. (2012). An Examination of the preparation and practice of grades 7-12 mathematics teachers from the Shandong Province in China. *Journal of Mathematics Teacher Education*, *16*(2), 149-160.

Liu, J., & Li, Y. (2010). Mathematics curriculum reform in the Chinese mainland: Changes and challenges. In F. K. S. Leung, & Y. Li (Eds.), *Reforms and issues in school mathematics in East Asia*: *Sharing and understanding mathematics education policies and practices* (pp. 9-31). Rotterdam, the Netherlands: Sense Publishers.

National Council of Teachers of Mathematics. (2000). *Principles and standards for school mathematics*. Reston, VA: Author.

裴娣娜.在追问中把握公开课的现代意义[J].中小学教育,2006(1):1-5.

参加全国初中数学优质课观摩与评比活动感受[EB/OL]. http://blog.sina.com.cn/s/blog_7933473b010182nu.html,2009-03-24.

Shulman, L. S. (1986). Those who understand: Knowledge growth in teaching. *Educational Researcher*, *15*(2),4-14.

于晓静.公开课在数学教师专业发展中作用的个案研究[D].北京:首都师范大学,2008.

Wang, T. & Cai, J. (2007). Chinese (Mainland) teachers' views of effective mathematics teaching and learning. *ZDM Mathematics Education*, *39*,287-300.

王尚志,张思明.走进高中数学新课程[M].上海:华东师范大学出版社.2008.

吴卫东等(2005).小学教师教学知识现状及其影响因素的调查研究[J].教师教育研究,2005(4),61.

张宗玲.中学数学教师职后教研培训模式的研究[D].天津:天津师范大学,2005.

13. 中国大陆通过师徒制提高教师专业知识和教学水平：案例研究

李业平[①]　黄荣金[②]

引言

在众多教育体系中搜寻那些能够实现卓越数学教育的最佳方法，已使人们对包括中国大陆在内的一些高成就教育体系的课堂教学和教师教育实践产生了越来越大的兴趣(例如：Li，Ma，& Pang，2008；Li & Shimizu，2009)。特别是最近的调查显示，美国教师和中国教师在面向教学的数学知识方面存在显著差异(例如：An，Kulm，& Wu，2004；Huang，2014；Ma，1999)。令人不解的是，中国数学教师接受的正规教育常常少于美国教师(Ma，1999)。一种可能的解释是，中国教师年复一年不断提高自己的教学知识和技能(Huang，Ye，& Prince，2016；Li & Huang，2008)。虽然大家都认为中国大陆有一个连贯的教师专业发展体系(Stewart，2006；Wang，2009)，但是很少有人研究中国大陆教师教育的具体举措，中国教师与美国等其他教育体系的教师相比，可能经历了什么不一样的专业成长。本章我们将着重介绍在中国大陆形成和使用的师徒制做法，它是支持教师专业知识发展和追求卓越数学教学的举措。

背景：中国大陆的教师与教师专业发展

中国大陆的教师专业：一个简短的背景介绍

中国大陆的教育制度历史悠久，已经形成了一些根深蒂固的关于教师与教学

① 李业平，美国得克萨斯农工大学教育与人类发展学院、上海师范大学。
② 黄荣金，美国中田纳西州立大学数学系。

的文化价值取向。中国教师因其卓越的教学、渊博的知识以及优秀的道德品质而受到尊敬，这一点与西方（比如英国）认为的好教师相比，异大于同（参见 Beishuizen, Hof, van Putten, Bouwmeester, & Asscher, 2001; Jin & Cortazzi, 1998）。中国的数学教师不仅坐在其他教师的课堂里听课、与其他教师讨论教学问题，而且他们还一起设计和完善课堂教学，这是很常见的（Li & Li, 2009）。教学效果好的老教师往往被指派去负责指导新教师的专业发展。不过，从法律上对教师职业作具体规定并没有多久。

根据《教师资格条例》（中国教育部，1995），中小学教师有不同的职称。例如，中学教师的职称包括高级、中学一级和中学二级，对于每一级别，都有政治、道德和学术标准的规范。地方教育部门进一步给出了晋升每一级职称详细而具体的要求（中国教育部，1999）。2015 年 8 月，中国人力资源社会保障部与教育部联合发布了《关于深化中小学教师职称制度改革的指导意见》（中国人力资源社会保障部与教育部，2015），将中小学教师职称统一为三级，以保持与其他专业职称制度一致。高级职称包括正高级和高级教师，中级职称为一级教师，初级职称包括二级和三级教师。在先前法规（中国教育部，1995）的基础上，最近的指导意见（中国人力资源社会保障部与教育部，2015）强调师德、实践素养和实践经验，淡化了对学术文章和学位的要求。教师绩效评价应通过专家小组从多个方面进行，包括说课和授课、面试以及专家评议（Huang 等，2016）。

中国大陆教师专业发展的观念

中国大陆关于教师专业发展的看法与西方教师通常所理解的虽然有相似的地方但更多的是差异（如 Li, Kulm, & Smith, 2006）。虽然教师专业发展通常被认为是为了提高教师教学所需的知识和技能，但在不同文化背景下，教师可能会感知到哪些需求，以及如何将其作为专业发展的一部分加以提高，这些都存在很大的差异。例如，在美国，教师专业发展往往以工作坊和建议的形式给出，远离教师需求或者会与需求不一致，甚至可能是互相矛盾的（如 Guskey, 2003）。相反，中国大陆的教师专业发展则被视为一种实践性的活动，中国大陆的专业发展不是提供冗长的建议和工作坊，而是发生在与教师专业需求相关的日常工作中。

不同文化对专业发展看法的差异与人们对教学的专业性看法有关。在中国大陆，教学不是私人和个人的事情，它被视为一种职业，教学行为的模范往往通过校内外教师之间频繁的思想交流而在教师中间树立起来（如 Huang & Bao, 2006），特别是中国大陆的名师[1]，他们通常被认为是传承了中国文化最认同的道德品质和专业知识，是其他教师学习的榜样（Li & Huang, 2008）。教师能从他人身上学到的是那些被大家普遍重视的、通常在当地又被证明为有效的知识和技能。通过日常的教学活动，教师认识到需要提高自己在数学教学方面的专业知识，明白自己可以从别人那里学到什么。教师的专业知识很实际，反映在教师为开展数学教学所需要的或表现出的知识和技能中，教师们相信，不同教师的专业知识是不同的。

中国大陆教师专业发展策略

美国教师将专业发展视为一种个人奋斗，他们从专业书刊中获取有关什么是好的教学实践以及如何才能做到好的教学实践这些信息，有时也可以参加许多促进教师专业成长和变革的大型的专业发展课程和工作坊，因此，美国教师的教学知识和技能往往是通过"被告知和自己尝试"的学习方式得以提高的（Li 等, 2006）。相比之下，中国教师的教学知识和技能则往往是通过"学习实例和自己尝试"的方式来提高的。有些策略已经用了好多年，包括：(1)校本师徒制；(2)校本教研组；(3)市级教研活动；(4)名师工作室；(5)教学比赛。（如 Huang 等，2016）

过去十几年，因为中国大陆一直在进行课程改革，所以教师专业发展显得尤为重要。由于在课堂教学中需要实施新的课程内容和新的教学理念，仅靠传统的专业发展策略已不足以应对这些新的挑战，最近的调查显示，专业发展正在采取一些新的方法，同时保留一些有价值的现有方法（Huang & Li, 2008），例如，中国的课例研究（Huang & Han, 2015）已成为全国教师专业化的一个途径。不过，有一个基本特征是不变的，即教师专业发展仍然来源于教师的需求并与教师在自己的课堂上需要做什么有着直接的联系。

中国大陆的师徒制：特点和学习途径

作为一种流行的专业发展方式，师徒制在中国大陆已经发展和使用很长一段时间了，典型的做法是校内指导，主要用于新教师的入职培训。人们经常把它作为校本教研活动的一个基本组成部分，帮助新教师适应符合学校文化价值取向的日常教学的具体要求。近年来，另一种形式的师徒制做法也已在中国大陆发展和使用起来，这是一项为来自不同学校有一定教学经验的教师提供的重在学科内容的辅导，旨在帮助他们进一步发展教学的专业知识，晋升高级职称，它通常以区级或市级教研活动的形式进行和展开，它更加灵活，并且通常是基于内容的。下面我们对中国大陆这两种类型的师徒制做法作更多的介绍。

校本师徒制的做法

一般来说，新教师需要接受 3 年的指导。具体执行的时候，经学校行政部门批准，两名教师配成一对，其中一名成员是新手教师（徒弟），另一名是有经验的教师或名师（导师）。在大多数情况下，导师和徒弟之间会签署一份正式的协议，概述双方各自的职责。例如，有一所学校的协议规定导师应：（1）制订有效措施，促进新教师的发展；（2）每月与新教师分享两次教学经验和教育思想；（3）分享和讨论新教师的思想、学习、生活和教学，并帮助他/她解决一些实际困难或向有关部门反映这些问题；（4）检查新教师的教学进度和教案，每学期至少观察其课堂教学 10 次，通过反思、讨论等方式帮助其提高教学技能。协议中还规定了对新教师（徒弟）的相关要求（Huang 等，2010）。通过这样的师徒制做法，希望新教师能够尽快熟悉教材和有效的教学方法。

最近，这种做法也发生了一些变化。在一些学校，导师和徒弟可以根据彼此的需要和满意程度，从不同年级甚至不同学科领域寻找伙伴。

为不同学校的教师提供以内容为重点的指导

除了为新入职教师提供校本师徒制外，还有以内容为指导重点的做法，以支持处于职业中期的教师的进一步发展。

在某些情况下，当地的教育部门会组织一批名师来指导一组从不同学校挑选出来的处于职业生涯中期的教师，那些教师应已具备晋升到更高职称的潜力，由学校校长或特定学科领域的教师负责人推荐他们参加校外的指导活动。在这种情况下，会有一个关于公开课的准备、听课和评课的定期活动计划。

有时，出于准备公开课的不同目的，也可以建立指导关系，如作为常规教研活动的研究课、不同级别的比赛课以及通过科研项目开发的示范课。

关于中国大陆师徒制有效性的研究

我们曾经就师徒制的有效性访谈了18位数学教师、教师教育工作者和教研员，通过访谈我们发现，师徒制有助于教师学习如何分析和使用数学教材（例如，重点、难点和例习题）、提高教师基本教学技能、创设课堂学习环境、培养教师的师德修养（Huang & Li，2008）。通过调查上海一位任教一年级的新教师和她的导师在一年多的合作情况，了解该导师如何帮助她学习教数学，Wang和Paine（2001）得出导师有助于新教师在以下方面取得进步的结论：（1）设计和展开一堂结构清晰、重点突出、与改革导向一致的课；（2）对这样的数学课作示范、分析与反思；（3）明确和细化新教师在学习教学技能中的最近发展区，推动徒弟逐步提高。Lee和Feng（2006）研究了中国广州地区入职中学第一年的8位新教师以及与他们配对的导师，考察了新教师的学习情况和影响导师传帮带的相关因素。研究结果显示，导师提供了四方面的支持：提供资讯、互相听课、合作备课以及在办公室讨论；影响传帮带的因素包括教学工作量、年级和学科、师徒互动方式、师徒关系、导师的动力、个案研究所在学校的校园文化等。指导的焦点往往是具体内容的教学，而不是课程和一般的教育学。

校本师徒制的做法：对一个案例的研究

数据来源与分析

我们从华南某市级重点高中选取了两对师徒作为便利样本进行案例研究。在这所学校里，所有刚从师范大学毕业的职初教师以及从初中调来高中任教的有经验教师都必须拜师学习3年。学校对导师和徒弟都有特定的要求，例如，徒弟每学期要听导师20节课，导师则每学期要听徒弟10节课。在本项研究中，一对师徒由毕业后只有半年教学经验的职初教师A和一位有6年教学经验的导师A组成，而另一对师徒则由一位有多年初中教学经验但刚刚调到高中任教的教师（徒弟B）和一位高中数学组组长（导师B）组成。我们访谈了每对师徒的每个成员，并录了音。访谈主要集中在以下三个方面：访谈对象的背景资料、分析所听的课（教案、授课以及课后反思）、对师徒制及其效果的感想。不过本文的案例研究仅侧重于分析他们对师徒制相关问题的回答。

我们把所有采访录音都用中文记录为文字，在读了好几遍以后我们提炼访谈反映出的总体想法。在此之后，我们将每一对师徒作为一个单元来分析和识别这对师徒之间的交互模式。我们发现了他们互动的一些特点和他们对师徒制作用的看法，下面我们来具体分析。

结果

他们师徒制做法的基本活动包括合作备课、相互观摩、课后非正式交流。通过这些活动，总的来说，师徒都向对方学到了东西。具体来说，徒弟可以从以下几个方面向导师学习：(1)把握教材，处理难点和重点以及设计一节课；(2)了解学生的知识准备情况和学习困难，运用适当的教学策略以及管理课堂。在接下来的部分中，我们将对这些方面进行说明。

把握教材，处理好难点和重点。徒弟和导师都认识到，通过合作备课，在加深对教材的理解和正确处理难点和重点方面，双方都能互惠互利。通常，数学组中以年级为基础的备课组会提出一个教案初稿（包括例题和练习）供每位教师修改使用，每位教师可以根据自己的课堂实际情况和本人的教学风格，修改和进一步形成自己的教案。导师和徒弟需要阅读别人的教案，并讨论如何改进他们自己的课的设计。通过这个过程，徒弟可以如下面所述，从导师那里学到很多：

> 在备课的时候，虽然我理解内容本身，但是我不太确定我需要涵盖多少主题，以及我应该为这节课设置什么样的教学目标。我应该先听取导师在这些方面的建议，然后制定我自己的教案。（徒弟 A）

通过听课学习教学策略，了解学生学情。徒弟们面临的最大挑战是缺乏教学策略以及对学生知识准备和困难的理解非常有限。通过频繁地听导师的课，徒弟可以学习到有效的教学策略，了解学生对特定课题和问题解决中的典型反应。然后，徒弟将会拥有预先准备的策略来应对不同的情况。于是，他们会对教学有信心。正如一名徒弟所说的：

> 通过听导师的课，我们可以学到课堂教学的流程以及学生在课堂上的反应，这真的有助于我们了解学生的实际情况，改进我们的备课。（徒弟 A）

另一方面，一位导师解释了其帮助徒弟的一些方法：

> 首先，合作备课能找出重点和难点，并找到解决数学难题的方法。其次，通过阅读和讨论教案，可以做出一些改进，如内容主题的安排和联系，在解决问题之后总结数学思维。这对师徒双方都有好处。第三，通过听课，我们关注教学计划的实施和课堂管理，如怎么处理学生的不当行为（如睡觉），怎么调动学生的积极性和课堂气氛。（导师 A）

导师 B 还注意到指导新教师与指导有经验教师存在以下差异：

> 对于有经验的教师，主要任务是帮助他们提升学科知识，提高他们问题解决的能力。而新教师往往有很好的学科知识和严谨的数学语言，但他们需要提高自己的教学技能，把握教材，了解学生的学情。

建立一个互相受益的学习共同体。导师和徒弟都认为团队成员是互惠互利的，不仅徒弟可以通过合作备课和听课向导师学习，导师也愿意向徒弟学习，听课之后通常师徒二人之间会进行讨论，他们讨论这节课的优点和缺点，以及从中可以学到什么。由于徒弟和导师通常在同一个办公室，座位很近，因此他们之间往往有联系，有闲聊。导师们也深知他们的责任是帮助徒弟成功地上公开课，从设计到排练，到最终的教学，进行全程指导。一般来说，师徒制的做法受益于"在学科组形成一种和谐的氛围，让徒弟可以正当大胆地问导师很具体的问题"（导师 B）。

对本案例研究的总结

该校师徒制的基本活动有合作备课、听课以及课后的非正式交流。总的来说，师徒制的做法对徒弟和导师都有好处，特别是，徒弟可以向导师学习如何分析教材、找出和处理难点和重点、设计课程、采取适当的教学策略、了解学生的学情、管理课堂。总体而言，师徒制有助于建立一个和谐、协作的基于学科的学习共同体。

以内容为主的指导：对一个案例的研究

我们在本案例研究中调查了两位老师，他们一个是处于职业中期的教师，一个是名师（导师），他们一起开发了一节公开课，作为一个全国性研究项目的一部分。本案例研究旨在探讨以下两个问题：(1)这节公开课的设计主要做了哪些改进，是如何进行的？(2)教师通过参与上公开课，在导师的支持下取得了什么收获？

研究参与者

为完成一项全国性教学研究项目（更多信息见 Huang & Li, 2009）所指定的一节公开课的设计，一位处于职业中期的教师在市教育局初中教研室专家的帮助下，开发了一节关于“抽样”的公开课。

上课教师。王老师（以下简称 T1），拥有数学学士学位，在中国东部一个大城市郊区的一所中学任教 6 年了，她具有入职职称（中学二级教师）。一般来说，经过 3 年的校本师徒制训练，教师就可以晋升到二级，再过 3 到 5 年，根据表现，教师可以晋升到一级，再经过 3 到 5 年的努力，一些优秀教师可以晋升到高级职称（例如：Huang 等，2010；Li 等，2009）。所以，我们聚焦的这位老师正在向更高的职称努力，这就要求这位老师不仅要教学成绩优秀，如开了公开课、学生成绩突出，还要发表过一些教学研究论文。作为一个上进心强的教师，为了提高自己的教学能力和教学研究能力，积极参与一些公开课的开发是非常宝贵的机会。

教学研究专家。张女士拥有数学学士学位和数学教育硕士学位，现为兼职博士研究生（以下简称 C1）。她在中学（7～12 年级）教了大约 10 年的数学，每个年级都教过，拥有中学教师的高级职称。2002 年以来，她一直以教研员身份指导中学教师。她多次获得省、市级的教学优秀奖，还在一所全国著名的师范大学指导过5名硕士研究生。她是上述全国项目在当地的负责人。

公开课课题

根据对教材的介绍(人民教育出版社，2004)，“统计与概率”是独立于“数与代数”和“图形与几何”的一个内容领域，共有三章。第一章在七年级，重点介绍了统计数据收集、整理和表示的基本过程。第二章在八年级，讲数据分析。第三章讲概率，安排在九年级。本案例所考察的主题是七年级第一章的第二节课。本章共有三个单元：统计调查、直方图和课题学习。“统计调查”侧重于两个方面：(1)通过普查和抽样调查收集数据并对数据加以整理；(2)揭示收集、整理、表示和分析数据的基本过程。抽样调查是第一单元的重点内容，建议用3课时。第一课时聚焦于“通过普查收集、整理、表示和分析数据并得出结论”，第二课时是“通过抽样调查收集、整理、表示和分析数据并得出结论”，第三课时是“分层抽样和通过样本估计总体”。

形成一节课的教学设计的过程

我们开展研究的这所学校要求所有6位七年级教师都要准备一份关于抽样的教学设计作为校本教研的一项活动(是全国项目的一个必要组成部分)。两周后，所有教师在备课组的会议上交流了他们对课的设计。备课组根据课的设计特点，经过广泛的讨论，决定在备课组支持下，由王老师主要负责这节课的设计。在这些讨论和建议的基础上，王老师提出了课的初步设计，将其发送给张老师征求意见。得到张老师的反馈以后，她通过电话和电子邮件与备课组组长进行了交流，完成了修改后的课的设计，并试教了这节课。备课组成员和张老师一起听了这节试讲课，然后他们开了一个课后会议来讨论课的设计。在试讲和讨论的基础上，王老师对课的设计作了进一步的修改，再次将其发送给张老师征求意见。根据张老师的进一步建议，王老师对课的设计再次进行了修改，并在另一所学校又上了一次公开课。经过这次教学和课后讨论形成了这节课的设计终稿，用于几个月后在北京的一个全国研讨会上的交流。根据这个科研项目提出的统一的课的设计格式，课的设计包括五个组成部分：内容及其解释、目标及其解释、诊断教与学的困难、选择教学方法和措施以及教学过程。

数据来源和数据分析

数据来源。为这个案例研究收集的数据包括课的设计初稿和终稿以及中间过程中两个有更改意见记录的修改中的教案。我们对每个研究对象进行了两次访谈，第一次访谈包括了解个人信息、指导的形式和要求、指导对专业发展的作用、在设计公开课中学到了什么、在参与活动的整个过程中学到了什么这五大问题，这些访谈问题都要求以书面形式回答。经过分析教案文档以及书面的访谈回答，研究者发现了课的设计过程中所发生的实质性变化以及王老师可能得到的收获及其相关因素。研究人员又通过 Skype 网络电话对王老师进行了第二次访谈，让她就其变化和收获作更多的说明与解释，这次后续的电话访谈持续了 45 分钟并有录音记录，这个录音记录用中文逐字逐句地写了下来。同样，我们也对导师进行了第二次访谈，让张老师就其在帮助王老师设计这节公开课中她起的作用以及她本人在这次指导过程中的收获作了进一步的解释(以下 TI1～2 是指对王老师的访谈 1 和 2，CI1～2 是指对张老师的访谈 1 和 2)。

数据分析。数据分析主要集中在两个主题上：在课的设计和教师学习方面所发生的变化，以及与这些变化相关的因素。通过对比课的设计初稿与终稿，我们确定了课的设计方面所发生的变化。又经过分析更改意见的记录和访谈回答，我们看出王老师是如何实现这些变化的以及她可能从课的设计中学到了什么。同时，我们也注意到导师可能做出的贡献。所有的数据分析我们用的都是中文文件，只是根据需要，将引用的原话翻译成了英语。

结果

研究结果分三部分呈现。首先，介绍和讨论了课的设计中的主要变化以及与这些变化相关的因素。然后，阐述了教师参与开发公开课的收获。最后部分是一个小结。

课的设计中发生的实质性变化以及与这些变化相关的因素

在教学目标和重点上发生的变化。有关教学目标和重点方面发生的变化有以下几点：(1)加深了对教材的理解，设定了合理的教学目标；(2)正确认识了学生的学习准备情况及其学习困难。

加深了对教材的理解，设定了合理的教学目标。加深了对教材的理解、设定了合理的教学目标是取得的一个重要进步。在最初的教案中，王老师将教学目标设定为帮助学生学习和区分相关的基本概念，包括抽样调查、总体、个体、样本、样本容量、简单随机抽样。

在对初始教案的更改意见记录中，张老师对学生的准备情况、内容目标、过程与方法目标提出了一些建设性的建议。关于学生的学习准备，王老师只提到了学生学过什么知识。张老师则特别指出，学生们应该已经习惯了新课程所建议的创新教学方法，而不是像过去那样常常使用传统教科书学习。

> 这些七年级学生是最后一批从使用老教材的小学毕业的学生。因此，他们学过的统计知识是比较少的。然而，由于新课程已实施多年，这些学生虽然使用老教材，但已经熟悉了像合作学习、小组活动等新的学习方式。

在内容目标上，王老师原本试图帮助学生理解普查和抽样调查，通过实例掌握四个基本概念，掌握简单随机抽样、分层抽样、等距抽样和分组抽样这四种常用的抽样方法。但是，张老师认为，掌握四种抽样方法恐怕是不可行的，课的设计应该通过情境和案例研究，重点“理解抽样调查的必要性、样本的适宜性和代表性以及相关概念。重点在于初步掌握简单随机抽样方法，理解用样本估计总体的统计思想”。这些建议在王老师教案终稿中都完全采纳了。

在过程与方法上，张老师提出以下几点：(1)通过日常生活中的实例，体验样本调查的普遍性和必要性；(2)体会用样本估计总体的统计思想；(3)通过实验和探索，体验抽样调查的方法和过程。

张老师还指出：“如果她不能体现我的建议，那她就采用她自己定的目标好了。”显然，王老师在后面的设计中把这些要点全都考虑进去了。

最后，王老师对这节课的设计有了更加本质而具体的理解：(1)基于样本估计总体不是一种归纳的思维方法；(2)抽样有两个基本条件：样本容量要合适以及样本要有代表性；(3)统计思想是核心和根本；(4)选择更多日常生活和社会中的例子；(5)让学生开展合作学习并喜欢教学过程。

全面了解学生的学习准备情况和学习困难。在王老师课的设计初稿中，她只注重学生在小学学过什么知识，但是在最后的教案中，她不仅认识到学生在小学所学的知识，而且还提到学生在第一节课中学习和复习了什么。

关于学生的学习困难，王老师在初稿中笼统地说困难在于“如何进行抽样调查”，但在最后的教案中，她指出了更多具体的困难，包括“如何选择一个有代表性的样本、什么是合适的样本容量”以及“学生如何通过具体的活动逐步掌握相关的方法”。

教学流程的改变。“因为教学目标和侧重点的改变，我不得不重新设计这节课，做了实质性的修改，事实上，除了保留了几个例子，我完全改变了我的设计。”(TI1)根据张老师对王老师教案的更改意见记录，我们发现以下几方面有重大改变：(1)复习普查；(2)突出普查与抽样调查的区别；(3)通过问题解决引入新概念；(4)认真仔细地建立随机抽样的相关概念；(5)将模拟的调查实验从特殊情况发展到一般情况；(6)将学习延伸到后继内容。详细信息如表1所示。

表1　教学流程的实质性变化

类别	初稿	终稿	变化
导入	情境问题1：如果你想知道一锅汤的味道，你会怎么做？ 讨论情境问题1；引入抽样概念；学生讨论抽样	复习普查； 讨论情境问题1； 引入抽样方法的概念； 学生举例	通过复习相关概念学习新的概念
普查与抽样调查	例1：介绍简单随机抽样与普查； 练习1：区分这两类调查方法	例1：比较简单随机抽样调查和普查的特点	对比普查与抽样调查
与抽样有关的概念	介绍4种不同的抽样方法； 直接介绍随机抽样的相关概念； 练习2：辨别相关概念的练习	例2：用例1中的问题引入随机抽样的相关概念	通过问题解决引入新的概念

续表

类别	初稿	终稿	变化
简单随机抽样的应用	例2：为了解某市学生视力情况设计一个调查	例3A：调查学生对学校电视节目的喜好。先考虑一个特殊情况：我们班级	对教材中的例3做了改编和修改
巩固练习	无	例3B：调查本校学生对电视节目的喜好	巩固和应用学过的概念与方法
小结	简单随机抽样； 比较普查与抽样调查的特点	相关的概念； 简单随机抽样	强调与抽样相关的概念与过程
为后继学习铺垫	无	探究：根据具体的指示设计一个调查某市学生视力情况的方案	将学习延伸到后继内容

复习普查。情境问题1是唯一从初稿保留到终稿的一个问题，微小的改进是在引入这个问题之前通过提问学生对普查的了解进行了一个简短的复习，这使这节课与上节课联系起来了。

突出普查与抽样调查的区别。在最初的课的设计中，王老师使用了一个包含4个小问的例题和3个练习来帮助学生认识抽样调查和普查的特征。但是在最终的设计中，王老师用了包含5个小问的例1来比较两种调查方法的特征，还总结了要点。

通过问题解决发展抽样的相关概念。教案初稿中，王老师在介绍了四种不同的抽样方法后，直接引进了四个相关概念，然后给出两个选择题帮助学生辨析这些概念之间的差异。但是在最终的设计中，王老师要求学生讨论三个简单随机抽样问题所具有的特点，这三个问题都是从例1改编而来的。通过列表比较这三个问题中的总体、个体、样本和样本容量，在情境中引入了这四个概念。

通过对课本问题的慎重修改，提出了一个模拟的调查项目。在最初的教案中，王老师给出了如下的调查问题：为了了解某市中小学生的视力情况，请设计一个调查。第一步：决定采用哪种调查方法(普查还是抽样调查)；第二步：确定总体和个体；第三步：讨论抽样方法，确定样本及其大小。根据张老师的建议，王老师采用了课本中的一个问题(例 3),即调查学生对电视节目的喜好。王老师把这个问题刻意地细化了,她认为细化后的问题比之前选择的问题"更有意义也更有趣"(TI1)。根据课本的安排,学生们在第一课时做了一个关于他们自己对电视节目喜好的普查。在第二课时,学生们将被要求设计一个关于所有学生(全校 2447 名学生)对电视节目喜好的调查方案。但是王老师又增加了一个小问:如果班级是总体,让我们使用不同大小的样本(例如,5 个学生与 20 个学生)用简单随机抽样方法(例如,给学生编号,然后随机抽取数字)来估计全班的喜好。这个模拟的活动旨在帮助学生体验数据收集、整理和分析的过程,它也意在让学生注意两个关键问题:样本的代表性和样本的大小。之后,王老师又组织了一次小组活动,把全校学生作为总体,设计一项类似的调查。从教学的角度来看,这种启发式方法有助于学生理解和解决越来越复杂的问题。

为后续学习做准备。在最终的教案中,最初计划中的调查学生视力问题被用来引出后续学习的一个探索性的问题。在用简单随机抽样解决该问题时,学生可能面临新的挑战:有时通过随机抽样选取的样本并不具有代表性,如何解决这个问题成了一个迫切的问题,这实际上正是下一节课的主题。

综上所述,通过这些重大改进,教案呈现出以下特点:(1)内容间互相联系:新内容与之前的知识相联系,为下一节课的后续学习打下基础;(2)连贯与发展:知识的发展与应用均基于数学任务的探究,而这些任务都呈现出有情境、有关联、有变式的特点;(3)学生通过合作学习和小组活动参与到知识和统计思想方法的形成过程中。

通过参与上公开课,王老师取得的收获

访谈时,王老师进一步说明了在张老师的指导下,她在设计这节课的过程中取得的主要收获。特别地,她在以下几个方面取得了长足的进步:提高了教研能力、提升了对优质教学的看法、加深了对教学内容的理解、提高了教学技能。

提高了王教师的教研能力。我们主要从两个方面看教研能力:一是在开发和反思课、撰写反思报告或论文过程中的表现;二是在研究教材过程中的表现。就这一具体案例而言,王老师不仅需要完成从课的设计、授课到修改这样几次的循环,还需要开市级和国家级的公开课并为交流或发表论文撰写反思报告。在我们

第二次采访中，她进一步说明了参加这个活动的好处：

如果没有参加这次活动，我就不会对统计内容以及课本中例子的使用有如此深刻的理解。参加了这次活动之后，我在教授其他内容时，也会特别注意这些问题：如果我使用这种方法，会对学生的学习产生什么样的影响？如果我采用另一种方法，学生的学习可能会有什么不同？如何理解和实施教学参考书中的指导意见？如果我没有参加过这个项目，我就不会对这些方面想得这么深，也不知道如何思考和解决这些问题。有时，我甚至需要超越课本才能实现我的教学目标。例如，如何使用导入情境？如何在数学教学中注重学生对概念的理解？还有，如何提高学生的学习水平？通过上公开课以及与专家交流，我学到了很多。(TI2)

王老师在以上说明中强调了她确实对具体的数学知识和相关的教育学知识有了深刻的理解，更重要的是，她开始意识到钻研教材、思考相关问题(如教学目标)以及掌握处理相关问题的方法的重要性。

在反思实践、撰写研究报告和论文方面，王老师解释了她是如何从张老师当面的指导，特别是在不同阶段的教案上张老师给出的书面点评中向张老师学习的。

张老师给了我很多指导。例如，我可以从她对我们教学目标和教材分析的意见中向她学习。以前，我无法表达我的想法，现在我可以把我的想法写下来，让别人理解和明白。我觉得我已经取得了一些进步。但我需要付出更多的努力，更多地向张老师学习。(TI2)

此外，王老师还谈到张老师对待研究的态度也对她的思想和行为产生了极大的影响：

特别是当张老师带我们到北京参加该研究课题的第四次研讨会时，我看到她是如何提问的，又是如何从非常独特的和评论的角度给别人提意见的。

> 她只关注重要问题，对问题发表自己的看法。她不在乎有问题的人的地位，哪怕这个人是专家，只要有问题，她总是针对问题而不针对个人表达她的批评意见。我确实从她身上学到了很多。

在对教案的反思报告中，王老师总结了教案的优点和缺点。关于这节课的优点，她指出四条：(1)精心设计和适当指导；(2)统筹考虑，优化教学过程；(3)通过具体实例说明基本概念；(4)学生参与度高，积极开展小组合作。同时，她也意识到几个不足：(1)老师讲解过多，有的环节学生讨论不够充分；(2)部分内容的处理方法有待改进。在访谈中，王老师进一步说明了本节课还可以在以下几个方面进一步完善：(1)对"随机抽样调查和普查"这部分要处理得再细腻一点；(2)在进行模拟的调查时，应要求更多的学生参与调查过程；(3)在介绍那四个概念时，不需要像最终的设计稿那样要求学生将答案写在表中，可以口答。

在对开发这节课的整个过程反思中，她强调了三个重要方面：(1)如何选择情境问题；(2)如何教授数学核心概念和思想方法；(3)如何处理相关的统计概念。

提升了王老师对优质教学的看法，提高了她的教学设计能力。通过撰写和修改本课教案，王老师认识到："教师应根据学生的认知水平和认知发展进程来安排教学内容和教学策略，创设合适的教学情境。这样他们才能吸引学生参与到课堂活动中来，实现有效教学。"(TI1)王老师还举了一个例子。在一次试讲中，在进行了模拟的调查(调查学生对电视节目的喜好)之后，她介绍了总体、个体、样本以及样本容量的概念。那天试讲结束后，张老师(指导老师)指出，应该在进行模拟的调查之前，通过具体的例子来引入这四个概念。终稿中的这一修改由于在模拟的调查中直接应用了这些概念，因此可以帮助学生加深对这些概念的理解。

通过上公开课，王老师认识到，有一点很重要，那就是先要具有明确、合理和可行的教学目标，然后才能基于总目标设计教学过程：

> 我们首先分析了教学目标，确定了教学的重点和难点，还分析了教材及其处理。然后，我们针对这些教学目标的实现，设计了教学流程。通过这次活动，我上每节课都要思考什么是总目标，对学生的知识和能力有什么期望，然后我才想实现这些目标的那些方法，我不断努力去寻找合适的方法来帮助

学生掌握技能、发展能力。(TI2)

加深王老师对内容的理解。王老师表示,在开发这节课的整个过程中,她最大的收获是:(1)对统计内容有了深刻的理解。统计不同于其他数学内容,我们应该帮助学生理解统计活动和推理;(2)统计的概念不是难点,应该把教学重点放在统计的思想方法上。

提高了王老师的教学技能。王老师认识到科学合理地安排课堂练习、设计符合学生认知水平的导入活动或情境问题、具有规范的教学语言是十分重要的。例如,课堂练习的选择、呈现、解释和评价都很重要,练习应按难度循序渐进地呈现,并有适当数量的不同练习。我们应该用学生的回答来引发并评估他们的思维,应该尽可能多地向学生提问,并照顾到个体差异。具体来说,王老师向张老师学到了以下的教学技能:(1)如何讲解课堂练习并进行总结。(2)如何更科学地使用教学语言。例如,“应该采用哪种调查方法”应该改为“哪种调查方法比较合适”。(3)如何创造或改造一个情境问题。例如,如何改造课本中学生对电视节目喜好的那个调查。(TI1)

讨论与结论

我们描述了中国大陆师徒制做法的基本特征,并通过案例分析说明了教师在这些实践中学到了什么,又发生了什么变化。两个案例研究表明:(1)新教师可以向导师学习有效的教学策略、了解学生的学习、有效的课堂管理;(2)职初教师和职中教师可以发展本文化崇尚的优质教学理念、学会分析教材、确定恰当的教学目标、处理难点和重点、设计实现教学目标的教学流程;(3)师徒制的做法有助于构建和谐、协作、基于学科的教师学习共同体。此外,对于处于职业生涯中期的王老师,她能够将所学到的关于钻研教材、明确教学目标和实现教学目标的那些原理和方法应用到日常教学中。她在反思实践、撰写教学研究报告或论文方面也取得了重大进步,这对她晋升到高级职称至关重要。

通过对这两个案例的比较发现,两种教学实践都注重钻研教材、培养教师找到合适的教学目标的能力、在深刻理解内容和学生学习准备的基础上采取合适的教学策略并有效地实施课堂教学。不过,以内容为中心的指导实践可能有利于教师发展教学研究的能力、改变教师对数学教与学的看法,而校本的师徒制做法可能更有利于教师在学校中构建富有成效的学习共同体。

连贯的教师教育系统是教师专业发展的基础

许多研究发现,中国大陆有一个连贯的合作制度来支持教师的专业发展,这个制度引导教师通过钻研教材掌握教学的重点和难点(Ma, 1999; Wang & Paine, 2003),而且教师之间相互观课呈现常态(Steward, 2006)。教师职称晋升制度涉及中国大陆的每一位教师(Huang 等,2016; Li 等,2009),对不同级别教师的期望明确了教师晋升需要追求的目标,特别是从初级晋升到中级更加重视教师自身的专业发展,注重教师的教学能力和教学质量。这一期望与职初教师需要学习教学常规、发展基本的教学技能和备课、加深对教材的理解、成为一名合格的教师等要求非常吻合(Huang & Li, 2008)。通过参与师徒制实践等校本支持教研的活动,使符合条件的教师能够晋升为中级,甚至高级职称,成为名师(Huang 等,2016)。

此外,师徒制以及其他专业发展的方法和实践,如不同层次的教研活动(从校本到市级)(Yang, 2009)和中国的课例研究(示范课的开发和教学比赛)(Huang & Han, 2015; Huang & Li, 2009; Li & Li, 2009),为教师们营造了支持和竞争的环境来发展他们的专业技能。

师徒制是专业发展系统的催化剂

如前所述,职称和晋升制度为中国大陆教师的专业发展指引了方向,与此同时,这一职称晋升制度也对具有高级职称的教师指导新手和初级职称教师寄予了厚望。当考虑将高级教师提升为特级教师时,他们在指导初级教师方面的成绩就很重要(Huang 等,2016; Li 等,2009;中国教育部,1995)。

因此,对于高级教师来说,作为导师去帮助职初教师和/或职中教师发展他们的专业知识和技能是他们的荣誉和责任。对于职初和职中的教师来说,师徒制的做法为他们提供了切实可行和量身定做的学习机会。

综上所述,无论是校本的还是跨校的以内容为重点的师徒制做法,它们都为教师提供了与日常教学相关的专业发展机会。师徒制不仅为地方学校所用，更得到中国大陆专业晋升制度的支持，职称晋升制度作为一项公共政策，支持把教师协同研究他们的课堂教学作为一种公共的专业实践，对不同阶段教师专业技能的规范也支持着名师和新手教师的师徒制做法。

我们可以从中国大陆的师徒制做法中学到什么？

在美国，人们提出并在一些学校里采用导师指导的方法已经有些年头了(Russo，2004；West & Staub，2003)。该方法旨在将专业发展嵌入到教师与学生们的课堂工作中，结合到学科内容和以研究为基础的方法中，并在一所学校的教师中产生更多的合作和集体意识(Russo，2004)。这种方法反映了教师在情境中学习的观点(Peressini，Borko，Romagnano，Knuth，& Willis，2005)，强调发展教师的教学知识应该放在他们的学习共同体中进行。

在中国大陆，专业发展制度和各种策略的开发和使用主要集中在改善课堂教学、处理日常教学问题和在课堂上实施新课程等方面。其基本特征是以教学内容为中心，以教师需求为重点，以发展高质量的课堂教学为目标，最终提高学生的学习水平。这一专业发展制度为教师提供了一个在多层次学习共同体(从校本到区到市)中发展教学所需的知识和技能的环境(Huang 等，2016)。因此，中国大陆师徒制的做法展示了教师学习的某些特征，这与在美国提出和使用的方法是一致的。

通过专业发展提升教师专业技能这一问题在许多教育制度中都一直是一个大难题，明确地考察中国大陆的相关实践将可以增进我们对这一问题的认识，对中国大陆特定的师徒制做法进行详细的考察，可以为数学教育研究者提供重要的案例，反思他们自己的实践，用批判的眼光审视可以向其他教育系统学习什么。

注释

1 本章中的名师是指高级和正高级教师。

参考文献

An, S., Kulm, G., & Wu, Z. (2004). The pedagogical content knowledge of middle school mathematics teachers in China and the U. S. *Journal of Mathematics Teacher Education*, *7*, 145 - 172.

Beishuizen, J. J., Hof, E., van Putten, C. M., Bouwmeester, S., & Asscher, J. J. (2001). Students' and teachers' cognition about good teachers. *British Journal of Educational Psychology*, *71*, 185 - 201.

Guskey, T. R. (2003). What makes professional development effective? *Phi Delta Kappan*, *84*, 748 - 750.

Huang, R. (2014). *Prospective mathematics teachers' knowledge of algebra: A comparative study in China and the United States of America*. Wiesbaden Germany: Springer.

Huang, R., & Bao, J. (2006). Towards a model for teacher professional development in China: Introducing keli. *Journal of Mathematics Teacher Education*, *9*, 279 - 298.

Huang, R., & Han, X. (2015). Developing mathematics teachers' competence through parallel Lesson study. *International Journal for Lesson and Learning Studies*, *4*(2), 100 - 117.

黄荣金,李业平(2008). 中国在职教师专业发展的挑战和机遇[J]. 数学教育学报,*17*(3),32 - 38.

Huang, R., & Li, Y. (2009). Pursuing excellence in mathematics classroom instruction through exemplary lesson development in China: a case study. *ZDM: The International Journal on Mathematics Education*, *41*, 297 - 309.

Huang, R., Peng, S., Wang, L., & Li, Y. (2010). Secondary mathematics teacher professional development in China. In F. K. S. Leung, & Y. Li (Eds.), *Reforms and issues in school mathematics in East Asia* (pp. 129 - 152). Rotterdam: Sense.

Huang, R., Ye, L., & Prince, K. (2016). Professional development system and practices of mathematics teachers in Mainland China. In B. Kaur, K. O. Nam, & Y. H. Leong (Eds.), *Professional development of mathematics teachers: An Asian Perspective* (pp. 17 - 32). New York: Springer.

Jin, L., & Cortazzi, M. (1998). Dimensions of dialogue: large classes in China. *International Journal of Educational Research*, 29, 739 - 761.

Lee, J. C., & Feng, S. (2007). Mentoring support and the professional development of beginning teachers: a Chinese perspective. *Mentoring and Tutoring: Partnership in*

Learning, 15, 243 - 263.

Li, Y., & Huang, R. (2008). Chinese elementary mathematics teachers' knowledge in mathematics and pedagogy for teaching: The case of fraction division. *ZDM: The International Journal on Mathematics Education*, *40*, 845 - 859.

Li, Y., Huang, R., Bao, J., & Fan, Y. (2009). Facilitating mathematics teachers' professional development through ranking and promotion practices in the Mainland China. In N. Bednarz, D. Fiorentini, & R. Huang (Eds.), *The professional development of mathematics teachers: Experiences and approaches developed in different countries* (pp. 72 - 87). Canada: Ottawa University Press.

Li, Y., Kulm, G., & Smith, D. (2006, October). *Facilitating mathematics teachers' professional development in knowledge and skills for teaching in China and the United States*. Invited presentation given at the Second International Forum on Teacher Education, Shanghai, China.

Li, Y., & Li, J. (2009). Mathematics classroom instruction excellence through the platform of teaching contests. *ZDM: The International Journal on Mathematics Education*, *41*, 263 - 277.

Li, Y., Ma, Y., & Pang, J. (2008). Mathematical preparation of prospective elementary teachers. In P. Sullivan & T. Wood (Eds.), *International handbook of mathematics teacher education: Vol. 1. Knowledge and beliefs in mathematics teaching and teaching development* (pp. 37 - 62). Rotterdam, the Netherlands: Sense.

Li, Y., & Shimizu, Y. (2009). Exemplary mathematics instruction and its development in East Asia. *ZDM: The International Journal on Mathematics Education*, *41*, 257 - 262.

Ma, L. (1999). *Knowing and teaching elementary mathematics: Teachers' understanding of fundamental mathematics in China and the United States*. Mahwah, NJ: Erlbaum.

中国教育部(1993). 特级教师评审条例[EB/OL]. http://www.moe.edu.cn/edoas/website18/info5947.htm, 2008-02-21.

中国教育部(1994). 中华人民共和国教师法[EB/OL]. http://www.moe.edu.cn/edoas/website18/info1428.htm, 2007-10-16.

中国教育部(1995). 教师资格条例[EB/OL]. http://www.moe.edu.cn/edoas/website18/info5919.htm, 2007-10-16.

中国教育部(1999). 21 世纪教育振兴行动纲领. http://202.195.144.106/jxzlhb/zlhb2_1.htm. 2008-09-22.

中国人力资源社会保障部与教育部(2015). 关于深化中小学教师职称制度改革的指导意见[EB/OL]. http://www.mohrss.gov.cn/SYrlzyhshbzb/ldbk/rencaiduiwujianshe/zhuanyejishurenyuan/201509/t20150902_219575.htm. 2015-12-12.

人民教育出版社(2004). 义务教育课标实验教材，数学 7B[M]. 北京：人民教育出版社.

Peressini, D., Borko, H., Romagnano, L., Knuth, E., & Willis, C. (2005). A conceptual framework for learning to teach secondary mathematics: A situative perspective. *Educational Studies in Mathematics*, *56*, 67 - 96.

Russo, A. (2004). School-based coaching: A revolution in professional development or just a fad? *Harvard Education Letter*, *20*(4), 1 - 3.

Stewart, V. (2006). China's modernization plan: What can US learn from China? *Education Week*, *25*(28), 48 - 49.

王建磐(2009). 中国数学教育：传统和现实[M]. 南京：江苏教育出版社.

Wang, J., & Paine, L. (2003). Learning to teach with mandated curriculum and public examination of teaching as contexts. *Teaching and Teacher Education*, *19*, 75 -94.

Wang. J., & Paine, L. W. (2001). Mentoring as assisted performance: A pair of Chinese teachers working together. *The Elementary School Journal*, *102*, 157 - 181.

West, L., & Staub, F. C. (2003). *Content-focused coaching: Transforming mathematics lessons*. Portsmouth, NH: Heinemann.

Yang, Y. (2009). How a Chinese teacher improved classroom teaching in Teaching Research Group: a case study on Pythagoras theorem teaching in Shanghai. *ZDM: The International Journal on Mathematics Education*, *41*, 279 - 296.

14. 通过教学和专业发展机制学习和提高 MKT

格洛丽亚·安·斯蒂尔曼[①]

引言

近几十年来，数学教师的数学知识及其如何教授数学的知识已经成为越来越多的研究的关注对象(如 Barwell, 2013; Burgess, 2009; Rowland & Ruthven, 2011; Sfard, 2005; Speer, King, & Howell, 2015)。鲍尔和她的同事们(Ball & Bass, 2003; Hill & Ball, 2004; Ball, Hill, & Bass, 2005)提出了**面向教学的数学知识**(MKT)这一术语，并将其与"数学教学工作"关联起来(Hill, Rowan, & Ball, 2005,第 373 页)，他们的目的是要发展一种基于实践的关于这种知识本质的理论。Ball、Bass、Hill 和 Thames(2006)最初只指定了四个组成部分，但后来又在其他研究人员(例如：Chick, Baker, Pham, & Cheng, 2006; Li & Kulm, 2008)和 Ball 自己的研究小组的工作中扩展到了更多的组成部分。由 Ball、Thames 和 Phelps(2008)基于实践提出的教师面向教学的数学知识框架有 6 个方面，3 个属于舒尔曼(Shulman, 1986)所说的学科知识类，即普通的内容知识——CCK、特定的内容知识——SCK 以及横向连结的内容知识——HCK，还有 3 个属于教学内容知识，即内容与学生知识——KCS、内容与教学知识——KCT、内容与课程知识——KCC。尽管这些方面主要是从分析小学教师和他们的实践得到的，但是研究人员并没有齐心协力"明确地考察这个构成对 MKT 理论化具有的潜在影响"(Speer 等，2015，第 110 页)以及它能否在中学阶段使用。斯皮尔等人质疑"将现在的理论框架从小学环境过度推广到中学环境的有效性"(第 120 页)，还以一个中学课堂研究项目的示例片段来说明区分 CCK、SCK 和 PCK 是很困难的。

---

① 格洛丽亚·安·斯蒂尔曼，澳大利亚天主教大学(巴拉瑞特)、澳大利亚学习科学研究所。

从分析本书第三部分那些用来显示不同的职业发展机制效用的研究结果来看，虽然研究涉及的都是中学教师，但 Ball 等人的观点被证明为有用，因为各章作者提供的证据在一定程度上显示是可以区分 MKT 的不同方面的。

舒尔曼(2004)提出过教师职业生涯的学习"共同体"的概念，在这个共同体中，"教师可以积极而饶有兴趣地研究他们自己的教学"(第 498 页)，以建立一所学校的一个学科部门无法完成的教学知识库。在英国对教师知识进行审视和评估的情形下，关注把教学知识在"教师共同体"这一集体中传播的想法也获得了威廉姆斯(Williams, 2011，第 176 页)的认同。许多国家最近都以促进教师在其整个职业生涯中学习作为工作的重点，例如，Chua 报告了新加坡学习圈(Learning Circles)和数学卓越中心(Centres of Excellence for Mathematics)在满足数学教师学习需求方面所起的促进作用。

本书第三部分的各章通过介绍来自中国大陆的定性的案例研究，恰当地评估了教师 MKT 在当地情形(Williams, 2011)下的发展情况，丰富了数学教师专业学习和发展的文献。本书中梁甦认为，在中国，教师在其整个职业生涯中都必须投入到职业发展中去，教师通过专业发展获得并不断寻求提高对他们来说"既有使用价值(能够让他们'上讲台'的知识)，也有交换价值"(Williams, 2011，第 168 页)(通过晋升制度提升到更高层次专业地位的一种手段)。在中国大陆，除了名师工作室项目外，所列的这些特别的专业发展机制都已存在多年了(Huang, Ye, & Prince, 2016)，但是，因为数字技术在地理位置相距甚远的个人以及学习群体之间架起了交流的桥梁，所以这些专业发展机制都在发生着演变，变得或正在变得更加普及(比如本书黄兴丰、黄荣金一章所述)。这些中国案例的独特之处在于，它们刻意注重培养实践知识，也就是在教师自己的课堂上培养的实践智慧，课堂就是他们探究提高自身实践能力的场所(Gu & Gu, 2016)。

表 1 概述了中国教师进入教师队伍后，促进其面向教学的数学知识(MKT)增长的那些有特色的专业发展机制，它们是：(1)钻研教材；(2)名师工作室(MTW)计划；(3)教研组(TRG)活动；(4)公开课(也称为开放课)；(5)师徒制做法。除了梁甦这一章，其他 5 章的作者都报告了他们所做的 1～2 个深入的定性的个案研究，梁甦这一章则不同，它更多地描述了所使用的不同形式的专业发展机制，然后从几个不同来源的研究中摘录一些发现来加以说明。因此，尽管该章也收录在表 1

表 1　本书第三部分发展 MKT 的机制概览

作者	MKT 发展的机制	研究种类	研究团体	参与者	发展的 MKT 方面(Ball 等)
蒲淑萍、孙旭花、李业平	钻研教材：在校本教研组(TRG)中备课	定性的个案研究(2 周)	由一所小学的 10 名教师、3 位名师、1 位大学教师、2 位教研员组成的教学研究小组	3 位小学 6 年级数学教师(分别约有 3、6、13 年教龄)	SCK，KCS，KCT，KCC
黄兴丰、黄荣金	名师工作室(MTW)计划	深度的定性的个案研究	由张老师领导的 MTW(6 人＋万老师)＋100 个社交媒体群的成员	1 名有经验的(超过 15 年教龄)来自农村的高中数学教师(万老师)	KCT，KCC
杨玉东、张波	教研组(TRG)	对 TRG 的定性的个案研究	杭州 TRG：10 名小学数学教师，其中 3 名不足 5 年教龄、3 名约 10 年教龄、3 名 15～20 年教龄、1 名特级教师	1 名没有经验的小学老师(在她任教的两个 6 年级班中进行两次独立重复教学)；其他教研组成员(听课并参加课后讨论)	SCK，HCK，KCS，KCT，KCC
梁甦	公开课	/	多样	多样	CCT/SCK，KCT，KCS，KCC
李业平、黄荣金	校本师徒制做法	定性的个案研究	/	一所高中的 2 对师徒(一个徒弟是新近毕业生，另一个徒弟是有经验的初中教师)	有经验的徒弟的 SCK，以及 KCS，KCT，KCC
李业平、黄荣金	关注内容的指导做法	定性的个案研究	备课组(6 名老师)＋导师	2 名初中数学教师，其中 1 名是处于职业中期的 7 年级教师，指导教师为名师	SCK，KCS，KCT，KCC

中作为一行，但是，有些单元格对该章不适用或者不能像其他 5 章那样明白地给出。对于其他 5 章，如果作者提供了研究的细节，那么"研究团体"指的是所研究的共同体中该案例研究涉及的那部分，而报告中通常聚焦于部分参与者，参与者的信息包括他们所教学段、年级、教学经验。为了便于参考和比较，我们还根据 Ball 等人(2008)提出的大类，罗列了 MKT 发展的相应方面。现在我简要地分析一下作者如何构建每种方法来展示各机制是怎样提高教学知识和教师知识的。

通过钻研教材发展 MKT

在国际上，通过研究教学中使用教材情况反映在职教师知识发展的研究相对较少，大多数有关教科书的研究都是对教科书内容的分析或比较(Fan, Zhu, & Miao, 2013)且针对特定目的，如教科书中任务的难度水平(Brändström, 2005)、是否符合数学素养的教学(Gatabi, Stacey, & Gooya, 2012)或者教科书对形成数学建模是深刻认识社会这一观点的影响(Stillman, Brown, Faragher, Geiger, & Galbraith, 2013)。很明显，这样研究的结果旨在为教学提供信息，但往往关注的是教科书的不足之处，而不是提出有益实践的做法，例如，为帮助教师进行分化教学时选择学习任务，瑞典教材是按照难度对任务进行分组的，而 Brändström (2005)发现，七年级教材中所有领域的任务难度水平都很低，虽然原本应该更高。

在西方的教师专业发展中，无论是概念发展、技巧培养、练习巩固、问题解决、调查研究还是数学建模，教学中安排的任务往往是重点，因为它们被认为是课的支柱。但是在教科书研究和学术文献中，很少有研究认为，教师在为第二天备课以及探索教科书任务时，还可以据此同时提高自己的 MKT (Fan 等，2013)，这显示人们忽视了教材是文化传统、教育政策和实践之间的一种媒介，但在有些国家中，教材是教师备课的主要资源(Pepin, Gueudet, & Trouche, 2013)，例如，Pepin、Gueudet 和 Trouche (2013，第 695—696 页)在研究法国和挪威的教科书时发现，教科书是国家课程等政策文件与教师工作场所教室发生的事情之间的"重要媒介"。

随着马力平(1999)对中美小学教师数学理解比较研究工作的发表，教材在中国小学教师专业成长中的重要作用引起了西方国家的广泛关注，中国小学教师使用与钻研教材相结合被认为是其职业生涯专业知识成长中最为重要的因素。很少有研究关注在职教师通过钻研教材来提升知识，蒲淑萍、孙旭花和李业平他们那一章试图在这方面做些弥补，他们报告了为期两周聚焦于六年级“圆的认识”教学的一个深度研究所得到的结果。这一小学的10名教师与3位名师、1名大学教师以及2名教研员组成一个教学研究小组，支持该校数学教师掌握分析教材的方法，同时提高他们的知识和教学技能。六年级的3位老师全程参与了钻研教科书的过程，还在研究小组组织的校本教研组帮助下进行了课堂教学（见表1）。从MKT的角度来看，参与者在数学知识和教学内容知识两方面都有提高，3位教师在学习前都知道圆的基本定义，在学习过程中他们对圆的认识在深度上没有变化，但是SCK有所发展，因为经验最少的那位老师开始认识到圆的元素之间的关系，而且3位教师都增长了关于圆的历史知识以及如何在教学中使用这些知识。在教学内容知识方面，所有教师都增加了课程知识（KCC）和教学策略知识（KCT），而经验较少的两名教师也增进了对学生反应以及在教学“圆的认识”时学生可能会存在的学习困难的了解（KCS）。

通过名师工作室计划发展MKT

在这一系列专业学习机制中，名师工作室（MTW，或称名师工作站）计划是最具创意的想法之一，它意在帮助积极进取的有经验教师成为专家教师（了解中国专家教师的概念见Zhang & Leung, 2013），从而促进其专业知识向名师的方向发展。现有关于MTW的研究似乎很少是以英文发表的（Chen & Wu, 2016; Li, Tang, & Gong, 2011）。Li、Tang和Gong（2011）通过对两位经验丰富的小学高级教师的案例研究，提供了小学教师参与由一位全国著名小学名师领导的MTW，从而提高了课的质量的证据，但是，我们仍然不清楚这些有经验的教师学到了什么，又是怎样学到的，也不清楚他们所做的事情是否可迁移到其他内容的课上。因此，黄兴丰和黄荣金这一章具有独特的贡献，因为它提供了一个来自实践的范例，作为一个范例案例（Freudenthal, 1981）回答了这些问题。

通过对一位经验丰富的中学教师、名师章老师工作室的一员——万老师的案例的详细分析，他们展示了万老师通过改善其教学设计知识和操作并有效利用材料的知识(KCC)而在其数学与教学知识(KCT)方面获得发展的情况。这是经过以下过程才发生的：**参与**名师工作室，从名师的深刻点评和教学方法中获得**启发**，在名师工作室成员和领导的帮助下，经历准备、实施、反思、精致化，**形成**以问题提出为特色的一节数学复习课、尝试**实验**，完善复习课情境下的教学方法、**成功**地发现使用学生问题提出是复习数学最有效的策略、将问题提出方法**推广**至另一种课型——导入课，最后，**渗透**到他的教学策略宝库中，他自然地、灵活地找到了将学生的问题提出融入其他课型的方法。万老师几年前就曾经在开发一节公开课时**尝试使用过**问题提出的想法，但只有当他作为一个具有良好的数学与学生知识的经验丰富的老师，并希望改变自己的教学实践时，他才能够在名师工作室的支持下，在实践中实现他的变化。

通过教研组活动发展 MKT

教研组(TRG)活动自 20 世纪 50 年代作为国家制度通过政府监管建立以来，一直在中国教师专业发展中发挥着作用，具有不同于日本课例研究做法的形式，随着越来越多的中国作者(如 Chen & Yang, 2013; Gu & Gu, 2016; Huang, Gong, & Han, 2016; Pang, Marton, Bao, & Ki, 2016; Yang, 2009; Yang & Ricks, 2012,2013)在课例研究专刊或影响力大的期刊以及专著中发表英文文章，中国课例研究正受到其他国家越来越多的关注。虽然教研组活动也可以用于其他目的，如研究课例或公开课的开发过程，但是，杨玉东和张波选择了报告杭州一所普通小学的一位新教师是如何在校本数学教研组的帮助下发展 MKT 的。

该研究关注的是六年级“位置”一课的准备、实施和改进过程。一名没有教过这个课题的新手教师与她的导师一起准备、实施和改进了这节课，她的教研组同事们也听了这节课并开展了讨论(见表 1)。他们使用文化派生的**三点框架**(即课的重点、难点和关键点，Yang & Ricks, 2013)作为启发探索的工具来指导他们改进课以及在两次上课后进行的课后讨论。这一工具不仅对教师有用，而且让该章的作者能够洞察在这个过程中教师获得的知识的本质。杨玉东和张波将这三点与格罗斯曼(1990)对 PCK 的研究联系了起来，他们认为两者联系如下：

“关于目的的知识与信念、课程知识”⟷“重点”；

“关于学生概念的知识”⟷“难点”；

“关于教学策略的知识”⟷“关键点”。

借用Ball等人(2008)的框架，作者阐述了MKT的各知识领域，以便有意识地加以培养。在课的设计者对这节课和备课过程的反思以及研究团体其他人的课后反思中都可以看出，在这里，明确课的重点的过程正是教师加深对“定位”的数学本质和对“位置”的表示的理解(SCK)过程，教师了解了位置这一概念的数学关注点在小学阶段是如何联系与变化并如何为中学坐标系打基础的(HCK)，还知道了如何用具体的材料去有效地展示这一核心数学思想(KCC)。讨论**难点**对开发课的新手老师来说肯定是一个学习经验，因为经验丰富的教研组成员会利用他们的案例知识，分享他们所知道的学生如何在现实世界中思考位置以及学生学习用一个点来数学地表示位置会有哪些混淆不清的概念(KCS)。考虑老师如何帮助学生达到课的目标(即**关键点**)依赖于一般的以及特殊的有效教学策略方面的知识(KCT)。同样，在这方面，教研组成员利用教学策略的案例知识，课的设计者在第二次上课时能够在某种程度上将别人的策略知识转化为自己的知识。无论使用哪个框架进行分析，要对教学和教师知识增长进行更细致的调查研究，教研组环境下课的改进都是一个好视角。

通过公开课发展MKT

梁甦这一章不同于本书第三部分的其他章节，它的写作基于如下的假设：不管是亲身参与公开课的准备和教学，还是仅仅观察和反思公开课，公开课的经验都能使教师(无论是否有经验)获得面向教学的数学知识，而且这种经验越丰富，相应的知识也会积累得越多。作为专家的示范课，公开课始于职前教师教育，但因其特有的变革创新性被认为是促进所有教师专业成长的一种手段。该章描述了公开课的不同形式以及用在在职教师专业学习中的目的和作用，并用他人或作者自己做过的研究中的叙事数据记录加以佐证。所谈及的公开课形式有：评价课、访问交流课、研究课、示范课(其他地方也称为课例)和比赛课，该章给出了论据以说明评价课和比赛课对新教师的成长特别有益，并且比赛课似乎是许多名师/专家教师曾经有过的起步经验。

在结语中，作者告诉读者，在她分析了访谈数据、教师用中文写的研究论文中的反思部分以及网上文档之后，她认为这些活动产生的 MKT 具有 9 种不同形式，对此，我能够将它们归类为普通内容知识(CCK)/特定内容知识(SCK)(需要更详细的信息才能将其确定为 CCK，但它可能是存在的)、内容与教学知识(KCT)、内容与学生知识(KCS)和内容与课程知识(KCC)。事实上，除了用该章中所给的简短的叙事数据记录之外，没有办法证实教师可以通过公开课学到这 9 种知识，而这些记录并没有涵盖作者所列的所有知识方面。

通过师徒制的做法发展 MKT

师徒制做法是中国大陆另一种有着悠久历史的专业发展形式，它可以是新教师入职培训的校内辅导，也可以是教师改变职业道路(如从教初中到教高中)所需的辅导。然而，最近，就像在其他几个国家一样(如 Larkin, Grootenboer, & Lack, 2016; Hunter, Hunter, Bills, & Thompson, 2016; Gibbons & Cobb, 2016; Poly, 2012)，另一种形式的师徒制做法已经出现，它以学科内容为主，指导通常来自几所学校处于职业生涯中期的教师们。前面那种辅导项目的主要目标是提供他们有能力"去教"所需要的知识，所以具有使用价值(Williams, 2011)，而后面那种指导项目，至少在中国，似乎要把同时获取知识的"使用价值"和"交换价值"作为它的目标，通过职称晋升制度来提升专业地位。

在李业平和黄荣金的这一章，他们给出了师徒制做法的两个案例研究(见表1)。第一个案例研究关注的是对一个新近毕业的职初教师和一个从教初中到教高中的职业改变者开展的校本入职培训，两人都就职于高中，各自与导师结对。除了适应高中的数学教学，这些辅导/指导的结对活动还提供了额外的好处，即在学校内建立了一个尊重学习的数学教育共同体。至于 MKT，合作备课、互相听课、非正式的课后交流这些核心做法都增进了这两位教师对高中这一学段相关课题的教材(KCC)、合适的教学策略(KCT)和学生典型的反应和困难(KCS)的把握。**三点框架**(Yang & Ricks, 2013)再次被用作一种启发探索的工具来实现这一变化。此外，对那位从初中调到高中任教的教师来说，辅导深化了她对与所教内容相关的数学知识和技能(SCK)的认识。虽然作者使用了师傅、徒弟、辅导等术语，但似乎不合适像其他人那样去区分辅导(coaching)和指导(mentoring)(例如 Fletcher，2012)，而应承认，在这种以实践为本的情形下，像其他研究(例如 Hunter 等，2016)表明的一样，辅导也会导致反思。

在第二个案例研究中，徒弟是一位处于职业中期的学校教师，师傅是一位校外的名师，她在市教育局教研室工作并正在攻读在职博士。师傅也是一研究项目的负责人，当时该项目的工作重点是统一一个公开课设计流程。该教师在学校得到了七年级备课小组的支持(见表 1)，辅导机制是对七年级一节关于"抽样"的公开课进行备课和教学。虽然徒弟可以从她大学数学储备中调用丰富的数学知识，但参与辅导的经历让她对该主题的含义更加清楚，对主题内部的知识联系及其与七年级其他数学主题的联系更加明了，对 SCK 有了更深入的了解。在这个过程中，她也加深了对教材(尤其是教科书中的例题)(KCC)的理解，知道了如果她用最初的方法去理解学生的知识储备的话，学生的想法以及在统计思维上可能会遇到的困难是什么(KCS)。因为更深入地了解了什么样的特定的教学策略将在抽样情境中更能落实(KCT)，所以她能更好地把她的教学知识与她的数学知识在教学设计中融合起来。还有一个副产品，也是她职称晋升中的一项要求，就是能够对她备课和上课的情况进行深入的反思，以便她能够在撰写反思报告或研究论文时更清楚地表达自己的想法。

对提升 MKT 的专业发展可能具有的未来影响

如表 1 最后一列所示，几乎所有鲍尔等人划分的面向教学的数学知识各领域都可由第三部分所述的一个或多个专业发展机制培养，培养哪些领域既取决于活动的目的，也取决于所涉及教师的教学经验、意图和教育背景。与其他许多国家不同，通过颁布的官方指南(中国人力资源社会保障部与教育部，2015)，中国大陆教师的职称晋升制度给出的期望和标准是教师在其整个教学生涯中专业发展的动力，它强调实际成就和实践经验，淡化撰写学术文章和拥有学位，这些职称标准和晋升推动因素可能会强化本章所述的那些较新的专业学习机制，并加固其他机制在中国大陆教育界专业学习中的地位。不过，个别教师对工作与生活平衡的个人关注度可能会减缓他们职业发展过程的步伐(Chen & Wu，2016)。如今，变革之风正从另一个角落吹拂而来，数字技术作为一种传递手段或认知协作沟通的工具，使得协作、指导和辅导可以跨越学校和地理界限，并可克服当地资源不足的问题(Borba & Gadanidis, 2008)。研究教师合作的电子技术环境，以及它能在多大程度上成功地促进中国大陆教师面向教学的数学知识的发展(例如 Li & Qi, 2011)，和其他地方一样，中国的研究也仍处于起步阶段。

参考文献

Ball, D. L., & Bass, H. (2003). Towards a practice-based theory of mathematical knowledge for teaching. In B. Davis & E. Simmt (Eds.), *Proceedings of the 2002 annual meeting of the Canadian Mathematics Education Study Group* (pp. 3 - 14). Edmonton: CMESG/GDEDM.

Ball, D. L., Bass, H., Hill, H. C., & Thames, M. (2006, May). *What is special about knowing mathematics for teaching and how can it be developed*? Presentation at Teachers' Program and Policy Council, American Federation of Teachers, Washington, DC.

Ball, D. L., Hill, H. C., & Bass, H. (2005). Knowing mathematics for teaching: Who knows mathematics well enough to teach third grade, and how can we decide? *American Educator*, *29*(1),14 - 17,20 - 22,43 - 46.

Ball, D. L., Thames, M. H., & Phelps, G. (2008). Content knowledge for teaching. *Journal of Teacher Education*, *59*,389 - 407.

Barwell, R. (2013). Discursive psychology as an alternative perspective on mathematics teacher knowledge. *ZDM Mathematics Education*, *45*(4),595 - 606.

Borba, M., & Gadanidis, G. (2008). Virtual communities and networks of practicing mathematics teachers: The role of technology in collaboration. In K. Krainer & T. Wood (Eds.), *Participants in mathematics teacher education* (pp. 181 - 206). Rotterdam, The Netherlands: Sense Publishers.

Brändström, A. (2005). *Differentiated tasks in mathematics textbooks: An analysis of the levels of difficulty* (Licentiate thesis). Luleå University of Technology, Luleå.

Burgess, T. (2009). Statistical knowledge for teaching: Exploring it in the classroom. *For the Learning of Mathematics*, *29*(3),20 - 29.

Chen, X., & Wu, L. -Y. (2016). The affordances of teacher professional learning communities: A case study of a Chinese secondary school. *Teaching and Teacher Education*, *58*,54 - 67.

Chen, X., & Yang, F. (2013). Chinese teachers' reconstruction of the curriculum reform through lesson study. *International Journal for Lesson and Learning Studies*, *2*(3),218 - 236.

Chick, H., Baker, M., Pham, T., & Cheng, H. (2006). Aspects of teachers, pedagogical content knowledge for decimals. In J. Novotná, H. Moraová, M. Krátak, & N. Stehlíková (Eds.), *Proceedings of 30th conference of the international group for the psychology of mathematics education* (pp. 297 - 304). Prague: Program Committee.

Chua, P. H. (2009). Learning communities: Roles of teachers' network and zone activities. In. K. Y. Wong, P. Y. Lee, B. Kaur, P. Y. Foong, & S. F. Ng (Eds.), *Mathematics education: The Singapore journey* (pp. 85 - 103). Singapore: World Scientific.

Fan, L., Zhu, Y., & Miao, Z. (2013). Textbook research in mathematics education: Development statusand directions. *ZDM Mathematics Education*, *45*(5),633 - 646.

Fletcher, S. (2012). Editorial of the inaugural issue of the. *International Journal of Mentoring and Coaching in Education*, *1*(1),4 - 11.

Freudenthal, H. (1981). Major problems of mathematics education. *Educational Studies of Mathematics*, *12*(2),133 - 150.

Gatabi, A. R., Stacey, K., & Gooya, K. (2012). Investigating grade nine textbook problems for charactersitics related to mathematical literacy. *Mathematics Education Research Journal*, *24*(4),403 - 421.

Gathumbi, A. W., Mungai, N. J., & Hintze, D. L. (2013). Towards comprehensive professional development of teachers: The case of Kenya. *International Journal of Process Education*, *5*(1),3 - 14.

Gibbons, L. K., & Cobb, P. A. (2016). Content-focused coaching. *The Elementary School Journal*, *117*(2),237 - 260.

Grossman, P. L. (1990). *The making of a teacher: Teacher knowledge and teacher education*. New York, NY: Teachers College Press.

Gu, F., & Gu, L. (2016). Characterizing mathematics teaching research specialists' mentoring in the context of Chinese lesson study. *ZDM Mathematics Education*, *48*(4), 441 - 454.

Hill, H. C., & Ball, D. L. (2004). Learning mathematics for teaching: Results from California's mathematics professional development institutes. *Journal for Research in Mathematics Education*, *35*(5),330 - 351.

Hill, H. C., Rowan, B., & Ball, D. L. (2005). Effects of teachers' mathematical knowledge for teaching on student achievement. *American Educational Research Journal*, *42*,371 - 406.

Huang, R., Gong, Z., & Han, X. (2016). Implementing mathematics teaching that promotes students' understanding through theory-driven lesson study. *ZDM Mathematics Education*, *48*(4),425 - 439.

Huang，R.，Ye，L.，& Prince，K.（2016）. Professional development system and practices of mathematics teachers in Mainland China. In B. Kaur，K. O. Nam，& Y. H. Leong（Eds.），*Professional development of mathematics teachers：An Asian perspective*（pp. 17 - 32）. New York，NY：Springer.

Hunter，R.，Hunter，J.，Bills，T.，& Thompson，Z.（2016）. Learning by leading：Dynamic mentoring to support culturally responsive mathematical inquiry communities. In B. White，M. Chinnappan，& S. Trenholm（Eds.），*Opening up mathematics education research*（Proceedings of the 39th annual conference of the Mathematics Education Research Group of Australasia）（pp. 59 - 73）. Adelaide：MERGA.

Larkin，K.，Grootenboer，P.，& Lack，P.（2016）. Staff development：The missing ingredient in teaching geometry to year 3 students. In B. White，M. Chinnappan，& S. Trenholm（Eds.），*Opening up mathematics education research*（Proceedings of the 39th annual conference of the Mathematics Education Research Group of Australasia）（pp. 381 - 388）. Adelaide：MERGA.

Li，Y.，& Kulm，G.（2008）. Knowledge and confidence of pre-service mathematics teachers：The case of fraction division. *ZDM Mathematics Education*，*40*（5），833 - 843.

Li，Y.，& Qi，C.（2011）. Online study collaboration to improve teachers' expertise in instructional design in mathematics. *ZDM Mathematics Education*，*43*，833 - 845.

Li，Y.，Tang，C.，& Gong，Z.（2011）. Improving teacher expertise through master teacher workstations：A case study. *ZDM Mathematics Education*，*43*（6 - 7），763 - 776.

Ma，L.（1999）. *Knowing and teaching elementary mathematics：Teachers' understanding of fundamental mathematics in China and the United States*. Mahwah，NJ：Lawrence Erlbaum Associates.

中国人力资源社会保障部与教育部（2015）. 关于深化中小学教师职称制度改革的指导意见［EB/OL］. http://www. mohrss. gov. cn/SYrlzyhshbzb/ldbk/rencaiduiwujianshe/zhuanyejishurenyuan/201509/t20150902_219575. htm. 2015-12-12.

Pang，M. F.，Marton，F.，Bao，J.，& Ki，W. W.（2016）. Teaching to add three-digit numbers in Hong Kong and Shangahai：Illustration of differences in the systematic use of variation and invariance. *ZDM Mathematics Education*，*48*（4），455 -470.

Pepin，B.，Gueudet，G.，& Trouche，L.（2013）. Investigating textbooks as crucial interfaces between culture，policy and teacher curricular practice：Two contrasted case studies in France and Norway. *ZDM Mathematics Education*，*45*（5），685 - 698.

Poly，D.（2012）. Supporting mathematics instruction with an expert coaching model. *Mathematics Teacher Education and Development*，*14*（1），78 - 93.

Rowland，T.，& Ruthven，K.（2011）. *Mathematical knowledge in teaching*. Dordrecht：Springer.

Sfard，A.（2005）. What could be more practical than good research? On mutual relations between research and practice of mathematics education. *Educational Studies in*

Mathematics, *58*(3),393 - 413.

Shulman, L. (1986). Those who understand: Knowledge growth in teaching. *Educational Researcher*, *15*(2),4 - 14.

Shulman, L. S. (1984). Communities of learners and communities of teachers. In L. S. Shulman & S. M. Wilson (Eds.), *The wisdom of practice: Essays on teaching, learning, and learning to teach*. (pp. 485 - 500). San Francisco, CA: Jossey-Bass.

Speer, N. M., King, K. D., & Howell, H. (2015). Definitions of mathematical knowledge for teaching: Using these constructs in research on secondary and college mathematics teachers. *Journal of Mathematics Teacher Education*, *18*,105 - 122.

Stillman, G., Brown, J., Faragher, R., Geiger, V., & Galbraith, P. (2013). The role of textbooks in developing a socio-critical perspective on mathematical modelling in secondary classrooms. In G. A. Stillman, G. Kaiser, W. Blum, & J. P. Brown (Eds.), *Mathematical modelling: Connecting to research and practice* (pp. 361 - 371). Dordrecht: Springer.

Williams, J. (2011). Audit and evaluation of pedagogy: Towards a cultural-historical perspective. In T. Rowland & K. Ruthven (Eds.), *Mathematical knowledge in teaching* (pp. 161 - 178). Dordrecht: Springer.

Yang, X., & Leung, F. K. S. (2013). Conceptions of expert mathematics teachers: A comparative study between Hong Kong and Chongqing. *ZDM Mathematics Education*, *45*(1),121 - 132.

Yang, Y. (2009). How a Chinese teacher improved classroom teaching in Teaching Research Group: A case study on Pythagoras theorem teaching in Shanghai. *ZDM Mathematics Education*, *41*,279 - 296.

Yang, Y., & Ricks, T. (2012). How crucial incidents analysis support Chinese lesson study. *International Journal for Lesson and Learning Studies*, *1*(1),41 - 48.

Yang, Y., & Ricks, T. (2013). Chinese lesson study: Developing classroom instruction through collaborations in school-based Teaching Research Group activities. In Y. Li & R. Huang (Eds.), *How Chinese teach mathematics and improve teaching* (pp. 51 - 65). New York, NY: Routledge.

/第四部分/

反思与结论

15. 面向教学的数学知识：我们学到了什么

蒂姆·罗兰①

引言

本书各章作者从大学的职前教师培训到在职教师的终身专业发展，对中国的数学教学发展进行了精彩而翔实的描述。同时，第 4 章就“面向教学的数学知识”的含义向我们提供了一个有价值的国际视角，我在本章后面还会提到。作为一名生活和工作在欧洲的研究人员，我对数学教师知识和教学发展的固有看法必然是西方的，然而，正如我将解释的那样，许多因素导致英国的研究人员，尤其是政策制定者已将目光投向东方。可惜的是，我们从挑选出的读物中“学到”的中国数学教学实践方面的知识不仅有限，还往往不一致。让西方更加均衡全面地理解中国数学教师是如何获得和改进知识以担当其专业角色的，本书确实在这方面做出了重要贡献。在这一章中，我将简要地概述在数学上取得高成就的东方文化对英国产生的影响，探讨我们可以从这本书所描述的实践中学到什么，并从我已有的理论和实践的角度来反思所述的实践。

追赶

多年来，历届英国政府[1] 都对学校的数学成绩不满意，尤其是最近的国际调查显示，英国在国际数学成绩排行榜上排名靠后。在 2012 年的国际经合组织对 15 岁学生进行的国际学生评估项目(Program for International Student Assessment，简称 PISA)调查中，英国名列第 26。数学的排名以中国上海为首，其次是新加坡、中国

---

① 蒂姆·罗兰，英国剑桥大学。

香港和中国台湾。英国政府教育部长的反应[2]不说毫无悬念，也在意料之中：

> 我希望看到所有的学校，不管是小学还是中学，在所有科目都使用高质量的教材，让我们更接近高成就国家的标准……在这个国家，教科书根本比不上那些世界上最好的，结果导致资源设计不良，破坏和损害了良好的教学。

受人尊敬的英国教育家和学者罗宾·亚历山大(Robin Alexander)的反应则代表了中小学和大学中许多其他人的看法。

> 这里有很多东西需要仔细研究：比如"在PISA测试中表现最好的学生是因为教科书起了作用……"这样的假设、"在PISA测试中对中学生似乎适用的做法也必然对小学生适用"的假设、"对数学适用的做法也对所有其他学科同样适用"的假设。(Alexander, 2015)

事情并未说说就过去了。2014年，政府在全英格兰建立并资助了35个"数学中心"(Maths Hubs)。这些数学中心以当地公认的成功学校为基地，协调所在地区的个人和组织的专业力量，为学校各学段的数学教师提供专业发展活动计划和具体的活动内容。在该项目运行的头两年，每个数学中心所在地区的一些学校的教师还用上了根据新加坡教科书改编的课本，虽然没有正式地进行过评估，但是教师们非正式的意见反馈都还不错。

教科书

尽管亚历山大教授很生气，但是教育部长也许也有道理。正如本书第9章作者所指出的，教材在中国教育系统中是一种受到高度重视的资源，这与英国恰恰形成鲜明的对照。他们指出，直属中华人民共和国教育部的人民教育出版社聘请了许多受过良好教育的专业作者来出版其小学数学教材。相比之下，英国教科书的写作和营销完全是由商业自由企业安排，不受中央的质量控制。这并不是说英国就没有好教材，但是教材编写和研究之间的联系不强。不幸的是，在英国大学学术活动评估传统中，受重视的是为研究人员和研究生撰写期刊论文和书籍，撰写教科书是不受重视的。不过情况也并非总是如此，20 世纪 60 年代，有两套广受好评的数学教科书都出自大学，一套是南安普顿大学理论力学教授布莱恩・思韦茨(Brain Thwaites)编写的《中学数学设计》(*School Mathematics Project*)；另一套是《纳菲尔德小学数学》，由杰弗里・马修斯(Geoffrey Matthews)负责，他是伦敦切尔西学院(现为国王学院 King's College)的首位英国数学教育教授。英国以外也有几个国家采用了这些教科书。这两套教科书都出版了辅助材料，意在帮助教师学习和教授新的主题，如图论和统计。15 年后，其他以商业为导向的出版商推出了鼓励孩子独立学习的书籍，对教师的要求似乎有所降低。

职前数学教师的知识

本书第 5 章和第 6 章对中国小学和中学数学教师的培养进行了详细介绍。鉴于华人学生在国际比较中取得的好成绩，令我感到惊讶的是看到一项问卷调查研究得出小学职前教师面向教学的数学相关知识需要提高的结论(第 5 章)。问卷的设计参考了舒尔曼(1986)著名的教师知识分类，特别是“学科知识”(SMK)和“教学内容知识”(PCK)这两类，以及 Ball 和她的同事们(2008)就“面向教学的数学知识”(MKT)对这些类别所作的进一步阐述。把 SMK 和 PCK 截然分开并设计区分它们的测试题目有时是有问题的。第 5 章问卷工具中有一道测试 PCK 的题目是：

一位学生在计算 26 × 53 时，其竖式过程如右图。你怎样解释该生的错误？把你可能向学生说的话写在下面。	$\begin{array}{r} 26 \\ \times\ 53 \\ \hline 78 \\ 130 \\ \hline 208 \end{array}$

图 1　来自数学教师知识问卷的一道 PCK 题目(第 5 章)

识别学生错误的需要固然是教学所特有的，但可以商榷的是，不需要教育学知识就能从放错 130 的位置看出有位值制错误，所以(对我来说)，它看起来像测试 MKT-SMK 领域“普通的数学知识”的一个题目(Ball 等，2008；详情见第 4 章)。

MKT-PCK 领域中“数学与学生的知识”需要知道这是一个常见的学生错误(例如 Hansen，2005)，但这不是该题要评估的内容。其实希尔(Hill)等(2008)曾用下面这道题来举例说明“特定的数学知识”的题目(仍属于 MKT-SMK)：

假设你正在和你的学生一起做大数的乘法，你发现你的学生中有下面这些做法：

学生 *A*	学生 *B*	学生 *C*
35	35	35
×25	×25	×25
125	175	25
+75	+700	150
875	875	100
		+600
		875

你认为这些方法中的哪个可以用于任意两个整数的乘法？

图 2　密歇根州 MKT 评估中 SCK 的一道题(Hill 等，2008)

希尔等(2008，第 439 页)评论说：

> 这里，教师们要检查解决 35×25 这个多位数乘法问题的 3 种不同方法，并评估这些方法是否适用于任意两个整数。为了回应这道题，教师必须利用数学知识，包括弄清楚每个例子中显示的步骤，然后判断这些步骤是否有意义，是否适用于所有整数。对于不教书的成年人来说，无需经常去评价非标准的解题方法，但是，这道题**完全是数学题，而不是教学法的题**。教师为了做出合理的教学决策，必须能够经常在现场迅速地估计和判断这些不一样的方法在数学上对不对。(黑体以示强调是后加的)

我可以争辩图 2 中的题是在评估普通内容知识(CCK)还是特定内容知识(SCK)，我甚至可以通过询问一些不从事教育工作的成年人来找到答案，但是，它们两个都属于学科知识(SMK)，而不是教学内容知识(PCK)。希尔(上面)的论点同样适用于图 1 中的题。

英国职前数学教师的知识

有一份问卷调查了英国小学职前教师的数学知识，主要是 SMK 部分

(Rowland 等, 1998),它是作为响应政府在 1997 年首次发布的一份文件而进行的,这份文件要求教师教育项目要“审核学员对包含在国家课程中的数学知识掌握得怎样、理解得怎样”,找到“差距”的地方“要作出安排,以确保学员获得该知识”(教育与就业局 DfEE, 1998,第 48 页)。在引入这些和随后的政府种种要求之后,对“初级教师培训”(ITT)阶段的小学教师的学科知识进行审核和补救便成为一个引人注目的问题。这一政策在英国引发了对未来小学教师数学学科知识的大量研究(例如,Goulding 等,2002)。2003 年召开的研讨会的会议论文集有效地汇集了该研究领域的一些线索(BSRLM, 2003)。一项以伦敦为主的研究项目(数学学科知识: SKIMA),用了一份有 16 道题的测试工具,调查了 170 名伦敦毕业的职前小学教师的数学知识(Rowland, Martyn, Barber, & Heal, 2000)。在解释和说明该研究的结果时,约瑟夫 · 施瓦布(Joseph Schwab, 1987)指出了**实质性数学知识**和**句法性数学知识**的区别,不过,舒尔曼的心智图(Shulman & Grossman, 1988)在区分这两类知识时发挥了作用。实质性的知识包含了一个学科中的关键事实、概念、原理、结构和解释性框架,而句法性知识关注这一学科中的证据规则和真理的认证、知识探求的本性,以及如何在该领域引入和接受新知识,简而言之,如何找出它们。这种区别接近于内容(实质)性知识和过程(句法)性知识之间的区别,虽然句法性知识似乎比过程性知识需要更强的认识论意识。Ball(1990)做过一个类似,甚至也许是一样的划分: 数学的知识(knowledge of mathematics,含义和背后的程序)和关于数学的知识(knowledge about mathematics,使数学中的某内容为真或合理的东西)。

如果答案正确并对回答还给出了(合适的)有效的理由,那么对测试题的这个回答就被编码为“安全”。总的来说,参与测试的职前教师在实质性测试题上比在句法性测试题上更有把握。几乎所有职前教师对图 3 所示的测试题(被认为是实质性的)回答都是“安全”的。

我想着一个数,加 15,将答案除以 9,答案是 10。我是从哪个数开始计算的? 简述你的方法。

图 3 SKIMA SMK 测试卷第 10 题(Rowland 等,2000)

然而，只有三分之一的职前教师对图 4 所示的这些句法性测试题给出了“安全”的回答，30%的职前教师对三道小题都给出了“不安全”（或空白）的回答。

一个矩形由 120 个小正方形块拼接组成，每个小正方形块为 1 cm^2。例如，它可以是 10 cm 长 12 cm 宽。指出下面三个命题对所有这样的矩形是对还是错，用合适的方法论证你的每一个结论：

(a) 该矩形的周长（以 cm 为单位）是一个偶数。

(b) 该矩形的周长（以 cm 为单位）是 4 的倍数。

(c) 该矩形不会是一个正方形。

图 4　SKIMA SMK 测试卷第 16 题（Rowland 等，2000）

每道小题都可以有不止一种说理方式，而穷举法（列出 8 个可能的矩形）可以回答所有这三道题。我们预想：对于(a)，会有一些演绎论证；对于(b)，会举些反例；对于(c)，也许会用反证法（$\sqrt{120}$不是整数）。

职前数学教师知识的比较研究

1999 年，用同样的测试工具对新加坡的 41 位职前小学教师进行了测试，在这里报告一下结果还是有意义的。对于英国和新加坡的师范生来说，题目是简单还是困难，情况大致相同（见 Fong Ng，私人交谈），唯一值得注意的差别是在两个题目上。第一个问题是关于逆运算的，新加坡的职前教师比英国教师回答得差。第二个问题是图 4 中的题，新加坡学生表现出较好的句法性数学知识，这可能是因为新加坡国立教育学院的小学教师培养计划在数学学科知识的发展上比英国的计划投入了更多的时间。

结合在英国、中国大陆和中国香港进行的一项比较研究（Wong 等，2009）的结果来看，本书第 5 章中关于中国小学职前教师面向教学的数学相关知识有待提高的观点具有启发性。从 SKIMA 学科内容测试卷（Rowland 等，2000）中选出 10 道与中国大陆和中国香港的数学课程相关的题，这些题目（列于 Wong 等，2009）评估了算术、几何和数学探究等方面的知识。来自中国大陆及中国香港的职前以及在职教师参与了这项研究，在中国大陆，数据采自长春和广州这两个城市。共有 158 名中国香港老师（其中 88 名为职前教师）和 198 名中国大陆老师（其中 79 名为职前教师）参加了测试。被试的书面回答按照 5 分制进行编码，从“非常不安全”到“非常安全”。研究人员发现：

> 总体而言，在某些题中，来自英国的被试达到安全掌握的百分比更高，还有一些题则来自中国香港的被试达到安全掌握的百分比更高，总的来说，来自中国大陆样本的安全掌握百分比最低，但我们完全清楚，他们不能被视为中国大陆具有代表性的样本。（第195页）

结果显示，两国在职教师，特别是中国大陆在职教师的表现相对较弱，整体而言，三地职前教师的表现大致相同。在这三个测试内容中，被试在算术上的表现优于其他两个领域。但无论如何，这一发现应该会让英国的政策制定者们放心了。

数学教师的集体学习

教师在其整个职业生涯中都必须同时也是学习者：这既是因为要成为学生的榜样，也是因为学习教书的过程永远不会结束。在西方人看来，这是非常有趣和振奋人心的，即便是阅读本书第三部分的各章，中国人对各层次专业发展的重视程度都是惊人的。第10章（有经验的教师通过名师工作室进修）、第11章（在职数学教师在教研组中的专业学习）和第12章（从开发和听公开课中学习）对我特别有启发。我认为这些发展数学教学和教师知识的方式是数学教师学习共同体的表现形式，我也反思了这可能意味着什么以及它与西方实践相比怎样。

教师学习共同体的概念在教研组做法中得到了充分体现，这也是第11章的重点。这些学校里的教研组在中国自1952年就开始存在了，它们为教学发展提供了良好的载体。这一章作者之一的课例分析“三点”框架（Yang，2009）对我来说是全新的，我认为它是一个很好的数学教学反思框架。了解和清楚这三个课的要点（重点、难点、关键点）的特点很重要，杨玉东和张波（本书第11章，第215页）指出：

> 教学重点是这节课为何要这样展开的中心目标。教学的成功取决于学

生学到这一核心数学内容主题的程度……教学难点是学生在尝试学习数学的重点时可能遇到的认知困难……是潜在的心理障碍。能够清楚地陈述并预见学生的学习难点有助于中国教师进行教学设计、进行主动教学并最大限度地提高学生的学习能力，而不是以一种预先确定的方式向学生传授知识……教学关键点是课堂教学的核心，它决定了使用何种教学方法。如果说教学重点是教学的内容目标，那么教学关键点就是强调如何实现这一教学目标。

在阐明使用三点框架对新加坡两所小学分数课作课例分析时 Choy 总结道：

根据 Yang 和 Ricks(2012)的观点，重点是指这节课重要的数学思想，难点是指学生在尝试学习重点时遇到的认知障碍，关键点是指教师帮助学生克服难点的方法。(Choy，2014，第 144 页)

当然，这三点应该从备课一开始就牢记在心，能够识别难点(可能不止一个)是教师具有教学内容知识的一个重要指标，也许是最重要的指标，因为已经懂了学生将要学的知识的人(由于普通的内容知识的缘故)，可能完全不知道为什么学生自己弄懂它时可能会遇到困难，以及他们在努力去弄懂时可能会面临什么障碍(如 Hansen，2005；Cockburn & Little，2008)。学习数学教学中的关键点无疑是职前(然后是在职)数学教师教育的关键目标之一。

其实，我发现在教研组做法的叙述中(第 11 章)，没有提及教研组以外的任何权威。多年来，实证研究一直在研究如何确定特定数学主题中的难点，这些研究的成果在 Hansen(2005)、Cockburn 和 Littler(2008)等人的书中得到了不错的总结和整理，这些书的对象都是未来的小学教师和在职的小学教师，或者像 Lester (2007)和 Gutierrez 等(2016)在写作时还考虑到的研究人员。Stein 等(2008)在一篇研究论文中也提出了同样的观点，该论文提出为了提高教师回应学生对课上困难问题回答的水平，他们可以进行五项关键训练。

第一项训练是让教师努力积极地想象学生将可能会用什么数学方法来解决布置给他们的教学任务(可能不止有一个)……除了依据他们自己的经验对学生

在这些特定数学技能和知识理解方面做出判断之外,教师还可以利用他们**从研究文献中看来的知识**,即对这些相同或相似的任务,学生的典型反应是什么,对相关概念和程序,学生常见的理解水平是怎样的。(例如,Fennema 等,1996,第 322—323 页,黑体以示强调为后加的)

有一份研究报告(Sarama 等,2003)详细报告了四年级学生对涉及坐标系的任务的反应,文献中也记载了一些教师遇到过的坐标系下关于空间和点的教学难点的案例,例如,在他的畅销书中(现在已是第四版了),Haylock(2010)观察到:

这个(坐标)系的一个重要特征是,坐标记录的是坐标系中的点,而不是空间。这是一个教学要点,因为在很多情况下,孩子们遇到的是用坐标系来表示空间的思想,例如,许多棋盘游戏、电脑游戏和城市街道地图……就像在街道地图里那样,我们使用坐标来**指定点在一个平面中的位置,而不是空间**,这是一个要向孩子们认真解释的要点。(Haylock, 2010,第 267 页,黑体为后加的)

在本书的第 4 章中,3 位欧洲作者回顾了建构"面向教学的数学知识"的各种理论模型,每一个模型都植根于大约 30 年前 Lee Shulman(1986,1987)的开创性见解。密歇根大学"面向教学的数学知识的鸡蛋模型"因 Ball 等(2008)而最为著名,也是本书章节中引用最多的模型,这证明黛博拉·鲍尔和她的团队的影响力以及他们联系所教学科(这里是数学),将舒尔曼的想法精细化的价值。本书第 4 章介绍的另两个理论框架——英国的"知识四类型"和德国的"COACTIV"在本书其他章节都没有出现,可以看出,相对欧洲,美国思想在中国影响更大。但是,这两个来自欧洲的框架都有提到一些关于在教学准备过程中参考已有知识经验(包括文献)的内容。在联系方面,KQ(知识四类型,Rowland, 2014)指的是在备课时预见教学复杂性的(重要性),这点和在上课前识别和预测教学"难点"非常相像。同样,在 COACTIV 框架下,Baumert 和 Kunter(2013)写道:

我们可以假定实践知识的某些方面具有心理学的命题表征,这适用于备课行为,还可能适用于对感知的情境进行分类和将事件进行特有的排序。(第 32 页)

备课是中国数学教师专业发展中一直在考虑的一个很有意思的方面。我最欣赏的是教师集体学习的思想，它具有很强的社会性。从定义上说，学校教学就是一种社会活动，而数学研究本身则可以被认为是一种个体工作。西方国家，包括我的祖国，如果能够从中国已形成制度的教研组做法中取经，那将是件好事，不过，如此安排教师时间是需要很多钱来支持的。

精通业务与道德

我怀着敬佩和局外人的心情读了本书的第3、10章和第12章，让我来试着解释其中的原因。

名师工作室（第10章）和公开课（第12章）的思想与西方的观点有些不同，西方观点会设想许多不同的方法来实现教师设定的（学生学习）目标。对公开课的叙述（第10章）引起了我很大的兴趣，我边读边用笔在纸上写写画画，这些课肯定也吸引了那些参加听课和讨论的老师们。

我想说的是，在数学教师的专业发展中，观察和分析专家教师和新手教师的教学是有价值的。Pang（2011）在韩国的一项小学数学教师培养的研究中，利用职前和在职教师的授课视频，将未来教师的注意力引向他们所观察到的具体数学特征上。出于不同的原因，这两种类型的视频都有价值。专家教师的教学反映了在大学教法课中提倡的数学教学美好景象，并且（与他们在学校实习中看到的许多情况不同）向未来教师展示了在实践中实现这美好景象是有可能的。另一方面，新手教师不太好的教学，他们一眼就能看出来，这尤其利于分析教师在有效教学和非有效教学中各是如何利用教学法处理内容的，包括备课和教学中对核心和非核心内容的处理。Pang评论道：

> 从学生理解这一角度，（未来老师）把有效的数学课与看似不错但实际上并不成功的数学课区分开来了，他们能够认识到，有效的数学课不是与精彩的教学材料或是有趣的学生活动挂钩，而是与重要的数学内容在多大程度上通过学生的思考得到了有意义的探索有关系。这些未来的老师们说他们是从课堂上对好几个案例（包括那些教学上不成功但发人深省的案例）的生动讨论中才领悟这一点的。（Pang，2011，第787页）

孔夫子对“人师”(注重人的发展的教师)和“经师”(注重知识发展的教师)的区分很有见地,这在西方被完全低估了。“人师”在某种程度上不属于“知识四类型”思考的范畴,但可以看作是“基础”的基石。谢丰瑞等(见本书第3章)认为:

> 一个老师,或者一个数学老师,应该是学生的教导者、监督者、监护人和楷模。相应地,教师通常也认为他们有义务与权利要求学生努力学习,在学生作生涯抉择时对其发展方向提出建议(或作出安排),或在课后如同监护人般帮助学生。

这一道德维度在教师和学生之间,也许还有学生的父母/监护人之间,产生了一种大家都心知肚明但可能没有点破、没有说出口的一种约定,该约定承诺,教师将尽其所能引发学生的学习,作为对教师献身精神以及所付出的时间与爱心的回报,学生要遵守诺言努力学习。这样的师生关系是很有吸引力和具有逻辑性的。这样的关系在日后也会得到强化,到了工作的时候有类似的约定,雇主要遵守诺言支付工资、为员工提供良好的工作条件,员工则以努力工作和尽义务作为回报。不过,这些道德约束必须要学,因为它们并不存在,至少在西方,在父母和孩子之间。父母对孩子的义务和承诺是绝对和无条件的,但孩子不欠父母任何东西,他们的回报通常给父母带来欢乐,但不存在合约。这里我还可以写更多,但是父母和孩子的“契约”不属于我在本书中要讲的范围之内!

结论

我饶有兴趣地阅读了这本书的各章,拓展了我已经从一些书籍如Fan等(2004)和Fan(2014)的著作中了解到的知识。虽然从表面看,无论在中国还是英国,数学总是数学,但是两国之间的文化差异提高了“局外人”看对方的兴趣,也增进了向对方学习的可能性,只要不是必须全盘接受对方好的做法和价值观。同样的道理也适用于“东方”和“西方”,但是随着东西方旅行和搬迁的激增,以及面对面和直接交流的增多,两种文化之间的界限已经变得比以往任何时候都更加模糊了。这种变化有利也有弊。

鉴于数学教师和数学教育研究人员在这个伟大的新世界中相互注视、交谈和沟通，双方互相学习至关重要，希望也的确如此。在中国学校数学教育和教师专业发展中最令我羡慕的做法是我称之为的“集体学习”(learing-in-community)，尤其是落实在教研组、名师工作室和公开课中。正如我已经指出的，要在英国实现这些想法，需要大笔公共资金的投入，依我看，老师们会欢迎的。从东方看西方，我从这本书中得到的印象是，欧洲的数学教学研究不如美国的出名。我们相互学习的潜力是巨大而令人振奋的，是在21世纪可以实现的梦想。

注释

1　应当指出的是，英国关于教育政策的立法，包括课程和教师教育，在很大程度上是下放给威尔士、苏格兰和北爱尔兰各省的地方议会的。英国政府的教育部在教育大臣的领导下，只负责英国的教育和儿童服务。

2　尼克・吉布对教育出版商的演讲，2014年11月20日。

参考文献

Alexander, R. (2015). *Teaching to the text: England and Singapore*. York: Cambridge Primary Review Trust. Retrieved from http://www.cprtrust.org.uk/cprt-blog/teaching-to-the-text.

Ball, D. L. (1990). Prospective elementary and secondary teachers' understanding of division. *Journal for Research in Mathematics Education*, *21*(2), 132 - 144.

Ball, D. L., Thames, M. H., & Phelps, G. (2008). Content knowledge for teaching: What makes it special? *Journal of Teacher Education*, *59*, 389 - 407.

Baumert, J., & Kunter, M. (2013). The COACTIV model of teachers' professional competence. In M. Kunter, J. Baumert, W. Blum, U. Klusmann, S. Krauss, & M. Neubrand (Eds.), *Cognitive activation in the mathematics classrooms and professional competence of teachers* (pp. 25 - 48). New York, NY: Springer.

BSRLM. (2003). *Proceedings of the British Society for Research into Learning Mathematics*, *23*(2).

Choy, B. H. (2014). Noticing critical incidents in a mathematics classroom. In J. Anderson, M. Cavanagh, & A. Prescott (Eds.), *Proceedings of the 37th annual conference of the Mathematics Education Research Group of Australasia* (pp. 143 - 150). Sydney: MERGA.

Cockburn, A. D., & Littler, G. (Eds.). (2008). *Mathematical misconceptions*. London: Sage Publications. Discussion: Productive Mathematical Discussion. Svein Arne to lead.

DfEE. (1998). *Teaching: High status, high standards: Circular 4/98*. London: HMSO.

Fan, L. (2014). *Investigating the pedagogy of mathematics: How do teachers develop their knowledge*. London: Imperial College Press.

Fan, L., Wong, N. Y., Cai, J., & Li, S. (Eds.). (2004). *How Chinese learn mathematics: Perspectives from insiders*. Singapore: World Scientific.

Fennema, E., Carpenter, T. P., Franke, M. L., Levi, L., Jacobs, V. B., & Empson, S. B. (1996). A longitudinal study of learning to use children's thinking in mathematics instruction. *Journal for Research in Mathematics Education*, *27*(4), 403 - 434.

Goulding, M., Rowland, T., & Barber, P. (2002). Does it matter? Primary teacher trainees' subject knowledge in mathematics. *British Educational Research Journal*, *28*(5), 689 - 704.

Gutierrez, A., Leder, G. C., & Boero, P. (2016). *The second handbook of research on the psychology of mathematics education*. Rotterdam, The Netherlands: Sense Publishers.

Hansen, A. (Ed.). (2005). *Children's errors in mathematics: Understanding common misconceptions in primary schools*. Exeter: Learning Matters.

Haylock, D. (2010). *Mathematics explained for primary teachers* (4th ed.). London: Sage Publications.

Hill, H., Blunk, M., Charalambous, C., Lewis, J., Phelps, G., Sleep, L., & Ball, D. (2008). Mathematical knowledge for teaching and the mathematical quality of instruction: An exploratory study. *Cognition and Instruction*, *26*(4), 430 - 511.

Lester, F. (Ed.). (2007). *Second handbook of research on mathematics teaching and learning*. Charlotte, NC: Information Age.

OECD. (2013). *PISA 2012 results: What students know and can do: Student performance in mathematics, reading and science* (Vol. 1). Paris: OECD Publishing.

Pang, J. S. (2011). Case-based pedagogy for prospective teachers to learn how to teach elementary mathematics in Korea. *ZDM: The International Journal of Mathematics*

Education, *43*, 777 - 789.

Rowland, T. (2014). The Knowledge quartet: The genesis and application of a framework for analysing mathematics teaching and deepening teachers' mathematics knowledge. *SISYPHUS Journal of Education*, *1*(3), 15 - 43.

Rowland, T., Heal, C., Barber, P., & Martyn, S. (1998). Mind the gaps: Primary trainees' mathematics subject knowledge. *Proceedings of the British Society for Research into Learning Mathematics*, *18*(1 - 2), 91 - 96.

Rowland, T., Martyn, S., Barber, P., & Heal, C. (2000). Primary teacher trainees' mathematics subject knowledge and classroom performance. *Research in Mathematics Education*, *2*(1), 3 - 18.

Sarama, J., Clements, D. H., Swaminathan, S., McMillen, S., Rosa, M., & González Gómez, M. (2003). Development of mathematical concepts of two-dimensional space in grid environments: Anexploratory study. *Cognition and Instruction*, *21*(3), 285 - 324.

Schwab, J. J. (1978). Education and the structure of the disciplines. In I. Westbury & N. J. Wilkof (Eds.), *Science*, *curriculum and liberal education* (pp. 229 - 272). Chicago, IL: University of Chicago Press.

Shulman, L. S. (1986). Those who understand: Knowledge growth in teaching. *Educational Researcher*, *15*(2), 1 - 22.

Shulman, L. S. (1987). Knowledge and teaching: Foundations of the new reform. *Harvard Educational Research*, *57*, 1 - 22.

Shulman, L., & Grossman, P. (1988). *Knowledge growth in teaching: A final report to the Spencer Foundation*. Stanford, CA: Stanford University.

Stein, M. K., Engle, R. A., Smith, M. S., & Hughes, E. K. (2008). Orchestrating productive mathematical discussions: Five practices for helping teachers move beyond show and tell. *Mathematical Thinking and Learning*, *10*(4), 313 - 340.

Wong, N. -Y., Rowland, T., Chan, W. -S., Cheung, K. -L., & Han, N. -S. (2010). The mathematical knowledge of elementary school teachers: A comparative perspective. *Journal of the Korea Society of Mathematical Education Series D: Research in Mathematical Education*, *14*(2), 187 - 207.

Yang, Y. (2009). How a Chinese teacher improved classroom teaching in Teaching Research Group. *ZDM: The International Journal on Mathematics Education*, *41*(3), 279 - 296.

16. 对中国数学教师培养的一些看法

伍鸿熙[①]

一个国家的数学教育水平取决于它的数学教师,因此,教师专业发展是一件严肃的事情。教师专业发展原本就很棘手,因为要深入到师生之间复杂的人与人的动态关系之中,要力争提供一种最优的策略,把教师的知识传递给学生,无论我们如何定义这种“传递”(最后这个词永远不会写在专业发展的教育学部分),而数学作为一门技巧性很强的学科,教师的数学知识必将在其数学教学中占据主导地位,于是教师专业发展也就更为棘手。所以,在任何成功的数学教师专业发展中,数学知识都一定起着关键作用。遗憾的是,贯穿整个上世纪,直到 2017 年,美国一直对“面向教学的数学知识”应该是什么存在着严重的误解(参见 Wu, 2011b; 也见 Shulman, 1986; Ball, Thames, & Phelps, 2008)。本书第 4 章的第一部分指出了另一个困难,就是不同国家对这一知识体系似乎也有不同看法:

> 这些不同的研究表明,很难就面向教学的数学知识的定义以及如何获得它达成国际共识。(Döhrmann 等,第 4 章,本书)

数学专业发展的复杂性是不可否认的。

由于上述这些原因,任何一个国家都不可能就数学教师专业发展应该怎么做说一不二,国与国之间不断的思想交流将永远有利于我们称之为学校数学教育事业的健康发展。从这一点来看,本书有望引起富有成效的国际对话。在笔者看来,中国制度中有一些显著的特点是美国为了自身的利益应该努力学习甚至模仿的。与此同时,中国制度内的还有一些方面可能也已经陈旧,需要重新评估。下

① 伍鸿熙,美国加州大学数学系。

面几节将详述我的这些观点。

中国制度中一些值得注意的特点

中国数学教师的职前准备非常注重获取数学知识，但对教育实习经历或**教学内容知识**(PCK，参见 Shulman，1986)关注较少。强调数学知识的理由直截了当也无懈可击：

> (共识是)没有恰当的学科知识，就不可能发展教学内容知识。(吴颖康、黄荣金，第 6 章，本书)

对获批国家级特色专业的 16 份小学教育本科专业培养方案的调查表明，一般而言，必修的数学课程包括：

> 数学分析、空间解析几何、射影几何、非欧几何、概率论、数学简史、数学建模、高等代数、初等数论等等。(解书等，第 5 章，本书)

此外，还包括微积分和线性代数[1] 的修改版。至于中学教师，一个重点师范大学的教学计划告诉我们，“数学课程的学分是教师教育课程的 3 倍”(吴颖康、黄荣金，第 6 章，本书)。必修的数学课程包括：

> 常微分方程、经典几何、复分析、概率与统计、抽象代数 I 与 II、微分几何、数论、实分析、组合学与图论等等。(吴颖康、黄荣金，第 6 章，表 1，本书)

2011 年的《教师教育课程标准》试图解决职前教育中数学知识重于数学教学知识的不平衡。人们相信，“中国数学教师的培养经历了从单纯注重内容知识到注重内容与实践知识的平衡的重大转变”(吴颖康、黄荣金，第 6 章，本书)。然而，如何将数学内容与基于实践的数学教学知识相结合，开发出高质量的课程仍然还是一个挑战。尽管如此，好在我们看到这种不平衡被中国的在职专业发展制度所弥补，中国的在职专业发展制度有着悠久的传统，支持**专业成长和终身教育**，以获取课堂管理技能和教学内容知识。学校建立了多层次培养体系，如由经验丰富的教师担任导师、同事一起合作备课、听课、课后反思和改进（黄兴丰、黄荣金，第10章，本书）以及开发和听公开课（梁甦，第12章，本书）。有经验的教师可以通过参加名师工作室进一步磨练他们的技能（黄兴丰、黄荣金，第10章，本书）。中国教师的终身学习实际上是一种要求：

> 一旦教师开始其教学生涯，就必须积极不断地参与各种必须参与的专业发展活动，包括与一位有经验的在同一年级任教的导师结对、参与教师集体钻研教材和备课、为同事和管理人员开设公开课等教研组活动。专业发展活动具有连续性、实践导向性、关联性和整体性，是教师整个教学职业生涯的重要组成部分。除非离开教师职业，否则教师永远不会停止从事专业发展活动。（梁甦，第12章，本书）

因此，终身学习是中国教学文化不可分割的一部分，所有教师都感到他们不是孤军作战，而是处在一个强大的支持团队之中。教师通过校本的继续专业发展活动，获取了大量的教学知识：

> 在中国，为了互相学习教学知识、共同成长，教师互相听课，然后讨论教学思路和策略是很常见的，它可能发生在一个新老师和一个有经验的老师之间。（梁甦，第12章，本书）
>
> 在（教研组）活动中，中国教师经常讨论如何改进课堂教学。这类知识的形成与PCK非常相似……即当一位教师进行某一特定主题教学的组织和呈现时，会根据学生的兴趣和能力来设计教学任务。（杨玉东、张波，第11章，本书）

对中国的数学教师来说，备课、听课和课后反思是一体的，因此是一种像生活习惯一样的工作方式。他们的美国同行可能会满怀渴望和羡慕地读到这样一种教学文化。

从一个美国人的角度提出一些担忧

中国数学教师培养有两个特色应该引起美国人的特别关注：

(A) 职前专业发展中对数学知识的强调。

(B) 使专业成长和终身教育成为教学文化的组成部分。

虽然许多中国教育者认为以牺牲 PCK 为代价提倡(A)是他们体系的一个弱点，但在美国却恰恰相反，长期以来，美国一直过度强调教育学而不是数学知识。目前(2017 年)，美国对精通数学(和科学)知识的教师的迫切需求是毋庸置疑的，当前教给数学教师的策略仍倾向于通过多样化的创新教学来释放学生的潜能，**不是**为了他们的教学而学习正确的数学。在这种情形下，我们应该欢迎(A)的到来以作修正。

虽然(B)并不是当前美国数学教育讨论的中心话题，但它应该是。目前存在教师流失危机(参阅 NPR Ed, 2014)。从 1988 年到 2013 年期间的每一年，有 12.4%至 16.5%的公立学校教师去了一个完全不同的学校或干脆离开了教师行业(Goldring 等，2014，表 1)。超过 42%的新教师工作未满 5 年即离开教学岗位(Ingersoll, Merrill, & May, 2014，第 5 页)。原因各不相同，但其中一个明显的原因是教师强烈希望相互学习，而这种愿望在教师行业往往得不到满足。据统计，在 2012～2013 年离开教学去做完全不同职业的教师中，约 41.7%的**公立学校**教师报告说，在他们的新工作(非教学工作)中有更多"向同事学习的机会"，而相比之下，只有 15.9%的人报告说这样的机会不如以前(Goldring 等，2014，第 13 页，表 7)，此外，45.7%的人报告说他们的"职业发展机会"在新职位中更好[2]。在 2014 年对**所有**教师(不仅仅是数学教师)的一项调查中发现，84%的教师希望花更多的时间在听课上，82%的教师希望花更多的时间在接受辅导上，74%的教师希望花更多的时间在集体的专业学习上(Bill & Melinda Gates Foundation, 2014，第 5 页)。这几乎是在问老师们是否希望在职业生涯中有(B)，而老师们压倒性地都投了**赞成票**！这些数据表明，美国的教学文化(至少在公立学校里)有必要多多少少接受(B)，这一点是不可否认的。

不过我们也不能毫无保留地在 2017 年就推荐(A)和(B)，原因至少有两个。

首先，我们必须明确“面向教学的数学知识”的含义，才能在适当的情境中真正理解(A)和(B)。第二个原因是，如果不进行大规模的教学行业重组，(B)将毫无意义。

我们先来讨论数学问题。让我们从这样一个事实开始：在美国，(至少)在过去的40年内，我们的老师带进课堂的数学知识通常不是**数学**，而是标准教科书中存在的一种糟糕的数学版本，这一知识体系有别于**数学**，就像人造黄油有别于黄油一样，我们建议称其为**“教科书式的学校数学”**(TSM)(见 Wu，2011b，2011c)，以区别于**“学校数学”**，即中小学数学课程。TSM是不适合拿来学习的，因为它缺乏所谓的**逻辑透明度**，说得更清楚点，TSM之所以不适合学习是因为它总是违背以下五条**数学基本原则**(FPM)(Wu，2011b，第379—380页)：

(1) 每个概念都有一个精确的**定义**，定义为逻辑推理提供了基础。(定义使学生要学的东西没有歧义)

(2) 数学表述是**精确的**。精确使得我们可以区分已知和未知、真和假。(在学习数学时，精确消除了去**猜**的需要)

(3) 每个断言都由逻辑**推理**支持。数学中没有任意的或不合理的规定。(数学是可以学习的，**因为**它是讲道理的)

(4) 数学是连贯一致的。数学是一个活的有机体，所有不同的部分都是相互联系的。(数学不是一堆孤立的让学生记忆的小把戏)

(5) 数学是有目的的。学校数学课程中的每一个概念和技能都是有目的的。(学生们会知道他们学习的知识用在哪里)

对于那些震惊于把响应1989年数学教育改革的教科书与那些传统的主流出版社出版的教科书归在一起的读者，我要指出，尽管中小学数学的改革教材在不同的教育学平台上传授数学，但是，从五条数学基本原则的角度来看，它们的数学内容还依然是TSM。

因为TSM是这一章最重要的主题，我们将稍微离题一点来说明TSM是如何违反数学基本原则的。在Wu (2011b，2011c)的研究中给过一些例子，但是我们将在这里举三个最明显的例子来说明我们的观点。第一个例子说明(除此之外还有别的)TSM缺乏精确性。TSM告诉我们“22除以5得商4余数2”应该写成 $22 \div 5 = 4\ R2$。(这个想法似乎是：既然如此方便，为什么不直接用等号来表示

“我的计算结果是什么”呢？）同样地，$42 \div 10 = 4\ R2$，因此 $22 \div 5 = 42 \div 10$，因为它们都等于 $4\ R2$。用分数表示，现在有 $42 \div 10 = \frac{42}{10} = \frac{21}{5}$。因此，TSM 使我们得到了一个表面上的等式 $22 \div 5 = 42 \div 10$，这意味着荒谬的关系：

$$\frac{22}{5} = \frac{21}{5}。$$

第二个例子说明了 TSM 由于未能提供基本概念的精确定义而对学生学习造成的损害。在 TSM 中，分数是“整体的一部分”，或者更常见的说成是整个披萨的一部分，这样做根本没有办法解释 $\frac{3}{7}$ 除以 $\frac{11}{5}$ 这个问题。这世界上还没有一种推理能说服年轻的学子如何将“披萨分成 7 等份取其 3 份的**量**”除以另一个“披萨分成 5 等份取 11 份的**量**”。这样的**数量**既不是猛兽，也不是人，事实上也不是学生们能够知道如何对付的任何东西。因此，他们被迫得出结论：**我们要做的不是解释为什么，只是颠倒然后相乘**。

最后一个关于高中几何教学的例子说明 TSM 中经常缺乏连贯性。由于学生几乎从来没有在 TSM 中得到过概念的定义（例如，“分数”），所以他们开始学习高中几何课的时候，对于如何将一个定义用于推理没有任何经验。[3] 由于 TSM 没有给学生任何数学**逻辑**层次结构的思想，因此在高中几何中他们突然遇到“公理”之前对公理是什么完全没有概念。因为 TSM 在高中几何之前几乎不让学生接触推理，“证明一个定理”也是一个完全陌生的概念。然而，在这门几何课上，也**只有**在这门课上，学生们突然面对着一长串的定义、公理、定理和证明，要求他们**证明每一个断言，无论它多么微不足道**，事实上，大多数一开始的定理都是难以置信的微不足道，因此“**证明**”起来极其困难。在这样的情况下，几何的教与学很容易沦为一场闹剧（比如参见 Schoenfeld, 1988 中的例证）。意识到这一闹剧，一些教师和学区的反应是走向另一个极端，在高中几何教学中不提证明，依靠计算机软件验证几何定理。这两种方法都会导致向学生展示的数学是不完整、不连贯的。

在 Wu (2016a, 2016b)的索引中查找“TSM”可以得到大量的文献资料说明 TSM 是如何糟蹋 6～8 年级数学的，稍加外推，你就会相当准确地了解到 TSM 对整个中小学的数学教学都干了什么。

尽管FPM对学校数学很重要，但我们提醒不仅仅要尊重FPM，更必须在教师的数学知识方面做些实事。我们在大学数学专业教的群、环、域、戴德金分割、柯西积分定理、高斯-博内定理，是在尊重FPM，但是把它们作为所有教师的必修数学知识是不好的教育，因为大学数学太高深了，在中小学的课堂上无法使用。因此，我们需要数学教师具备的内容知识必须同时满足以下两个条件：

(I) 它与中小学数学课程有着密切的相应的联系。

(II) 它和FPM是一致的。

简而言之，我们将满足(I)和(II)的数学知识统称为**基于原则的数学**(见Poon，2014；Wu，2018)。TSM满足(I)，但绝对不满足(II)，通常大学数学专业所要求的数学满足(II)，但绝对不满足(I)。如果我们希望在美国数学教师的培育中实现上述目标(A)和(B)，那么**“数学知识”必须被理解为基于原则的数学**。基于原则的数学与(A)(即在职前专业发展中着力强调数学知识)是明显一致的，但与(B)(即有关在职教师的专业成长和终身教育)也同样应该是一致的。如果教师只知道TSM而不知道基于原则的数学，那么他们的合作备课只会对TSM作些教育学的装饰罢了，他们在课堂观察中对彼此教学的批评都还是建立在TSM之上的，但TSM本身就有很大的缺陷，不能作为数学真理的仲裁者。例如，你可以设想一位老师向另一位老师建议：“难道你不认为你可以用比例推理对这个问题给出一个简单的解法吗?”[4] 还要记住，由于大多数专业培训人员只知道TSM，因此在职的数学专业发展只会强化教师的TSM知识。如果教师只知道TSM，那么任何培养终身学习和继续教育的努力结果都可能是在为TSM在学校数学教育中茁壮成长和扩散创造健康的环境，这并不是一个值得期待的好结局。为了学校的数学教育，我们不可能在不摆脱TSM的情况下将(A)和(B)引入美国的制度。

在进一步探讨**数学内容**问题之前，我们必须指出，如果不首先对现有的教育制度进行重大改革，那么将教学文化变成(B)也是不切实际的。如果教师们把互相听课、合作备课和参加专业发展机构的培训作为一种常态，那么他们在工作中就需要**时间**来从事这些耗时的活动，尽管这些活动可能很有价值。看起来，到2017年，中国的教育制度允许其教师这样做，但美国的教育制度不允许，因为：

中国教师的班级要大得多：通常是美国班级的两倍左右……(National

Research Council，2010，第 5 页）中国教师的课比美国教师少，通常每天只有两到三节课，而美国教师一天中大部分时间（如果不是全部的话）都在教室里。（同上，第 6 页）

总之就是(B)不会很容易在美国的制度中实现，要实现它，我们将不得不作出一些艰难的抉择。首先，我们将不得不在小班但专业成长机会少与大班但专业成长时间多之间选一个，关于班级大小利弊的争论已经持续很长时间了（Mishel & Rothstein，2002），在某种程度上，我倒是希望老师们能够为自己做出正确的选择。

第二个考虑是，如果我们选择大班授课，对每位教师的数学和教学能力的要求可能会增加，这将需要对教师队伍进行升级。除非我们能使教学成为一个更有吸引力的职业，否则这种升级是不会发生的。不用说，这是一个主要的社会问题，基本上超出了本章关注的范围。例如，即使是这个问题最简单的部分，提高教师工资，就已经在政治上捅了马蜂窝了。然而，至少有一件事与目前的讨论非常相关，教师不满意他们职业的许多原因之一是作为专业人员他们没有得到应有的尊重。例如，教师对学校决策的影响很小，“在关键的工作场所决策上只有很有限的权力”，比如“他们被分配或错误地分配去教授一些课程”（Ingersoll，1999，第 34 页）。这方面的任何改变都需要对学校管理和教育行政官僚主义进行彻底改革。我们有面对这一挑战的政治意愿吗？

让我们回到数学内容问题，并就实现(A)和(B)需做的改变的可行性发表一些意见。为了帮助职前教师将他们的知识基础从 TSM 转变为基于原则的数学，全美高等院校必须意识到 TSM 对学校数学教育的害处，并承诺做出改变。这将需要这些机构的教育学院和数学系之间的合作，以及各机构行政管理部门愿意给予财政投资。截至 2017 年，似乎还没有这种意识的迹象，而数学界和教育界之间的合作可能也不容易实现。

摆脱 TSM 的另一个困难是需要一个基于原则的数学的范本，以证明可以有一个系统的数学阐述，它遵循学校课程的路线，并且与 FPM 相一致。

这是因为，尽管基于原则的数学是数学的一个分支，它毕竟不同于通常的大学数学，就像虽然电气工程的基本理论是物理学的一部分，但电气工程**不**属于物理(见 Wu, 2011 b,第 3 部分)。对基于原则的数学的这两个要求即上面提到的(I)和(II),是走向两个相反方向的,因此,像**抽象代数**中讲的分数概念可以很容易地满足(II),但用在小学课堂上就太复杂了(即不满足(I))。找到一种既符合 FPM 又适合在学校课堂上使用的数学方法,有时并不十分简单,因此,基于原则的数学并不是唾手可得的。

目前,绝大多数的中小学教师和大学数学教育者自己接受的就是 TSM 教育,很多人认为 TSM 就是数学,于是这些老师教自己的学生 TSM,这些教育者用 TSM 来进行他们的研究(例如,在使"分数即披萨"可教可学的徒劳尝试中投入了大量的研究工作)。不幸的是,这两种做法最终都在下一代身上留下了 TSM 的印记,并延续着恶性循环(对恶性循环更详细的讨论参见 Wu, 2011c,第 9 页)。有一个基于原则的数学范本将可以把它教给职前教师从而打破这一恶性循环。

有一个基于原则的数学范本的另一个似乎还没有得到充分重视的好处是如本书第 4～7 章、第 9 章所述的,它将促进教师 PCK 的发展。这是因为 PCK 是教师**学科知识**与课堂**教学实践**之间的**桥梁**。目前,教育文献似乎不确定这座桥到底是什么,或者可能是什么,大致意思(第 6 章,第 109 页)是在我们需要把"简洁而冰冷"的"以严谨演绎和逻辑推理为特点的学术形态"转化为课堂上"令人振奋、美丽和容易接受的"知识时就会需要 PCK,在**教学内容知识**中会谈到对构成"内容"的错误认识。如果我们正确地将这一"内容"理解为就是基于原则的数学,那么我们根据学生的学习轨迹(即基于原则的数学的条件(I))已经在设计和形成这一内容了,这意味着,通过设计,它将比"简洁而冰冷"的数学容易接近多了。此外,由于基于原则的数学在每个年级的学校课程中都有推理,因此教师和教育工作者应该不必怀疑学生学习这种"逻辑推理"是否合适,相反,他们可以把精力集中在如何帮助学生学习这种推理的教育学问题上。因此,将基于原则的数学作为 PCK 的**内容**,通过缩小数学知识与课堂教学实践之间的差距,能澄清我们对 PCK 的认识。

最后,我们注意到已经有人正在努力为中小学编写基于原则的数学的材料了,小学学习材料见 Wu (2011b),初中学习材料见 Wu(2016a, 2016b),高中学习材料也即将出版。

对数学知识准备的思考

下面我们分析一下中国数学教师的学科知识准备这一问题，并提出一些相关的研究方向。

蒲淑萍等在第9章中指出，学校数学教材对中国教师非常重要：

在中国学校教育中，数学教科书有几种重要的使用方式，包括通过研究教科书作为教师专业发展的工具、作为失学儿童自定进度学习的材料、作为课堂教学的主要资源。不论在城市还是乡村，数学教科书以及相关的教师用书都是教师教学和备课的重要资源。

教师如此明显地依赖于教科书是很自然的，然而对于一个亲身经历过TSM灾难的美国人来说，文章的这一段确实引出了一些担忧：TSM的一些早期版本会不会在中国的学校数学教育中发挥作用？这样的问题与前几章的主旨相悖，我之所以提出这个问题，仅仅是因为我自己在中国学校数学教育中遇到过零星的、不一样的情况。

我曾8次访问中国（基本上只有北京），除了2010年是为期一周的访问，每次访问都持续3～7周。在1976年至1985年的前5次访问中，我完全致力于数学研究，[5] 我是以几何学家身份去的。最后3次是2006年至2011年，全部或部分与学校数学教育有关。在8次访问中的7次，我有机会见到了教育部的官员，到1985年，在我的访问期间，我从来没有表示过我对学校教育有任何了解，然而每一次，那些官员都会主动提出一个问题，那就是如何解决他们所谓的"填鸭式"教育现象（即学校数学课上的死记硬背）。1976年5月，也就是文化大革命结束前的4个月，我第一次访问中国时，居然讨论了学校教育的问题，现在回想起来，这不能不令人震惊。在文化大革命的10年里，各个学段的教育都遭到了大规模的破坏，在这种形势下提出教育问题，不能不说给我留下不可磨灭的印象。官员们的关切显然是发自内心的，因此这一现象本身一定是根深蒂固了。在我随后的每次访问中，不同的官员都会用"填鸭"这个词提出同样的问题，这只能说明教育部仍在寻找解决问题的办法。

1992年以前，我是一名全职的数学家，对学校的数学教育几乎完全不了解。

在那些日子里，我对教育部官员有关“填鸭”问题的回答充其量只是形式上的，但“填鸭”这一说法却永久地留在了我的脑海里。正由于这一挥之不去的顽疾，我现在开始思考，在中国的学校数学教育中，是否可能存在某种形式的 TSM。显然我没有任何证据表明中国学校数学教育有 TSM 问题，然而从我的亲身经历和我阅读前面章节的感受来看的确有一些现象表明这一想法可能不是那么古怪，可能真的值得认真研究。

让我叙述一下我有限的亲身经历。在 2011 年我的中国之行中，我曾与教育部官员和那里的教师(在北京)进行过一次圆桌讨论会，会上我提出了教学中**推理**这个话题。那个时候，我正在向美国中学教师努力阐述我对“幂指数运算法则”教学的主张。在 TSM 中，这些法则是需要记忆的事实，幂的记法不过是像很多其他记法中又一种新的符号一样。在 TSM 传统中，一个重点就是要训练学生熟练地用幂指数形式表示数的乘方，而且这训练本身就是它的目的，TSM 把这些法则当做是数的事实而不是幂函数的神奇性质，这与学习这些法则的真正意图毫无关系。当时我面临的问题是如何让老师们意识到这些法则背后真正的数学问题，并让我的论点具有足够的说服力，让他们重新思考他们灌输的 TSM 知识。[6] 因此，我特别询问了这些法则在中国的课上是怎么教的，这么多年过去了，我对老师们的回答记不太清楚了，但我认为当时他们说他们的重点一般是教学生如何使用法则来解决问题，对法则为什么正确或者它们的含义讲得不多。我有点惊讶，于是我问他们在课上是否至少会考虑明确地定义分数指数幂的含义并对几个像 $x^{\frac{1}{n}}y^{\frac{1}{n}}=(xy)^{\frac{1}{n}}$ 等式这样的特殊情况加以证明。经过短暂的沉默，一位老师终于说话了，她解释说如果她这样做，学生们会问这些内容是否会出现在高考中，[7] 如果不会，那么他们会不要听。其他老师点头轻声附和。

那次会后的几天，我有机会参观了一所高中并听几个班级的课，然后，我和一些老师进行了短暂的交流，交换了意见。很有可能，我在某节课上听到的一些东西让我提出了在教学中要明确区分**定义**和**定理**的必要性。我说，在美国，许多老师并不总是能够正确地区分这两者，在澳大利亚，许多老师似乎也有同样的问题。例如，我问“$3^0=1$”是一个定义还是一个定理。[8] 一位老师自信地说，这显然是一个定理。这是美国的 TSM 教科书肯定会同意的答案。

因为我对中国学校的数学教科书没有直接认识，所以反思这两件小事情，我想知道它们是否相关，学生对高考的关注又会如何影响课本。这些书会不会讨论一些与解答高考题没有直接关系的问题呢？

根据我在本书前面几章所读到的，这个问题的答案比我希望的要复杂得多。与美国的情况不同，教科书本身似乎不是中国数学教育的主要问题。中国的教科书中似乎没有很多关于数学教学知识的信息，"课堂教学中使用的大量材料都是老师根据自己的经验一点一点添加的"（梁甦，第 12 章，本书），这与第 5 章中关于小学数学教育现状的信息是一致的。在那一章中，我们可以看到职前小学教师对严格的数学课程要求的一些反应。一位老师说："有些课程很无聊，也很难。"另一位老师说："我不知道我们为什么要学这些，没有用。"（解书等，第 5 章，本书）这些评论指出，在必修数学课程中所教授的数学与教师在学校课堂上实际需要的数学知识之间存在着明显的差距。事实上，通过考察第 5 章小学教师的课程要求和第 6 章中学教师的课程要求，人们很容易得出同样的结论（一个类似的讨论可参见 Wu，2011b，第 372—373 页）。一些师范大学的院长承认这一差距是巨大和真实的，并试图在这些数学课程和教师的教学需求之间建立更紧密的联系（解书等，第 5 章，本书）。

在这种情况下，现在我们更好地理解了本节开始时引用的第 9 章的那句话：在大学职前课程中严格的数学和实际在职教学工作需求之间的脱节使得教师依赖于教科书与合作备课（第 10 章）来发展他们自己的数学知识和数学教学知识。最诱人的问题是，教师是否独立地做这些，然后带到集体中讨论，如果是这样，那么这样产生的数学知识是否符合 FPM。例如，在幂指数法则的案例中，老教师是否会觉得将这些法则**作为基于原则的数学**来讲授是徒劳无益的，从而说服新教师将这些法则作为**算法程序**来教，因为这在以高考为中心的课堂上是"有效"的方法？如果是这样，这一传统是否会形成恶性循环，使这样教授幂指数法则成为中国数学教育的一种固定模式？类似这种性质的课堂"现实"是否也会为教师 PCK 宝库中其他数学主题的教学提供"法宝"？这种"基于现实"的教学会不会就是"填鸭式"现象的根源呢？

我们需要基于证据来回答上述问题。美国的经验告诉我们，与数学团体的隔离实际上是引发 TSM 的主要原因。在美国，为了教学上的方便而放弃 FPM，显然是导致教师和教育工作者采用 TSM 的某些做法(例如,将分数比作比萨饼)的原因,这些做法编入教科书后,最终成为美国学校数学教育的正统做法。在此背景下,我们不妨再回顾一下基于原则的数学的两个基本要求:

(I) 基于原则的数学与中小学数学课程有着密切的相应的联系。

(II) 基于原则的数学与 FPM 是一致的。

这里讨论的教师与数学团体的隔离使我们认识到为什么(I)和(II)这两项要求对具有良好的面向教学的数学知识是绝对必要的,以及为什么教师学习基于原则的数学很重要。

现在,回到我们讨论的主线上来:数学教师在这种隔离状态下创造的知识(包括数学知识和 PCK)是否与"填鸭式"有关?

如果认真对待教育部的关切,就应该努力作出真正的研究,以某种方式解决这个问题。最直接的方法是评估现有的教科书,看看它们是否符合 FPM,这需要数学界和教育界的合作。但是,正如我们上面提到的,仅仅看课本是不够的,因为我们需要收集有代表性的实际课堂教学的样本,来看看中小学生们实际上得到了什么样的数学指导。在 2017 年,应该不难获得这类课的视频记录进行详细研究。鉴于这项研究的范围如此之广,也许我们应该把它分成三部分:小学、初中和高中。同样,视频分析也需要一个由数学家和教育家组成的团队。

另一个值得研究的问题是高考对数学教育的影响。应试教育并不是什么新现象,它引起美国教育工作者的注意已经很久了。很明显,高考不会消失,所以应该认真研究如何将其对普通数学教育的影响降到最低。有一种观点认为,如果标准化考试要为学校数学教育**有效**服务,它必须是低风险的(见 Wu, 2012,第 15—17 页)。因为高考顾名思义就是一个高风险测试,也许是时候考虑把高中教育最后两年的数学教育分为两个层次:想上大学的学生参加高考,不想上大学的读不一样的课程。

重要的是要认识到,那些想在高考中取得优异成绩的人有义务学习比高考要求更多的东西,这些高水平的学生必须明白,科学和数学的卓越不能仅仅靠解决布置给他们的问题这样的能力来实现,他们必须学习与 FPM 相一致的数学,尤其是它的推理和统一性,以培养他们的创造力。我们希望为这群学生写的课程(还有待撰写)不要怀疑这样的期望,在教授基于原则的数学的课堂上,数学教育肯定会远离“填鸭式”教学。对于不上大学的那些学生，摆脱了残酷的高考将让他们安下心来学习，不是学那些对付高考难题的种种技巧，而是学让数学在他们学校课程中存在 13 年之久的数学教育的两个组成部分：决策所需要的推理和批判性思维。这两种品质在高科技时代的生活中是不可或缺的，但在“填鸭式”教育中是无法生存的。由于许多在“填鸭式”教育中学到的技能正日益被计算机所掌握，那些没有上过高等院校的学生别无选择，只能学习计算机尚未掌握的推理和批判性思维。这里不是我们可以展开详细讨论能促进推理和批判性思维课程的地方，但是 Wu (2011d)的第二部分可以让我们了解**一些**这种课程可能有的样子。

学校数学教育的基本结构发生如此巨大的变化，离不开对它所引发的所有相关社会问题的详细研究。例如，社会是否接受这种两段式教育，在政治上是否可行？幸运的是，一些国家（日本、德国等）已经在尝试这种两段式制度的不同做法了，因此没有必要重起炉灶。此外，还应研究编写一套完整的学校教科书，这些教科书不太以技巧为导向，但仍然符合 FPM 的高标准。总之，这将是一项艰巨的任务，在这些初步障碍还没克服之前就开始这样的改革是不可取的。

最后，我强烈建议所有的教师在他们的教师预备课程中都应该学习基于原则的数学。早在 1972 年，贝格(Begle)最早研究教师的“数学”知识与其教学有效性之间的脱节时，他就得出结论：

> ……应该给教师们知识，让他们对将要去教授的课程有牢固的理解。(Begle，1972，第 8 页)

后续的教师专业发展工作基本上响应了贝格的号召(Wu，2011b)。现在，如果我们要让基于原则的数学成为教师数学准备的一部分，那么就必须对(本章)第 1 节所列的其他必修**数学**课程进行调整。为了更好地进行学校数学教学，有必要降低这些课程的**技巧**水平，加深它们的概念水平，用一般性的**概论**来代替。回想一下一位老师对这些课程的评价：“有些课很无聊，也很难。”例如，很难想象许多小学教师在学习非欧几何或射影几何时，会醉心于证明其中的定理，在他们的职业生涯中，他们可能永远也不会遇到双曲几何公理或笛沙格定理。一门关于几何的概论课程，通过双曲几何、球面几何和射影几何的一些实践活动，讲讲平行公设的历史，难道不会更好地为小学教师服务吗？对于要求中学教师学习复分析、抽象代数 II、微分几何、组合学和图论，我也有类似的评论。当然，要使全面改革成为可能，还需要进行研究，以建立一个紧密结合的计划，既要满足拓宽教师数学知识的目标，又不牺牲这些知识与他们专业实践的相关性。这项研究还将包括为新教师培训计划编写一系列教材。未来还有大量的工作要做，但为了下一代的利益，我们需要这样做。

注释

1 在本章的最后，有一些关于这些数学要求是否合适的评论。

2 同一张表显示有 21.2%的老师说他们职业发展的机会更少了，但是这个数字的标准误在 30%到 50%之间。

3 有时甚至到那时也还没有。

4 比例推理是 TSM 的支柱，但它不是正确的数学。见 Wu (2016b，第 144—154 页)第 7.2 节，解释了为什么说它是不正确的。

5 我的第一次访问是随同一个庞大的数学代表团，其中一个小组的任务是报道中国的数学教育。如果我没记错的话，我没有在那个小组，但我也不是很确定。

6 这一努力的最终结果记录在 Wu (2016b，第 9 章)。

7 这个考试是几乎所有中国高等教育机构本科入学的先决条件，通常学生在他们高中的最后一年参加这个考试。

8 我之所以提出这个问题，是因为这是一个定义，但在 TSM 中它通常被呈现为一个定理。

参考文献

Ball, D. L., Thames, M. H., & Phelps, G. (2008). Content knowledge for teaching: What makes it special? *Journal of Teacher Education*, *59*, 389 - 407. Retrieved from http://jte.sagepub.com/cgi/content/abstract/59/5/389

Begle, E. G. (1972). *Teacher knowledge and student achievement in algebra* (SMSG Reports, No. 9). Pola Alto, CA: School Mathematics Study Group. Retrieved from https://eric.ed.gov/?id=ED064175

Bill & Melinda Gates Foundation. (2014). *Teachers know best: Teachers' views on professional development*. Retrieved from http://tinyurl.com/n22zhwh

Goldring, R., Taie, S., & Riddles, M. (2014). *Teacher attrition and mobility: Results from the 2012-2013 teacher follow-up survey* (NCES 2014-077). Washington, DC: National Center for Education Statistics, U. S. Department of Education. Retrieved from https://nces.ed.gov/pubs2014/2014077.pdf

Ingersoll, R. (1999). The problem of underqualified teachers in American secondary schools. *Education Researcher*, *28* (2), 26-37. Retrieved from http://www.gse.upenn.edu/pdf/rmi/ER-RMI-1999.pdf

Ingersoll, R., Merrill, L., & May, H. (2014). *What are the effects of teacher education and preparationon beginning teacher attrition?* (Research Report # RR-82). Philadelphia, PA: Consortium for Policy Research in Education, University of Pennsylvania. Retrieved from http://www.cpre.org/prep-effects

Mishel, L., & Rothstein, R. (Eds.). (2002). *The class size debate*. Washington, DC: Economic Policy Institute. Retrieved from http://tinyurl.com/luj5f7e

National Research Council. (2010). The teacher development continuum in the United States and China. A. E. Sztein (Ed.), *U. S. national commission on mathematics instruction*. Washington, DC: National Academy Press. Retrieved from https://www.nap.edu/read/12874/chapter/1

NPR Ed. (2014). *The teacher dropout crisis*. Retrieved from http://tinyurl.com/kj2f896

Poon, R. C. (2014). *Principle-based mathematics: An exploratory study* (PhD. dissertation). University of California, Berkeley, CA: Retrieved from http://escholarship.org/uc/item/4vk017nt

Schoenfeld, A. H. (1988). When good teaching leads to bad results: The disasters of "well-taught" mathematics courses. *Educational Psychologist*, *23*(2), 145-166.

Shulman, L. (1986). Those who understand: Knowledge growth in teaching, *Educational Researcher*, *15*, 4-14. Retrieved from http://itp.wceruw.org/documents/Shulman_1986.pdf

Wu, H. (2011a). *Understanding numbers in elementary school mathematics*. Providence, RI: American Mathematical Society. (Chinese translation: Peking University Press, 2016.)

Wu, H. (2011b). The mis-education of mathematics teachers. *Notices American Mathematical Society*, *58*, 372-384. Retrieved from https://math.berkeley.edu/~wu/NoticesAMS2011.pdf

Wu, H. (2011c). Bringing the common core state mathematics standards to life. *American Educator*, *35*(3), 3 - 13. Retrieved from http://www.aft.org/pdfs/americaneducator/fall2011/Wu.pdf

Wu, H. (2011d). *Syllabi of high school courses according to the common core standards*. Retrieved from https://math.berkeley.edu/~wu/Syllabi_Grades9-10.pdf

Wu, H. (Spring-Summer 2012). Assessment for the common core mathematics standards. *Journal of Mathematics Education at Teachers College*, 4, 6 - 18. Retrieved from https://math.berkeley.edu/~wu/Assessment-JMETC.pdf

Wu, H. (2016a). *Teaching school mathematics: Pre-algebra*. Providence, RI: American Mathematical Society. Retrieved from http://tinyurl.com/zjugvl4

Wu, H. (2016b). *Teaching school mathematics: Algebra*. Providence, RI: American Mathematical Society. Retrieved from http://tinyurl.com/haho2v6

Wu, H. (2018). The content knowledge mathematics teachers need. In Y. Li, J. Lewis, & J. Madden (Eds.), *Mathematics matters in education: Essays in honor of Roger E. Howe*. Dordrecht: Springer.

Wu, H. (forthcoming). Volume I, *rational numbers to linear equations*. Volume II, *algebra and geometry*. Volume III, *pre-calculus, calculus, and beyond*.

关于作者

西格丽德·布洛米克 (Sigrid BLöMEKE)，挪威奥斯陆大学教育测量教授，教育测量中心（CEMO）主任。Blömeke 拥有德国帕德伯恩大学博士学位，曾是德国汉堡大学副教授、德国柏林洪堡大学教授、美国密歇根州立大学客座教授。她的专业领域包括教师能力发展研究和教育有效性研究。Blömeke 曾是 TEDS-M 德国研究组的负责人。

陈威，教育学博士，教授。哈尔滨学院教师教学发展中心主任，黑龙江大学兼职硕士生导师。国家级特色专业建设点——哈尔滨学院小学教育专业带头人，教育部“卓越教师培养计划改革项目”负责人，黑龙江省精品课程——《小学儿童教育心理学》负责人，地方本科高校优课联盟——《小学生认知与学习》MOOC 负责人，黑龙江省教育科学研究团队——小学教师教育研究团队负责人。主要研究方向为儿童发展与教育、教师教育、教师专业发展。现担任全国教师教育学会小学教师教育委员会副秘书长，全国教育学会初等教育学专业委员会常务理事，中国教育发展战略学会儿童教育与发展专业委员会理事，黑龙江省基础教育评价专业委员会副理事长。获得黑龙江省高等教育教学成果二等奖，黑龙江省优秀高等教育科学研究成果奖一等奖，黑龙江省社会科学优秀成果二等奖，哈尔滨市社会科学优秀成果一等奖等奖项。曾任哈尔滨学院教育科学学院院长。

玛蒂娜·多尔曼 (Martina DÖHRMANN)，自 2010 年起担任德国费希塔大学数学教育专业教授。她在不来梅大学学习数学和物理，并于 2005 年通过第二次国家教师考试，获得教师资格。她通过一项关于提高数据技能的研究获得了博士学位。她的研究领域是教师专业化和学习环境的设计。

谢佳叡 (Chia-Jui HSIEH)，台北教育大学助理教授，台湾数学教育协会秘书长。他在台湾师范大学获得数学教育博士学位。他在攻读博士学位之前，曾经当过3年的中学数学老师。获得博士学位后，他在台湾师范大学为职前数学教师教授数学教育课程。在台北教育大学，他专注于小学教师的培育工作。谢博士的研究兴趣包括数学教师教育、辅导教学以及数学教学中的概念形象。

谢丰瑞 (Feng-Jui HSIEH)，台湾师范大学数学系教授，台湾数学教育协会会长。她在普渡大学获得数学硕士学位和教学与课程的博士学位。她的研究主要集中于数学的学与教，以及职前和在职教师的专业发展。她曾任 TEDS-M 2008(由国际教育成就评价协会 IEA 任命)和 MT21(由美国自然科学基金会 NSF 任命)这两项关于数学教师教育国际比较研究项目的台湾研究组负责人，也曾任国际数学教育委员会第八届东亚数学教育地区会议(ICMI-EARCOME 8)主席。

黄荣金，美国中田纳西州立大学教授。他的研究兴趣包括数学课堂教学、数学教师教育、课例研究和比较数学教育。他已完成了多项研究课题且著述颇丰。他最近出版的著作包括《通过变式教数学：儒家传统与西方理论的对话》(Sense，2017)和《数学课例研究的理论和实践：一个国际的视角》(Springer，2019)。黄博士曾担任杂志《ZDM 数学教育》和《课例和学习研究国际杂志》的客座编辑，也在一些专业组织中担任过领导组织工作。他是现任国际课例研究协会理事(World Association of Lesson study)，也是 ICMI Study 25“数学教师通过合作组工作和成长”的国际程序委员会成员。

黄显涵，香港大学助理教授。她的研究兴趣包括教师专业发展、课程设计以及重大考试的积极影响与消极影响。联系邮箱为 yxhhuang@hku. hk。

黄兴丰，上海师范大学副教授。他在华东师范大学获得数学教育方向的博士。黄博士在初中和高中任教数学有10年之久，之后在常熟理工学院教授职前教师的数学教育学课程，并教授工科的高等数学。在上海师范大学，黄博士专注于小学教师培养。黄博士的研究兴趣包括数学教师教育等。

加布里埃尔·凯泽(Gabriele KAISER)，拥有硕士学位，是一名初中和高中的数学与人文学科教师。1986 年以一个关于应用与建模的研究获得数学教育博士学位，然后在卡塞尔大学做教学方面的国际比较研究的博士后。自 1998 年以来，她担任汉堡大学教育学院数学教育教授。她的研究领域包括教师教育和教师专业化的实证研究、学校层面的建模与应用、国际比较研究、数学教育中的性别和文化问题。

2005 年起她担任施普林格出版的杂志《ZDM 数学教育》(原为 *Zentralblatt fuer Didaktik der Mathematik*)的主编。她是第 13 届国际数学教育大会(ICME-13)的召集人，该会议于 2016 年 7 月在汉堡大学举行，来自世界各地的 3500 名与会者参加了会议。

罗浩源 (Huk-Yuen LAW)，香港中文大学客座助理教授。他在东安格利亚大学获得数学教育的哲学博士学位。罗博士任教中学数学 23 年，其后，他又为职前及在职教师教授数学教育的课程，并为香港中文大学的研究生及本科生教授行动研究课程。他的研究兴趣包括数学教师教育、教育中的行动研究、数学教学过程中的交流、数学教育中的价值观。联系邮箱为 hylaw@cuhk. edu. hk。

李业平，美国得克萨斯农工大学教学与文化系教授。2016～2019 年，他获上海市教委任命，成为上海师范大学(东方学者)讲座教授。他的研究兴趣集中在不同教育系统中与数学课程和教师教育相关的问题，以及探索与数学课程和教师相关的因素如何影响课堂教学的有效性。他是 Springer 出版的《国际 STEM 教育杂志》和《STEM 教育研究杂志》的主编，同时也是 Brill|Sense 出版的“数学教学”丛书系列的主编。除参与编著 10 余部专著和专刊外，他还发表了 100 多篇文章，内容涉及数学课程与教材研究、教师与教师教育、课堂教学、STEM 教育等。他还多次组织并主持过国家和国际专业会议的小组会议，如 ICME-10(2004)、ICME-11(2008)和 ICME-12(2012)。他在美国匹兹堡大学获得了教育认知研究的博士学位。

梁甦，现任得克萨斯大学圣安东尼奥分校数学系副教授。2010 年至 2017 年任加州州立大学圣伯纳迪诺分校数学系副教授。2010 年，她在康涅狄格大学获得数学博士学位。梁博士为职前教师讲授数学课程已有 9 年。她的研究兴趣包括数学教师的培养、教师的专业发展、数学教学中技术的应用、数学史在教学中的运用、探寻式教学在大学数学课堂里的应用，以及教学与数学教育研究的整合。

陆新生，上海师范大学副教授。他在东京学艺大学获得数学教育博士学位。陆博士曾在南通师范学院为职前教师讲授数学基础课程和数学教育课程。在上海师范大学，陆博士一直致力于中学教师的培养。他的研究兴趣包括数学教师教育、教学资源开发、数学教学中的教育技术以及手工折纸。

陆昱任（Yu-Jen LU），台湾宜兰县的一名课程与教学督导。多年来他担任县教师培训中心小学数学指导教师，他也是数学教师课程与教学咨询团队的成员。他的主要兴趣是在课堂实践和在职数学教师的专业发展等领域。联系邮箱为 hitachi6@gmail. com。

马云鹏，曾任东北师范大学教育科学学院院长，现为东北师范大学教育学部资深教授、博士生导师。国家基础教育实验中心常务副主任、教育部高等学校小学教师培养教学指导委员会副主任。主要从事课程实施与评价、基础教育课程改革、小学数学教学教育等研究。

德斯皮娜·波塔瑞（Despina POTARI），雅典大学数学系的数学教育教授。曾在欧美多所大学担任客座教授，现在瑞典林奈大学工作。她的研究兴趣主要集中在数学教与学的提高和教师发展上，特别是课堂环境下不同的情境和工具的作用以及教师的知识和教学实践。她在国际研究期刊、会议论文集和专著中发表过许多文章。她是《数学教师教育杂志》的主编，也在一些国际期刊担任编委会委员，为一些杂志和会议审稿。

蒲淑萍，重庆师范大学教授。她在华东师范大学获得数学教育博士学位，目前正在西南大学从事博士后研究。在《教育研究》、《课程·教材·教法》、《数学教育学报》等期刊上发表文章 30 余篇。蒲博士为职前教师讲授数学教育学课程。

她在重庆师范大学一直致力于小学教师的培养，研究兴趣包括数学教师教育、数学史与数学教育。

蒂姆·罗兰 (Tim ROWLAND)，他的大部分职业生涯都是在英国剑桥大学度过的。在过去的20年里，他的研究主要集中在教师与数学相关的知识在其课堂表现中显现的方式。2012年8月，他受聘担任挪威特隆赫姆挪威科技大学(NTNU)的数学教育教授以及英国诺里奇东安格利亚大学数学教育荣誉教授。他在多个国家担任客座教授，也曾任国际数学教育心理学组织(PME)副主席，直到2013年卸任。

格洛丽亚·安·斯蒂尔曼 (Gloria Ann STILLMAN)，她是澳大利亚天主教大学巴拉瑞特分校的副教授，也是澳大利亚学习科学研究所的研究员。她在昆士兰大学获得数学教育学博士学位。斯蒂尔曼博士在进入学术界之前教授中学数学。她曾在数所澳洲大学的数学教育和计算机课程中，为职前和在职教师教授数学、统计学、教学设计、教育研究和计算机研究。在澳大利亚天主教大学，斯蒂尔曼博士的教学重点是小学和幼儿教师的培育。她的研究兴趣包括中小学数学建模的教与学、元认知和教师专业知识。

孙旭花，澳门大学教育学院助理教授。她的研究主要集中在问题变式、中国课例研究、教师专业知识等方面。她发表的文章有中文也有英文，比如她以中文写作的《螺旋变式：中国内地数学课程与教学之逻辑》一书。她是国际数学教育委员会(ICMI)第23项研究课题(2012—2018)“小学数学中整数教学的研究”这一项目的联合主席，她也是2020年数学史和数学教育国际学术会议的联合主席。

谭克平 (Hak Ping TAM)，台湾师范大学副教授。他的研究兴趣包括数学课程、评估和应用统计。目前，他正在为中学生开发数种学习级数以及扭结理论的课程。同时，他也在设计一个通过折纸学习平面几何概念的课程。联系邮箱为t45003@ntnu.edu.tw。

唐书志（Shu-Jyh TANG），台北市立百龄高级中学教师。他在台湾师范大学获得数学教育博士学位。唐博士教初中和高中数学已有 20 年。同时，他对中学数学教师培养、终身学习和学业表现评价等方面也抱有浓厚的研究兴趣。

王婷莹，台湾师范大学项目助理教授。她在台湾师范大学数学系教授数学教育课程，并为培养 IB 教师开发课程。她的研究主要集中在数学教师教育和中学数学教师的教学能力方面。她目前正与中国大陆的研究人员合作，调查职前和在职教师对理想的数学教学行为的看法，她还与德国的研究人员合作，研究教师注意什么以及他们的教学推理。

伍鸿熙（Hung-Hsi WU），加州大学伯克利分校数学荣誉教授，自 1965 年至 2009 年，他一直任教于该校。他于 1992 年进入数学教育领域，并于 1997 年至 2005 年与加利福尼亚州合作，从事数学教育各方面的工作。从 2000 年到 2013 年，他每年为学前至八年级的教师提供为期 3 周的基于内容的暑期专业发展培训。他的长期目标是改革教师和教育者的数学教育，使所有学校的数学教师和数学教育者都能获得他们工作所需的正确的数学知识。为此，他正在撰写涵盖学前至十二年级数学的六卷丛书。

吴颖康，华东师范大学副教授。她在新加坡南洋理工大学国立教育学院获得数学教育方向的博士学位。吴博士为职前中学教师讲授数学教育学课程，也为大学生讲授微积分。她的研究兴趣包括数学教师教育、数学课堂教学、数学评价以及学校统计的教与学。

解书，东北师范大学教育学部初等教育学院副院长、副教授、教育学博士。主要研究方向为小学教育、学科教学知识、教师教育。解博士主持各级课题项目 11 项，其中国家级 4 项，分别为“小学数学教师学科教学知识的测量与评价研究”、“基于教师专业标准的小学数学教师教育课程设置研究”、“基于核心内容的小学数学课堂教学研究”、“中加教师教育和学校教育互惠学习”。

杨玉东，上海市教育科学研究院研究员，上海市中小学数学专业委员会副秘书长。他在华东师范大学获得数学教育博士学位，研究方向为数学教师教育，侧重在职教师的校本研修和课例研究等方面。

袁智强，湖南师范大学数学与统计学院副教授。2012 年获华东师范大学数学教育博士学位，2000 年和 2003 年先后获华南师范大学数学教育学士和硕士学位。现为全国数学教育研究会常务理事。目前主要研究兴趣为数学教师教育、数学教育技术、概率统计教学、STEM 教育。

张波，扬州大学副教授。她在华东师范大学获得数学教育博士学位。张博士为扬州大学职前教师讲授数学教育学课程，也教授工科的高等数学。张博士一直致力于中学职前教师培训，近年来她的研究方向为数学教学和数学教师教育。

索 引[①]

① 索引页码为英文版页码。——译者注

N

O

P

R

S

T

图书在版编目(CIP)数据

华人如何获得和提高面向教学的数学知识/(美)李业平,(美)黄荣金主编;李俊等译.—上海:华东师范大学出版社,2019
ISBN 978-7-5675-9669-6

Ⅰ.①华… Ⅱ.①李…②黄…③李… Ⅲ.①数学教学—教学研究 Ⅳ.①O1-4

中国版本图书馆 CIP 数据核字(2019)第 208025 号

华人如何获得和提高面向教学的数学知识

主　　编 (美)李业平 (美)黄荣金
译　　者 李 俊 等
责任编辑 李文革
项目编辑 平 萍
责任校对 谭若诗
装帧设计 刘怡霖

出版发行 华东师范大学出版社
社　　址 上海市中山北路 3663 号 邮编 200062
网　　址 www.ecnupress.com.cn
电　　话 021-60821666 行政传真 021-62572105
客服电话 021-62865537 门市(邮购)电话 021-62869887
地　　址 上海市中山北路 3663 号华东师范大学校内先锋路口
网　　店 http://hdsdcbs.tmall.com

印 刷 者 上海昌鑫龙印务有限公司
开　　本 787×1092 16 开
印　　张 20.25
字　　数 332 千字
版　　次 2019 年 12 月第 1 版
印　　次 2019 年 12 月第 1 次
书　　号 ISBN 978-7-5675-9669-6
定　　价 60.00 元

出 版 人 王 焰